变电站防汛

国网江苏省电力有限公司　组编

中国电力出版社
CHINA ELECTRIC POWER PRESS

内 容 提 要

随着社会经济的快速发展和人类改造自然环境能力的不断增强，近年来极端恶劣天气和各种自然灾害频繁发生，严重威胁到变电站的安全生产。为了确保当前汛情形势下变电站的安全运营，有效提升变电站的防汛抗洪能力，国网江苏省电力有限公司组织编写了《变电站防汛》。本书共分为十章，主要介绍了防汛基本知识、变电站防汛和评价、变电站防汛规划设计、变电站防汛排水管网系统设计、变电站基础和防洪墙设计、变电站防汛设施施工、变电站防汛改造及新技术应用、变电站防汛物资、变电站防汛管理和变电站防汛典型案例与分析等内容。

本书可作为变电站技术管理人员以及运维检修人员的学习培训教材以及工作参考书。

图书在版编目（CIP）数据

变电站防汛 / 国网江苏省电力有限公司组编 . —北京：中国电力出版社，2019.10（2020.5重印）
ISBN 978-7-5198-3740-2

Ⅰ．①变… Ⅱ．①国… Ⅲ．①变电所－防洪－基本知识 Ⅳ．① TM63

中国版本图书馆 CIP 数据核字（2019）第 208559 号

出版发行：中国电力出版社
地　　址：北京市东城区北京站西街 19 号（邮政编码 100005）
网　　址：http://www.cepp.sgcc.com.cn
责任编辑：王蔓莉（manli-wang@sgcc.com.cn）
责任校对：王小鹏
装帧设计：郝晓燕
责任印制：石　雷

印　　刷：三河市万龙印装有限公司
版　　次：2019 年 11 月第一版
印　　次：2020 年 5 月北京第二次印刷
开　　本：787 毫米×1092 毫米　16 开本
印　　张：15.25
字　　数：374 千字
印　　数：1501—3000 册
定　　价：85.00 元

前　言

　　提供安全、优质的电力服务，满足人民日益提高的生活需要是新时代赋予电力工业的重要使命。随着近年来极端恶劣天气的频发，电力设施遭受洪涝灾害的风险加剧，防汛形势日趋严峻。然而，变电站防汛的"防""排""治""管"等内容还未形成系统的、科学的知识体系，广大从事变电站防汛工作的专业人士需要完善有效的变电站防汛工作指导。因此，建立科学有效的变电站防汛管理知识体系，可为变电站防汛的决策、施工、抢险等提供科学依据，也对变电站防汛能力提升、电力安全稳定供应具有重要的现实意义。

　　为响应国家有关部门及电网公司对变电站防汛工作的总体要求，本书结合现行的标准、规程和制度，凝聚现场管理人员的宝贵经验，以"评""防""排""治""管"为主线，系统地总结变电站防汛知识，为变电站防汛研究和应用工作提供基础资料。本书第一章介绍了与变电站防汛相关的水资源、气象等基本知识；第二章介绍了变电站防汛评价体系；第三章至第六章介绍了变电站防汛规划设计、排水管网设计、地基基础和防洪墙设计、施工建设等内容；第七章至第九章介绍了变电站防汛改造技术和新技术应用、防汛物资管理等内容；第十章介绍了变电站防汛规划、设计、改造等方面的具体案例。

　　本书在编写过程中引用了国内外同行相关研究成果，在此向他们表示感谢。尽管编者尽了最大的努力，但因学识所限和时间仓促，错误、疏漏之处在所难免，敬请业内专家和学者批评指正。

编　者

2019 年 7 月

目 录

第一章 防汛基本知识

中国地处欧亚大陆东南部，东南临太平洋，西南、西北深入欧亚大陆腹地，地势西南高、东北低，地理条件和气候条件十分复杂，大部分地区位于世界上著名的季风气候区，降水的时空变化很大，洪涝灾害频繁，天气气象对电力系统的安全生产影响巨大。变电站是电力系统的重要组成部分，变电站防汛工作事关电力系统安全生产和人们生活基本保障。因此，建立系统的变电站防汛规划、建设、防治、预警和管控体系，熟悉我国的水资源现状、降水分布情况以及变电站站址高程基础知识，对降低变电站洪涝灾害风险，保障电力生产安全，健全变电站防汛工作机制具有重要意义。

第一节 汛 期 与 防 汛

明确汛期与防汛的基本概念，熟悉我国水资源现状和常见的水库、水位等相关基础知识，对变电站防汛的预警、防治、管理和决策具有重要作用，有助于统筹安排变电站防汛工作，为变电站的防汛规划、设计、施工、防治和管理提供科学依据。

一、汛期

汛，是指江河、湖泊等水域的季节性或周期性的涨水现象。汛常以出现的季节或成因命名，如春汛、伏汛、梅汛、台汛、秋汛和潮汛等。汛期是指江河、湖泊洪水在一年中明显集中出现、容易形成洪涝灾害的时期，一般是指江河中由于流域内季节性降水、融冰、化雪等引起的定时性水位上涨的时期，是一年中降水量最大的时期。我国幅员辽阔，各河流所处地理位置和涨水季节不同，汛期的长短和时序也不同。如江苏省有梅雨但少见台汛，福建省有台风而无梅雨，浙江省既有台风又有梅雨，导致洪涝灾害严重。依据降雨、洪水发生规律和气象成因分析，我国主要流域汛期大致划分如下：珠江 4～9 月，长江 5～10 月，淮河 6～9月，黄河 6～10 月，海河 6～9 月，辽河 6～9 月，松花江 6～9 月。

二、防汛

防汛是指汛期中为防御较大洪水而实施的各种工作，包括自汛前对水利工程和防汛设施加强检查、养护和维修，以提高防御能力，以及在汛期中采取的一切措施，如加固堤防、巡回监视、水库洪水预报调度、分洪滞洪、应急抢险等。

在丘陵山区的降雨，沿沟道和坡面流下来的大水叫洪水，发生的灾害叫洪灾；在平原地区的降雨，从平地和沟渠漫流而来的雨水叫沥水，发生的灾害叫涝灾。大水主要是由暴雨造成的，也有由于大量融冰、融雪或地下水出流引发的。

防汛主要是防治夏季暴雨和秋季连绵阴雨造成的洪涝灾害，主要工作内容包括：长期、中期、短期天气形势的预测预报，洪水水情预报，堤防、水库、水闸、蓄滞洪区等防洪工程的调度和运用，出现险情灾情后的抢险救灾，非常情况下的应急措施等。

三、我国水资源现状

通常所说的水资源是指陆地上可供生产、生活直接利用的江河、湖泊以及部分储存于地下的淡水资源，即可利用的水资源。从可持续发展的角度看，它指一定区域内逐年可以恢复更新的淡水，即地表和地下水资源。我国水资源总量丰富，人均和地均拥有量相对较少；水资源时空和地域分布极不均衡。水资源知识体系复杂，现仅从变电站防汛的角度，简述水资源总量、水资源分布以及相关主要的江河湖泊、水库等情况。

（一）水资源总量

《2017 年中国水资源公报》显示，2017 年全国水资源总量 28761.2 亿 m^3，比多年平均值偏多 3.8%，比 2016 年减少 11.4%。其中：地表水资源量 27746.3 亿 m^3，地下水资源量 8309.6 亿 m^3，地下水与地表水资源不重复量 1014.9 亿 m^3。全国水资源总量占降水总量 45.7%，平均单位面积产水量为 30.4 万 m^3/km^2。2017 年，对全国 660 座大型水库和 3547 座中型水库进行统计，年末蓄水总量 4079.8 亿 m^3，比年初蓄水总量增加 82.6 亿 m^3；对 56 个湖泊统计，年末蓄水总量 1361.0 亿 m^3，比年初蓄水总量增加 2.5 亿 m^3。

（二）水资源分布情况

我国河流湖泊众多，但受气候和地形的影响，河流分布很不均匀，绝大部分河流分布在我国东部湿润、多雨的季风区，西北内陆气候干燥、少雨，河流很少。这些河流、湖泊不仅是中国地理环境的重要组成部分，还蕴藏着丰富的自然资源。中国的河湖地区分布不均，内外流区域兼备。中国外流区域与内流区域的界线大致是：北段大体沿着大兴安岭—阴山—贺兰山—祁连山（东部）一线，南段比较接近于 200mm 的年等降水量线（巴颜喀拉山—冈底斯山），这条线的东南部是外流区域，约占全国总面积的 2/3，河流水量占全国河流总水量的 95% 以上，内流区域约占全国总面积的 1/3，但是河流总水量还不到全国河流总水量的 5%。

中国水资源南多北少，南方占比达 80%，地区分布差异很大。黄河流域的年径流量约占全国年径流总量的 2%，约为长江水量的 6%。

一般来说，下半年连续 4 个月的径流量要占年径流量的 60%～80%。我国河流径流的年际变化也较大，丰水年和枯水年常交替出现，有时甚至出现连续丰水年或连续枯水年的现象。中国是世界上河流最多的国家之一，有许多源远流长的大江大河，其中流域面积超过 1000km² 的河流就有 1500 多条。按照河流径流的循环形式，有注入海洋的外流河，也有与海洋不相沟通的内流河。

（三）我国主要江河

我国有七大江河的说法，七大江河是指长江、黄河、珠江、松花江、辽河、海河和淮河，七大江河水资源现状见表 1-1。这七大江河流域内工农业生产发达，经济繁荣治理开发程度高，与全国国民经济的发展联系密切，防汛任务重，其中长江、黄河和珠江的年径流量较大，对变电站防汛工作影响也更大。

表 1-1　　　　　　　　　　　　我国七大江河水资源现状

项目	长江	黄河	松花江	珠江	辽河	海河	淮河
流域面积（万 km²）	180.9	75.2	55.7	45.2	22.9	26.4	26.9
河长（km）	6300	5464	2308	2214	1390	1090	1000
年降水深（mm）	1070	475	527	1469	473	559	889
年均径流量（亿 m³）	9513	658	762	3338	148	228	622
注入江河	东海	渤海	黑龙江	南海	渤海	渤海	黄海

　　长江发源于青海省西南部、青藏高原上的唐古拉山脉主峰各拉丹冬雪山，曲折东流，干流先后流经青海、四川、西藏、云南、重庆、湖北、湖南、江西、安徽、江苏、上海共 11 个省、自治区和直辖市，最后注入东海。全长 6300km，是中国第一大河，也是亚洲最长的河流，世界第三大河。流域面积 180 多万 km²，约占全国总面积的 1/5，年入海水量约 10000 亿 m³，占全国河流总入海水量的 1/3 以上。它流经中国青藏高原、横断山区、云贵高原、四川盆地、长江中下游平原，流域绝大部分处于湿润地区。

　　黄河发源于青海省中部，巴颜喀拉山北麓，流经青海、四川、甘肃、宁夏、内蒙古、山西、陕西、河南、山东 9 个省、自治区，注入渤海，全长 5500km，是中国第二大河。流域面积 75 万多 km²，流经中国青藏高原、内蒙古高原、黄土高原、华北平原以及干旱、半干旱、半湿润区。

　　珠江是中国南方最大的河流，其干流西江发源于云南东部。珠江流经云南、贵州、广西、广东入南海，全长 2214km，中国境内流域面积 45.2 万 km²。主要有西江、北江、东江三大支流水系，北江与东江基本上都在广东境内，三江水系在珠江三角洲汇集，形成纵横交错、港汊纷杂的网状水系。

　　中国除天然河流外，还有许多人工开凿的运河对防汛工作有着重要的影响，其中就包括世界上开凿最早、最长的京杭运河。京杭运河北起北京、南到杭州，纵贯京津两市和冀、鲁、苏、浙 4 省，沟通海河、黄河、淮河、长江、钱塘江 5 大水系，全长 1801km，是重要的水上运输线，同时，还发挥着灌溉、防洪、排涝等综合作用。

（四）我国主要湖泊

　　湖泊是停滞或缓流的水充填大陆凹地而形成的水体，按成因可分为构造湖、火山湖、山崩湖、水力冲积湖、泻湖、岩溶湖、冰川湖和人工湖，也可按湖水温度或含盐量划分为暖湖、温湖、冷湖或淡水湖、微咸湖、咸水湖和盐湖等。在工程上，湖泊的意义在于它能调节江河径流，减少洪峰流量，增加枯水流量，并可作为发电、灌溉和给水水源以及运输航道等。

　　我国湖泊众多，共有湖泊 24800 多个，其中面积在 1km² 以上的天然湖泊就有 2800 多个，我国主要湖泊信息见表 1-2。湖泊数量虽然很多，但在地区分布上很不均匀。总的来说，东部季风区，特别是长江中下游地区，分布着中国最大的淡水湖群；西部以青藏高原湖泊较为集中，多为内陆咸水湖。

表 1-2　　　　　　　　　　　我 国 主 要 湖 泊 信 息

湖泊名称	所在省区	面积（km²）	湖面高程（m）
青海湖	青海	4583	3196
鄱阳湖	江西	3583	21
洞庭湖	湖南	2740	33.5

湖泊名称	所在省区	面积（km²）	湖面高程（m）
太湖	江苏	2425	3.1
呼伦湖	内蒙古	2315	545.5
洪泽湖	江苏	1960	12.3
纳木错	西藏	1940	4718
色林错	西藏	1640	4530
南四湖	山东	1266	35.5～37.0
博斯腾湖	新疆	1019	1048
青海湖	青海	4583	3196

外流区域的湖泊都与外流河相通，湖水能流进也能排出，含盐分少，称为淡水湖，也称排水湖。中国著名的淡水湖有鄱阳湖、洞庭湖、太湖、洪泽湖、巢湖等。

内流区域的湖泊大多为内流河的归宿，湖水只能流进，不能流出，又因蒸发旺盛，盐分较多形成咸水湖，也称非排水湖，如中国最大的湖泊青海湖以及海拔较高的纳木错湖等。

四、水利工程设施

（一）我国主要水利工程设施

1. 堤防和水闸

截至 2016 年，全国已建成五级以上江河堤防 29.9 万 km，累计达标堤防 20.1 万 km，堤防达标率 67.2%；其中 1 级、2 级达标堤防长度 3.2 万 km，达标率 79.2%。全国已建成江河堤防保护人口 6.0 亿人，保护耕地 4100km²。全国已建成流量为 5m³/s 及以上的水闸 105283 座，其中大型水闸 892 座；按水闸类型分，其中分洪闸 10557 座，排（退）水闸 18210 座，挡潮闸 5153 座，引水闸 14350 座，节制闸 57013 座。

2. 水库和枢纽

全国已建成各类水库 98460 座，水库总库容 8967 亿 m³。其中大型水库 720 座，总库容 7166 亿 m³，占全部总库容的 79.9%；中型水库 3890 座，总库容 1096 亿 m³，占全部总库容的 12.2%。

我国主要大型湖泊水库情况如表 1-3 所示。

表 1-3　　　　　　　　　　我 国 主 要 大 型 水 库

排名	水库名称	水系	省份	总库容（亿 m³）	始建年	建成年
1	三峡水库	长江	湖北	393	1993	2009
2	龙羊峡水库	黄河	青海	247	1976	2001
3	龙滩水库	红水河	广西	273	2001	2009
4	新安江水库	新安江	浙江	216.26	1957	1959
5	丹江口水库	长江	湖北	290.5	1958	1973
6	小湾水库	澜沧江	云南	151.32	2002	2010
7	水丰水库	鸭绿江	吉林	146.66	1937	1959
8	新丰江水库	新丰江	广东	138.96	1958	1960
9	洪泽湖	长江	江苏	135	1950	1960
10	小浪底水库	黄河	河南	126.5	1994	1999

3. 机电井和泵站

全国已累计建成日取水大于等于 $20m^3$ 的供水机电井或内径大于 $200mm$ 的灌溉机电井共 487.2 万眼。全国已建成各类装机流量 $1m^3/s$ 或装机容量 $50kW$ 以上的泵站 91820 处，其中大型泵站 371 处，中型泵站 4200 处，小型泵站 87249 处。

（二）河道水位特征值

（1）起涨水位：一次洪水过程中，涨水前最低的水位。

（2）洪峰水位：一次洪水过程中出现的最高水位值。

（3）警戒水位：当水位继续上涨达到某一水位，防洪堤可能出现险情，此时防汛护堤人员应加强巡视，严加防守，随时准备投入抢险，这一水位即定为警戒水位。

（4）保证水位：按照防洪堤防设计标准，应保证在此水位时堤防不溃决。有时也把历史最高水位定为保证水位。

（三）水库的防洪作用

水库是利用河流山谷、平原洼地和地下岩层空隙形成的储水体的统称，包括山谷水库、平原水库和地下水库。它可以调节天然径流在时间分配上的不均衡状态，以适应人类生产和生活的需要。水库是一项综合性的水利工程，其主体系由大坝、输水洞和溢洪道组成。水库除能发挥防洪和灌溉、发电、航运、水源等效益外，还有发展水产与旅游之益。但是，水库淤积可引起河槽摆动和水质变化，库区水使土地被浸，其他如大坝失事，水库岸坡崩坍等均会导致灾害。水库作为水利水电枢纽工程之一，按照水利水电工程等级划分及洪水标准，其工程等别分为五等，即：

（1）Ⅰ等，总库容大于等于 10 亿 m^3，工程规模为大（1）型。

（2）Ⅱ等，总库容 $10\sim1.0$ 亿 m^3，工程规模为大（2）型。

（3）Ⅲ等，总库容 $1.0\sim0.1$ 亿 m^3，工程规模为中型。

（4）Ⅳ等，总库容 $0.1\sim0.01$ 亿 m^3，工程规模为小（1）型。

（5）Ⅴ等，总库容 $0.01\sim0.001$ 亿 m^3，工程规模为小（2）型。

水库是我国防洪广泛采用的工程措施之一。在防洪区上游河道适当位置兴建能调蓄洪水的综合利用水库，利用水库库容拦蓄洪水，削减进入下游河道的洪峰流量，达到降低洪水灾害的目的。水库对洪水的调节作用有两种：起滞洪作用的调节和起蓄洪作用的调节。

（1）滞洪作用。滞洪就是使洪水在水库中暂时停留。当水库的溢洪道上无闸门控制，水库蓄水位与溢洪道堰顶高程平齐时，则水库只能起到暂时滞留洪水的作用。

（2）蓄洪作用。在溢洪道未设闸门情况下，在水库管理运用阶段，如果能在汛期前用水，将水库水位降到水库限制水位，且水库限制水位低于溢洪道堰顶高程，则限制水位至溢洪道堰顶高程之间的库容，就能起到蓄洪作用。蓄在水库的一部分洪水可在枯水期有计划地用于兴利需要。

当溢洪道设有闸门时，水库就能在更大程度上起到蓄洪作用，水库可以通过改变闸门开启度来调节下泄流量的大小。由于有闸门控制，这类水库防洪限制水位可以高出溢洪道堰顶，并在泄洪过程中随时调节闸门开启度来控制下泄流量，具有滞洪和蓄洪双重作用。

（四）水库的特征水位与库容

水库工程为完成不同任务不同时期和各种水文情况下，需控制达到或允许消落的各种库水位称为水库特征水位。相应于水库特征水位以下或两特征水位之间的水库容积称为水库特征库容。现行 NB/T 35061—2015《水电工程动能设计规范》规定水库特征水位主要有：死水位、正常蓄水位、防洪限制水位、防洪高水位、设计洪水位，校核洪水位；水库的主要特征库容有死库容、兴利库容（调节库容）、防洪库容、调洪库容、总库容等，如图 1-1 所示。

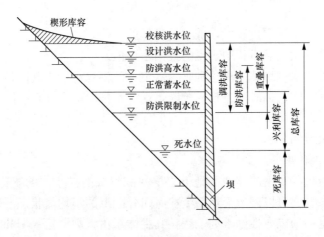

图 1-1　水库特征水位与库容

水库库容的量算，通常先在适当比例尺的河道地形图上，量计坝址以上几条等高线的水库面积，据以绘制坝前水位和水库面积关系曲线，称水库面积曲线；然后按照体积公式计算两相邻等高线间的体积，即为该段库容，据以绘制库区水位和水库容积关系曲线，称水库库容曲线。

1. 死水位和死库容

水库正常运用情况下允许水库消落到最低的水位称为死水位，该水位以下的库容即死库容。一般用于容纳水库淤泥、抬高坝前和库区水深。在正常运用中不调节径流，也不放空。只有因特殊原因，如排沙、检修和战备等，才考虑泄放这部分容积；在特殊枯水年水库已消落到死水位仍需紧急供水或动用水电站事故备用容量时，也可视情况动用部分死库容供水、发电。

2. 正常蓄水位和兴利库容

正常蓄水位是水库在正常运用的情况下，为满足设计的兴利要求，在供水期开始时应蓄到的水位，又称设计兴利水位。该水位与死水位间的库容即兴利库容。正常蓄水位到死水位间的水库深度称为消落深度或工作深度。当水库按防洪要求进行非常运用时，水库的水位一般将高于正常蓄水位，但不能超过关系水库安全的校核洪水位。它决定水库的规模、效益、调节方式，也在很大程度上决定水工建筑物的尺寸型式和水库的淹没损失，是水库最重要的特征水位。正常蓄水位是水库和水电站最重要的设计参数之一，是确定拦河坝高度、水库容积、利用水头和发电能力的基本依据；对水工建筑物的工程量、水库调节性能和水头的利用，关系极大；对水库和水电站的建设工期、投资、动能经济效益以及水库淹没损失等均有重要影响。

3. 防洪限制水位

防洪限制水位是水库在汛期允许蓄水的上限水位，它可根据洪水特征和防洪要求，在汛期不同时段分期拟定，如梅汛限制水位、台汛限制水位等。

4. 防洪高水位和防洪库容

当遇到下游防护对象的设计洪水位时，水库（坝前）为控制下泄流量而拦蓄洪水，这时在坝前达到的最高水位称为防洪高水位。该水位与防洪限制水位间的库容称为防洪库容，用以控制洪水，满足水库下游防洪保护对象的防洪要求。

当防洪限制水位低于正常蓄水位时，防洪库容与兴利库容的部分库容是重叠的，可减小专用防洪库容，重叠部分称共用库容或重叠库容。此库容在汛期腾空作为防洪库容或调洪库容的一部分，汛后充蓄，作为兴利库容的一部分，以增加供水期的保证供水量或水电站的保证出力；在水库设计中，根据水库特性及水文特性，有防洪库容和兴利库容完全重叠、部分重叠、不重叠三种形式。在我国南方河流上修建的水库，多采用前两者形式，以达到防洪和兴利的最佳结合、一库多利的目的。

5. 设计洪水位和拦洪库容

水库遇到大坝的设计洪水时，在坝前达到的最高水位称设计洪水位。该水位与防洪限制水位间的库容称为拦洪库容。

6. 校核洪水位和调洪库容

水库遇校核洪水时，在坝前达到的最高水位称为校核洪水位。它是确定工程规模、大坝坝高和进行大坝安全校核的主要依据。该水位与防洪限制水位间的库容称为调洪库容。

7. 总库容和有效库容

校核洪水位以下的全部库容称总库容，校核洪水位与死水位之间的库容称有效库容。

以上所述各项库容，均为坝前水位水平面以下或两特征水位水平面之间的水库容积，常称为静库容。在水库运用中，特别是洪水期的调洪过程中，库区水面线呈抛物线形状，这时实际水面线以下、水库末端和坝址之间的水库容积，称为动库容，其中实际水面线与坝前水位水平面之间的容积，称为楔形库容。动库容的大小不仅取决于坝前水位，还与入库流量、出库流量直接有关。同一坝前水位的动库容因入库流量或出库流量的不同而变动，不是一个固定值。

第二节　我国雨季与降水特点

一、雨季与降水

我国地形复杂，气候多样，各地的年总雨量分布极不均匀。东南沿海地区年总降水量可达 2000mm 以上，而西北地区普遍在 200mm 以下。总体而言，降水自东南向西北逐渐减少，但各地的降水特点又有明显差异。

（一）雨季

雨季是指降水集中的时期，夏季是我国最主要的雨季发生时期。首先，无论年总降雨量的多寡，我国的降水主要集中在夏季，并且越往西和北，降雨就越集中。其次，全国大部地区的年降水表现为单峰型分布，峰值出现在夏季；但华南地区、长江中下游和华西地区的年降水量表现出了多峰型分布，除夏季外，春季和秋季的降水也非常显著，在不同地区造成了雨季的持续。

其中，华南地区为典型的双峰型降水，主峰值出现在 6 月中旬，峰值雨量平均超过

50mm，被称为华南前汛期雨季。随后，雨量迅速减小，并于 7 月中下旬降到谷值。到 8 月中旬，降雨会再次活跃而出现次峰值，称为华南后汛期雨季，该雨季主要由热带气旋的活动影响造成。两次降雨峰值之间大约间隔一个月。虽然华南的春雨和主峰值之间并没有出现明显的中断，但该地区的春雨是非常显著的，春季降雨量（3～5 月）可占年总雨量的 35%，与夏季（6～8 月）的 38% 基本持平。

长江中下游的降水在一年中出现三个峰值，对应的时间依次为：5 月中上旬，6 月下旬和 8 月下旬，分别代表了春、夏和秋三个季节的降雨盛期。长江中下游的春雨非常显著，整个春季的降水能占年总降水的 32%，且降水在长江三角洲尤其明显，雨量仅略小于夏季峰值，其夏季主峰值为梅雨雨季，而第三峰值同样由台风或季风雨带南退时在长江流域停滞造成，平均雨量较小。

华西地区也为双峰雨型，降水的两峰值分别出现在 7 月初和 9 月初。两次峰值之间的间隔较短且雨量差别小，降雨次峰值反映出非常显著的秋雨现象，一般认为秋雨由冷空气活动造成，雨量不大，但雨日多。

我国的雨季主要集中在夏季，春季和秋季对某些地区来说也是重要的雨季。为了全面揭示我国雨季的时空分布特征，采用一种定量化的方法对全国的雨季开始和结束时间进行定义。考虑到雨季是降水集中的时期，在对雨季进行定量划分的时候将雨量大小作为主要判断依据。我国各地的降雨量的多寡具有显著差异，为了消除这种差别，对各站点的气候逐候降雨量按以下公式进行了标准化。

$$y_i = \frac{2(x_i - x_{\min})}{x_{\max} - x_{\min}} - 1$$

式中　　x_i——第 i 候的气候逐候降雨量，mm；

　　　　y_i——标准化以后的值；

$x_{\max}$、$x_{\min}$——气候逐候降雨量时间序列中的最大和最小值。

因此，所有的标准化值都落到 [−1，1] 区间内，使得不同地区的降雨量可以在同一水平上进行比较。将各站第一个标准化值 ≥0.5 的候定义为该站主雨季的开始候，而最后一个 ≥0.5 的候之后一候作为主雨季结束候。从 0.5 在各站所对应的绝对降雨量看，其在东部季风区能达到 30～40mm/5d，该量值与 Lau 和钱维宏等认为的深对流降水标准 6mm/d 比较一致。另外，0.5 所对应的雨量值在我国西部地区也能达到年均候降水量的 2～3 倍，比较符合雨季降雨集中且强度大的要求。根据该定义，主雨季主要反映了我国降水主峰值的特征，也就是夏雨季的体现。我国的降水受不同的大气环流和天气系统影响，除主雨季外，在长江中下游、华南和华西地区还出现了明显的次峰值，峰值雨量比较大，能达到 25mm 以上，并且出现的时段也较稳定，体现了春雨季和秋雨季的维持。取标准化雨量值 0 作为这些地区春雨和秋雨季的划分标准，我国的雨季就包括主雨季（夏季雨季）、春雨季和秋雨季，可以全面反映雨季的特征。

（二）降水

降水的衡量有降水量和降水强度两个指标，降水量指某一时段内降水的累积量（通常为 1、3、6、12、24h 或降水从开始到结束的过程量），某观测站年降水量为该站一年中所有日降水量的累积之和，1h 内的降水量称为降水强度，按降水量的大小，将降水划分为不同等级，降水量强度分级，见表 1-4。

表 1-4 降 水 量 强 度 分 级 表

等级	12h降水总量（mm）	24h降水总量（mm）
小雨	$R12<5.0$	$R24<10.0$
中雨	$5.0 \leqslant R12<15.0$	$10.0 \leqslant R24<25.0$
大雨	$15.0 \leqslant R12<30.0$	$25.0 \leqslant R24<50.0$
暴雨	$30.0 \leqslant R12<70.0$	$50.0 \leqslant R24<100.0$
大暴雨	$70.0 \leqslant R12<140.0$	$100.0 \leqslant R24<200.0$
特大暴雨	$140.0 \leqslant R12$	$200.0 \leqslant R24$

降雨特指以雨水的形式降落到地面的天气现象，而降水则不仅包含降雨，还包括降雪、霜、雾等天气过程。降雨按空气上升的原因，可分为锋面雨、地形雨、对流雨和台风雨四种类型。降雨的基本要素包括以下内容。

（1）降雨量为一定时段内降落在某一面积上的总雨量，以 mm 计。

（2）降雨历时，为一次降雨所持续的时间，以 h 或天计。

（3）降雨强度，为单位时间内的降雨量，以 mm/h 或 mm/天计。

（4）降雨面积，为降雨笼罩的水平面积，以 km^2 计。

（5）降雨中心，为降雨量集中且范围较小的地区。

我国年降水量分布总体趋势基本上都是由西北向东南依次递增的，西南地区东部、江汉地区、江淮地区、江南地区及华南地区年降水量大多超过 1000mm，这些区域也是每年暴雨的多发区域。值得注意的是，除华南部分地区（尤其是海南）年降水量常常超过 2000mm 以外，江西中部和北部、福建西北部、浙江西南部则是另一个年降水量可超过 2000mm 的大值中心，尤其是赣东北地区，是一个明显的强降水中心，2010 年和 2012 年分别有 17 站和 19 站年降水量达到 2500mm 以上，2012 年位于武夷山西北侧的江西抚州资溪县年降水量高达 3087mm，接近当年全国最大年降水量。

（三）近年降水情况

2017 年，全国平均降水量 641.3mm，比常年（629.9mm）偏多 1.8%，比 2016 年（730.0mm）偏少 12%。2月、5月、11月和12月降水偏少，其中12月偏少 49%；3月、6月、8月和10月降水偏多；其余月份降水接近常年同期。2017 年，长江以南地区和重庆大部、贵州南部、云南西部和南部等地降水量有 1200～2000mm，江西西北部、广西南部的局地超过 2000mm；东北大部、华北大部、西北东南部、黄淮、江淮大部、江汉大部及四川、云南大部、贵州中北部、西藏东部、青海东南部等地有 400～1200mm，内蒙古大部、宁夏、甘肃中部、青海中部、西藏中西部、新疆北部等地有 100～400mm，新疆南部、甘肃西北部和内蒙古西部等地不足 100mm。广西东兴（3473.7mm）和防港城（3205.5mm）年降水量分别为全国最多和次多；新疆托克逊（3.2mm）和吐鲁番（7.4mm）为全国最少和次少。与常年相比，全国大部地区降水量接近常年，其中山西中部、陕西北部、湖北北部和西部、重庆东北部、江西西北部、广西中西部、青海北部、甘肃中部、新疆西部、西藏西部等地偏多 20%至1倍；内蒙古中东部、辽宁中南部、新疆东部部分地区偏少 20%～50%，历年降水量如图 1-2 所示。

9

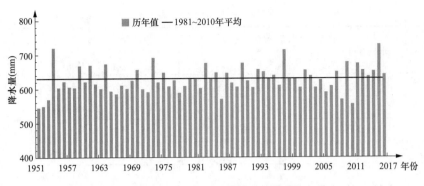

图 1-2　1951~2017 年全国平均年降水量历年变化

二、暴雨

我国是世界上洪涝灾害频繁而严重的国家之一。洪涝灾害可造成粮食减产，导致巨额的经济损失，破坏土地资源和生态环境，对社会经济和环境具有多方影响。洪涝灾害由很多原因造成，如暴雨、融雪、风暴潮等。在各种致灾原因中，暴雨是最常见和最具威胁性的。同时，暴雨自身也是危害最严重的气象灾害之一，暴雨天气出现时，多伴随雷电和狂风，常导致平地积水、农田毁坏、房屋倒塌、雷击建筑物等。与暴雨有关的术语如下所述。

（1）暴雨分级标准：降水强度大小分为三个等级，即暴雨、大暴雨、特大暴雨。

（2）暴雨日：只要有 1 站日降水量大于等于 50mm，当日即作为 1 个暴雨日。

（3）区域性暴雨日：同一片雨区中，有 15 站日降水量大于等于 50mm，当日即作为一个区域性暴雨日。

（4）主要暴雨过程：过程中至少有 1 天达到区域性暴雨日标准，且至少在一个区域性暴雨日中有 2 个或以上站达到大暴雨标准。过程的起止日必须有 5 个或以上站日降水量大于等于 50mm。对于跨月份的主要暴雨过程，以暴雨首日出现的时间确定暴雨出现月份。

（5）暴雨日数：为日降水量大于等于 50mm 的降水出现的天数，它包含了暴雨、大暴雨、特大暴雨三个级别降水。

（一）暴雨的分类

我国暴雨具有强度大和持续时间长的特点。中国气象部门规定：24h 降水量达 50~99mm 为暴雨，100~199mm 为大暴雨，200mm 及其以上为特大暴雨。

在业务实践中，又可按照发生和影响范围的大小将暴雨划分为局地暴雨、区域性暴雨、大范围暴雨和特大范围暴雨。局地暴雨历时仅几个 h 或几十个 h 左右，一般会影响几十 km² 至几千 km²，造成的危害较轻。但当降雨强度极大时，也可造成严重的人员伤亡和财产损失，如 2012 年 7 月江苏省镇江市遭遇史上最强降雨突袭，2013 年 10 月受台风"菲特"影响，杭州、余姚、广州等城市存在多处低洼路段严重积水的情况，2015 年 12 月福建厦门的降雨量再次打破暴雨记录等。区域性暴雨一般可持续 3~7 天，影响范围可达 10~20 万 km² 或更大，灾情为一般，但有时因降雨强度极强，可能造成区域性的严重暴雨洪涝灾害，如 2005 年 9 月庐山暴雨、2013 年 7 月重庆暴雨、2014 年 5 月深圳暴雨等。特大范围暴雨历时最长，一般都是多个地区内连续多次暴雨组合，降雨可断断续续地持续 1~3 个月左右，雨带长时期维持，如 2010 年 5 月海南省暴雨、2017 年 6 月广东，福建，台湾等地持续暴雨。

（二）区域暴雨概况

雨季是我国暴雨发生的主要时期。我国东部地区在东亚夏季风的影响下，有季节性大雨带维持并推进；西部地区也具有显著的干季和雨季。在区域雨季期内，形成了独特的区域性暴雨，各自具有显著的特点。总的来说，我国主要有以下一些区域性暴雨：华南前汛期暴雨、江淮梅雨期暴雨、北方盛夏期暴雨、华南后汛期暴雨、华西秋雨季暴雨和西北暴雨等。

华南前汛期暴雨：我国大陆的广东、广西、福建和湖南、江西南部和海南统称华南，每年受夏季风的影响最早（4月前后），结束最晚（10月前后），汛期最长（约4～9月），由于影响降雨的大气环流形势和天气系统不同，通常有前汛期（4～6月）和后汛期（7～9月）之分。前汛期受西风带环流影响，产生降雨和暴雨的天气系统主要是锋面、切变线、低涡和南支槽等。暴雨历时最短的不足1天，长的可达5～7天。暴雨强度很大，24h雨量在200～400mm是很平常的，特大暴雨可达800mm以上。根据多年的实测资料统计，华南地区历时最长的特大暴雨几乎都发生于前汛期。

江淮初夏梅雨期暴雨：每年初夏时期（6月中旬至7月下旬），在长江中下游、淮河流域至日本南部这一近似东西向的带状地区，都会维持一条稳定持久的降雨带，形成降雨非常集中的特殊连阴雨天气，其降雨范围广，持续时间长，暴雨过程频繁，是洪涝灾害最集中的时期。因此时正是江南特产梅子成熟之际，故称"江淮梅雨"或"黄梅雨"；又因梅雨期气温较高，空气湿度大，衣物、食品等容易霉烂，故又有"霉雨"之说。梅雨一般在6月中旬前后开始，称为"入梅"；7月上中旬结束，称为"出梅"。但是，每年入梅和出梅时间的早晚、梅雨期长短以及梅雨量大小的差别很大。一般梅雨期可持25天左右，最长的可达60天以上，而最短的只有几天。若连续降雨日不足6天，则称为"空梅"。

北方盛夏期暴雨：江淮梅雨结束后，7月中下旬我国的主要降雨带北跳至华北和东北一带，造成这些地区暴雨的频繁发生。很多影响大、致灾严重的特大暴雨都发生在这一时期，如2005年9月庐山暴雨，2013年7月重庆暴雨，2017年6月广东、福建、台湾等地持续暴雨。这个时期发生的暴雨具有显著的特点：强度大，降雨范围比较小，24h最大暴雨量一般可达300～400mm，在山地迎风坡甚至可达2000mm以上。

华南后汛期暴雨：这一阶段的暴雨主要由热带气旋造成，而受影响的主要区域为我国东南沿海一带。热带气旋暴雨是造成我国沿海地区洪涝灾害和风暴期灾害的重要因素。热带气旋是最强的暴雨天气系统，我国很多特大暴雨都是由热带气旋或受其影响造成的，如2018年9月，台湾省受热带气旋影响，暴雨量破千。并且，热带气旋深入内陆以后也会产生暴雨，导致严重灾害。

华西秋雨季暴雨：每年9～10月，影响我国东部地区的夏季风向南撤退，大陆地区陆续进入秋季，降雨明显减少。但在我国西南部，包括陕西、甘肃南部、云南、贵州、四川西部、汉江上游和长江三峡地区在内的华西地区，出现了第二个降雨集中期，称为"华西秋雨期"。此间也会出现暴雨，暴雨中心位于四川东北部大巴山一带，降雨范围大，持续时间长，而降雨强度一般。

西北暴雨：西北地区多数地方年降雨量少，日降雨量达到50mm的机会也很少，特别是新疆，80%的测站从未出现过日雨量50mm以上降水。因而，按日雨量计算，西北很难达到通常定义的暴雨或特大暴雨的标准，暴雨极少。但实际上，由于西北地区容易出现相对较强的短历时暴雨，因而经常发生暴雨危害，会引起地面径流沿坡沟地形迅速下泄，汇集成局地洪水和泥石流。因而,西北各省区都根据各自的经验重新划定对当地有影响的强降水日雨量作为暴雨标准。西北地区大到暴雨(日雨量>25mm)降水频数自东南和西北两方面向中间减少,新疆东部最少,并且有向山脉附近集中的趋势,但山区暴雨并不向山顶集中。

（三）我国暴雨的主要特征

1. 暴雨集中发生汛期

由于我国夏季的降水和暴雨深受来自印度洋和西太平洋夏季风的影响,暴雨集中发生在5~8月汛期期间。我国大范围的雨季一般开始于夏季风的爆发(华南要早一些)而结束于夏季风的撤退。降雨强度和变化与夏季风脉动密切相关。例如华北京津冀地区大暴雨日集中出现在7月下旬和8月上旬,占全年降水量的66%,这时东亚夏季风达到最北的位置。在长江流域中上游地区,6~8月的暴雨占总频数的71%,而高峰期集中在6月中下旬到7月上旬,以及8月下半月到9月上旬。

2. 暴雨强度大、极值高

我国的暴雨强度大,不同时间长度的暴雨极值都很高。如5min的暴雨极值达53.1mm,1h暴雨极值达198.3mm,24h降水极值可达1248mm。在我国24h出现大于或接近1000mm的暴雨过程并不少见,在过去75年中(1941~2016年)至少有8次,无论是热带或中纬度地区都可能出现这样强的暴雨。在北方,强降水过程如一次降水过程的24h降水量在200~300mm以上,对于降水区年降水量(旱涝状况)和水资源管理具有重要意义。各气象站一日最大降水量与年平均年降水量的比值可见,华北大部分地区在0.20以上,占年降水量的1/5以上。特别是太行山东侧,燕山南侧,山东半岛,以及河套南侧的沙漠地区,可达0.40以上,也就是说一日的暴雨量几乎达到全年的降水量的1/2。这与南方地区比值普遍小于0.20的情况不同。由于降水在时间上的高度不均匀,在我国北方易发生干旱和局地洪涝,因而北方的暴雨预报对于干旱和洪涝的防御以及水资源的利用具有十分重要的意义。

3. 暴雨持续时间长

我国暴雨持续的时间从几小时到几十天不等。暴雨的持续性是我国暴雨的一个明显特征,无论是华北,还是长江流域和华南暴雨都有明显的持续性。对于华北半湿润气候区(华北平原),在阻塞型大尺度天气形势下,暴雨可持续2~3天以上,造成持续性特大暴雨过程。多数暴雨过程持续2~4天。85%的暴雨过程持续日数为2~5天,6天以上的也占总暴雨过程的14%。华南前汛期暴雨也有明显的持续性,尤其是华南南部的广东沿海地区,平均可持续2~4天。

4. 暴雨区的范围大

我国暴雨区的大小一般划分为4类:局地暴雨、区域性暴雨、大范围暴雨和特大范围暴雨,它们影响的范围依地区和暴雨强度差异而不同。根据各地区4类暴雨的统计,在北方(华北、东北、西北)以局部暴雨频数为最多,如东北地区,一般可达71%~88%,尤其是在西北地区,大多数暴雨都是局地性的或小范围的。日雨量大于50mm的暴雨,面积大于1万km²每年平均只有1~2次。西北西部,局地性更强。在北方特大范围暴雨出现的次数为10%以下。在半干旱区,当有明显的天气尺度系统影响时,特大暴雨的面积一般不超过4万km²,其中100mm以上的面积为数百到数千km²。在华北的半湿润气候区,特大暴雨的面积可达10万~20万km²。雨带多呈南北向或西南——东北向,其面积接近长江流域的暴雨区面积。长江流域的暴雨面积在全国是最大的,雨带多呈东西走向。江淮流域的暴雨区不但范围大、持续时间长，而且强度大，是世界上位于副热带季风区著名的暴雨区之一。在华南，暴雨区以区域性暴雨居多，特大范围暴雨也不少见，它们主要由冷锋和热带系统（如台风或热带低压）造成。

（四）我国暴雨的地理分布

依据我国 2008～2013 年《暴雨年鉴》统计结果可知：我国年降水量分布总体趋势由西北向东南依次递增，西南地区东部、江汉地区、江淮地区、江南地区及华南地区是每年暴雨的多发区域，华南南部（尤其是海南）为显著的暴雨多发区，年暴雨日数常常超过 10 天。

大暴雨的发生地点与我国的大地形也有密切关系。从辽东半岛南部起，沿着燕山、阴山经河套、关中、四川到云贵，在这条界线以南、以东地区都容易出现大暴雨。这反映了我国大地形对夏季西南季风和东南季风气流的抬升作用。在这种暴雨大致由东南向西北减少的趋势下，在东部地区存在着有两条明显的暴雨带。第一条暴雨带自辽东半岛经山东半岛、浙闽到两广的沿海地区，降水量在 300～400mm，不少点降水量达 800mm 以上。第二条暴雨带位于平原与山脉的过渡地带，北自努鲁儿虎山和燕山，向南经太行山、伏牛山、大巴山、巫山到武陵山、雪峰山等山脉的迎风坡，其降水量也在 300～400mm 以上，个别地方甚至接近或超过 1000mm。对于不同地区，地形在区域或局部暴雨形成中也起着重要作用。

2008～2013 年《暴雨年鉴》表明：我国每年平均暴雨日数为 217.5 天，以 6～8 月为最多；平均每年出现 39 次主要暴雨过程次数，其中 8 次由热带气旋登陆引起，约有 58% 的主要暴雨过程出现在 6～8 月，以 7 月最多；每年平均出现特大暴雨 26 站次，以华南居多，年最大日降水量 336.1～614.7mm，主要出现在 6～10 月。每年遴选出的强度强、范围大、影响显著的 10 次重大暴雨事件均出现在 5～11 月，其中以南方暴雨占多数。

由暴雨引起的洪涝灾害分布区域与我国降水分布十分相似。21 世纪以来，我国遭遇的洪涝灾害都与大暴雨或持续性特大暴雨密切相关。我国有 5 个易受洪涝灾害的地区：①华南（每 3 年平均 1～2 次），尤其是在广东沿海和广西壮族自治区北部，包括珠江流域；②湖南和江西省北部（每年 2～3 次）；③长江中下游和华东沿海（每 2～3 年一次）；④淮河流域、黄河和海河流域（每 2～3 年一次）；⑤东北东部的松花江和辽河流域。因而绝大部分我国东部的暴雨是造成我国七大江河流域洪涝的主要原因。在我国西部，暴雨事件和相关的洪涝事件要少得多，严重程度和造成的损失轻得多。

我国 2013 年暴雨日数分布特征与暴雨强度分布特征基本相似，其趋势也是自东南向西北减少，具有明显的地域性。从辽东半岛沿着燕山、太行山、伏牛山、大巴山到巫山一线以东的海河、淮河和长江中下游及东南沿海等地区是我国暴雨出现较多的地区，年暴雨日数在 3 天以上。东南丘陵及两广地区暴雨最多，全年暴雨日数在 4 天以上，其特点是东南多、西北少；沿海多、内陆少；迎风坡多、背风坡少，与洪涝灾害的地区分布特点基本上是一致的。广东大部、广西东北部和南部、湖南和江西两省北部等地也是多暴雨地区，相应也是容易发生洪涝的地区。

三、台风

台风是发生在热带海洋上强烈的气旋性涡旋。中国南海北部、台湾海峡、台湾省及其东部沿海、东海西部和黄海均为台风通过的高频区。

2017 年，西北太平洋和南海共有 27 个台风（中心附近最大风力≥8 级）生成，较常年

(25.5个）偏多1.5个，其中8个登陆我国，较常年（7.2个）略偏多。初台登陆时间较常年偏早13天，终台登陆时间偏晚10天。全年台风共造成35人死亡、9人失踪，直接经济损失346.2亿元。与2007～2016年平均值相比，2017年台风造成直接经济损失明显偏少，但台风"天鸽"强度强、致灾重。

1～4月中国无台风登陆，5～6月中国杭州湾以南沿海均有受台风影响的可能，出现最多的路径在北纬10°～15°之间西移，再经琉球群岛附近海面转向日本；另一条则西移进入南海北部。7～8月中国沿海均有受台风影响的可能，主要在北纬15°～25°之间西移影响中国。9～10月中国受台风影响的地区，主要在长江口以南。出现最多的路径在北纬15°～20°之间西移，以后转向东北影响日本；另一条路径断续西移进入南海影响越南和广东省。9月时，介于这两条路径之间的还有一条影响台湾和福建两省的路径。11～12月中国仅广东珠江口以西地区偶尔受台风影响。综上所述，华南沿海受台风袭击的频率最高，占全年总数的60.4%，登陆的频数高达58.1%；次为华东沿海，约37.5%。登陆台风主要出现在5～12月，而以7～9月最多，约占全年总数的76.4%，是台风侵袭中国的高频季节。

台风的强度随季节变化而有差异。最大风速大于50m/s的特强台风出现次数的频率以9月为最多，其次为10月，再次是11月和8月。

据统计，影响中国台风的初始位置相对集中在4个海区：①南海中北部海面，1～4月很少，6～9月主要集中发生在北纬15°以北海面，10～12月则往南移动；②菲律宾群岛以东和琉球群岛附近海面，台风发生的高频区主要在这一海域北纬15°以南，6月渐北移，7～8月出现在吕宋岛到琉球岛附近海面，9月以后生成区又南移；③马里亚纳群岛附近海面，1～5月很少，6月和11月形成在群岛以南附近海面，7～10月集中在岛的周围；④马绍尔群岛附近海面，1～6月很少，9月以后发生区东移。10月发生数最多。台风发生密集区随纬度和月份有明显变化，绝大多数发生在北纬10°～20°，最北和最南分别在北纬30°和北纬2°左右。

中国是世界上少数几个受台风影响严重的国家之一。台风带来的强风、暴雨和风暴潮对人民生命财产威胁严重。8月份在台湾省登陆的台风平均风速最大，达43m/s，其他月份在台湾省登陆的也均达强台风等级。其次是8月份在浙江登陆的台风，平均最大风速为41m/s。在广东登陆的台风虽然最多，但其平均最大风速并不强。10月份登陆海南岛的台风较强中，平均最大风速为36m/s。登陆福建的台风，常先经过台湾省后受到削弱，登陆台风较强的时间出现在9月，平均最大风速达31m/s。

中国各省、市、自治区除新疆外，均直接或间接受台风影响而产生暴雨。中国近海15个省市中，11个省市最大雨量的影响系统是台风。全国7次日降水量超过1000mm的极端暴雨，其中6次都是台风所引起的。1975年3号台风（Nina）在河南境内造成的特大暴雨，最大中心为1h 189.5mm，1天1005.0mm，5天过程雨量为1631.0mm。

台风降雨也有其有利于农业生产一面，可解除干旱或缓和旱象。台风雨是中国降水系统之一。东南沿海各省的台风降水约占全年总量的20～30%，7～9月则可达一半以上。

第三节　高程基本知识

变电站建设的选址规划、设计、施工以及防洪排涝均涉及高程知识的应用，变电站防汛管理人员熟悉高程相关理论，建立防汛的区域、时空意识和观念，对变电站防汛设施整体布局、站场地形与周边河流湖泊相对空域关系统筹掌控等均具有重要作用。变电站一线管理人员熟悉高程知识有益于合理确定防汛布置方案，有助于科学合理地完成变电站防汛土建工程的施工、改造工作，以确保变电站排涝方案制定和排水通畅，保证变电站汛期的生产安全。

一、高程系统

一个国家或地区，必须确定一个统一的高程基准面，以便确定山体、构筑物等高度。目前我国常见的高程系统主要包括 1956 年黄海高程系统、1985 国家高程基准、吴淞零点和珠江高程基准四种。

（一）1956 年黄海高程系统

"1956 年黄海高程系统"是在 1956 年确定的，它是根据青岛验潮站 1950 年至 1956 年的黄海验潮资料算得的平均海水面为零的高程系统，原点设在青岛市观象山。1956 年黄海高程系统水准原点的高程是 72.289m。

（二）1985 国家高程基准

由于 1956 年黄海高程系统计算基面所依据的青岛验潮站的资料系列（1950～1956 年）较短等原因，中国测绘主管部门决定重新计算黄海平均海水面，以青岛验潮站 1952～1979 年的潮汐观测资料为计算依据，称作"1985 国家高程基准"，并用精密水准测量位于青岛的中华人民共和国水准原点。1985 国家高程基准已于 1987 年 5 月开始启用，1956 年黄海高程系统同时废止。1985 国家高程基准的水准原点高程是 72.260m。

（三）吴淞零点

"吴淞零点"采用上海吴淞口验潮站 1871～1900 年实测的最低潮位所确定的海面作为基准面，该系统自 1900 年建立以来，一直为长江的水位观测、防汛调度以及水利建设所采用。

（四）珠江高程基准

"珠江高程基准"是以珠江基面为基准的高程系，在广东地区应用较为广泛。

（五）高程系统的换算

以 1985 国家高程基准为换算过度量，则上述各高程基准间的换算公式如下：

$$1985 国家高程基准 = 1956 年黄海高程 - 0.029（m）$$
$$1985 国家高程基准 = 吴淞高程基准 - 1.717（m）$$
$$1985 国家高程基准 = 珠江高程基准 + 0.557（m）$$

二、大地水准面

地球自然表面有高山、丘陵、平原、海洋等，其形态高低不平，很不规则。但是这样的高低起伏，相对半径近似为 6371km 的地球来说还是很小的，因此，可以把海水面延伸至陆地所包围的地球形体看作地球的形状。设想有一个静止的海水面，向陆地延伸而形成一个闭合曲面，这个曲面称为水准面。水准面作为流体的水面是受地球重力影响而形成的重力等势面。是一个处处与重力方向垂直的连续曲面。由于海水有潮汐，海水面时高时低，因此，水准面有无数多个，将其中一个与平均海水面相吻合的水准面，称为大地水准面，大地水准面是测量工作的基准面，由大地水准面所包围的地球形体，称为大地体。另外，将重力的方向线称为铅垂线，铅垂线是测量工作的基准线。

我国在青岛设立验潮站，长期观察和记录黄海海水面的高低变化，取其平均值作为我国的大地水准面的位置（其高程为零），并在青岛建立了水准原点。

三、旋转椭球面

由于地球内部质量分布不均匀，引起局部重力异常，导致铅垂线的方向产生不规则的变化，使得大地水准面上也有微小的起伏，成为一个复杂的曲面，无法在这复杂的曲面上进行测量数据的处理。为了测量计算上的方便，通常用一个非常接近于大地水准面，并可用数学式表示的几何形体来代替地球的形状作为测量计算工作的基准面。这一几何形体称为地球椭球。它是由一个椭圆绕其短轴旋转而成的，故又称为旋转椭球，这样，测量工作的基准面为大地水准面，而测量计算工作的基准面为旋转椭球面。

长半轴： $a=6378.140km$

短半轴： $b=6356.755km$

扁率： $\alpha=\dfrac{a-b}{a}\approx\dfrac{1}{298.257}$

由于旋转椭球的扁率很小，因此当测区范围不大时，可近似地把旋转椭球视为圆球，其半径近似值为：$R=6371km$。

四、确定地面点位的坐标系

测量工作的基本任务是确定地面点的空间位置。在一般工程测量中，确定地面点的空间位置通常需用三个量：①该点在一定坐标系下的三维坐标；②该点的二维球面坐标或投影到平面上的二维平面坐标；③该点到大地水准面的铅垂距离（高程）。

（一）大地坐标系

用大地经度 L 和大地纬度 B 表示地面点投影到旋转椭球面上位置的坐标，称为大地坐标系，也称为大地地理坐标系。该坐标系以参考椭球面和法线作为基准面和基准线。

以 N 为北极，S 为南极。过地面任一点与地轴 NS 所组成的平面称为该点的子午面。子午面与球面的交线称为子午线或称经线。国际公认通过英国格林尼治（Green-wich）天文台的子午面，是计算经度的起算面，称为首子午面。大地经度自首子午线向东或向西由 0°起算至 180°，在首子午线以东者称为东经，可写成 0°～180°E，以西者为西经，可写成 0°～180°W。垂直于地轴 NS 的平面与地球球面的交线称为纬线；通过球心 O 并垂直于地轴 NS 的平面称为赤道平面。赤道平面与球面相交的纬线称为赤道。在赤道以北者为北纬，可写成 0°～90°N，在赤道以南者为南纬，可写成 0°～90°S。用大地坐标表示的地面点，统称为大地点。一般地，大地坐标是由大地经度 L、大地纬度 B 和大地高 H 三个量组成，用以表示地面点的空间位置。

新中国成立初期，我国采用大地坐标系为"1954 年北京坐标系"，也称"北京 54 坐标系"（简称 P_{54}）。该坐标系采用了苏联的克拉索夫斯基椭球体，其参数是：长半轴 $a=6378.245km$；扁率：$\alpha=1/298.3$，坐标原点位于苏联的普尔科沃。

我国目前采用的大地坐标为"1980 年国家大地坐标系"，也称"西安 80 坐标系"（简称 C_{80}），是根据椭球定位的基本原理和我国的实际地理位置建立的。大地原点设在我国中西部的陕西省泾阳县永乐镇。椭球参数采用 1975 年国际大地测量与地球物理联合会推荐值：椭

球长半轴 $a=6378.140$km；扁率 $\alpha=1/298.257$。

（二）地心坐标系

地心坐标系属于空间三维直角坐标系，主要用于卫星大地测量。由于人造地球卫星围绕地球运动，地心坐标系取地球质心为坐标原点 O，x、y 轴在地球赤道平面内，首子午面与赤道平面的交线为 x 轴、z 轴与地球自转轴相重合，如图1-3所示。地面点 A 的空间位置用三维直角坐标 x_A、y_A 和 z_A 表示。地心坐标和大地坐标可以通过一定的数学公式进行换算。

（三）高斯平面直角坐标系

在工程测量中，常将椭球坐标系按一定的数学法则投影到平面上成为平面直角坐标系，为满足工程测量及其他工程的应用，我国采用高斯（Gauss）投影。

高斯投影法是将地球划分成若干带，然后将每带投影到平面上。如图1-4所示，投影带是从首子午线起，每隔经差6°划一带（称为6°带），自西向东将整个地球划分成经差相等的60个带，各带从首子午线起，自西向东依次编号用数字 $1,2,3,\cdots,60$ 表示。位于各带中央的子午线称为该带的中央子午线。中央子午线经投影展开后是一条直线，以此直线作为纵轴，向北为正，即 x 轴；赤道是一条与中央子午线相垂直的直线，将它作为横轴，向东为正，即 y 轴；两直线的交点作为原点，则组成了高斯平面直角坐标系。

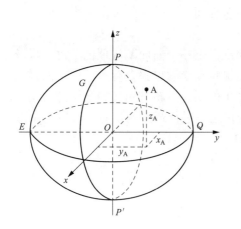

图1-3　地心坐标系

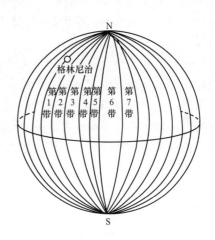

图1-4　高斯投影分带

我国位于北半球，x 坐标均为正值，而 y 坐标有正有负。为避免横坐标 y 出现负值，故规定把坐标纵轴向西平移500km，如图1-5所示。另外，为了表明该点位于哪一个6°带内，还规定在横坐标值前冠以带号，例如：$y_A=20225760$m，表示 A 点位于第20带内，其真正的横坐标值为：225760m-500000m$=-274240$m。

（四）独立平面直角坐标系

大地水准面虽然是曲面，但当测量区域较小（如半径不大于10km的范围）时，可以用测区中心点 A 的切平面来代替曲面，如图1-6所示。地面点在切平面上的投影位置就可以用平面直角坐标系来确定。测量工作中采用的平面直角坐标系，以两条互相垂直的直线为坐标轴，两轴的垂点为坐标原点，规定南北方向为纵轴，并记为 x 轴，x 轴向北为正，向南为负；以东西为横轴，并记为 y 轴，y 轴向东为正，向西为负。地面上某点 P 的位置可以用 x_p 和 y_p 表示。平面直角坐标系中象限按顺时针方向编号。

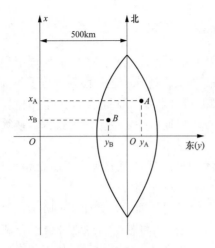

图 1-5　高斯平面直角坐标

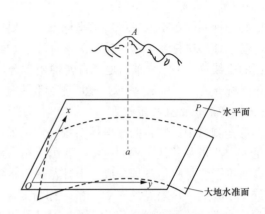

图 1-6　以切平面代替曲面

（五）地面点的高程

地面点到大地水准面的铅垂距离，称为该点的绝对高程或称海拔，通常以 H_i 表示。H_A 和 H_B 即为 A 点和 B 点的绝对高程。当个别地区引用绝对高程有困难时，可采用假定高程系统，即采用任意假定的水准面作为高程起算的基准面。地面点到假定水准面的铅垂距离，称为假定高程。

测量工作的基准面是大地水准面，大地水准面是一个曲面。从理论上讲，将极小部分的水平面当作平面也是要产生变形的，但是由于测量和绘图也都含有不可避免的误差，如果将某一测区范围内的水准面当作平面看待，其产生的误差不超过测量和绘图的误差，那么这样做是合理的。一般，在以 10km 为半径的圆面积之内进行距离测量时，可以把水准面当作水平面看待，即可不考虑地球曲率对距离的影响。

第二章 变电站防汛和评价

变电站是指电力系统中对电压和电流进行变换，接受电能及分配电能的场所。变电站是电力系统生产活动的基层组织，是企业安全生产的基地，保证变电站的安全是电力生产的基础。变电站在建设以及运营过程中，防汛工作是确保变电站安全生产运营的重要环节，尤其在汛期，防汛更是变电站安全生产的重点工作。

变电站防汛主要包括站址防汛、安全评估、防汛排涝、施工改造、预警管理等。在建设初期的可行性研究、审查阶段应详细审核场址防汛排涝问题，由于近年极端天气的频发和新建变电站向低洼地带的延伸，高洪水位区域变电站的防洪面临严峻挑战，变电站营运期间的洪涝灾害严重影响变电站的生产安全。因此，当前新形势下的变电站防汛工作，更应做好安全评估、预警管理以及应急响应的防洪排涝措施，确保变电站的生产安全。

变电站防洪作为防汛工作的主要任务，是变电站防汛工作的重点防御对象，是变电站现场技术管理人员重点关注的自然灾害，因此，本章主要从洪水基本知识、防洪、变电站防洪的现状和存在的问题以及变电站防洪、防涝的评估方面进行阐述。

第一节 洪 水

洪水是指江河水量迅猛增加及水位急剧上涨的自然现象，是指河流、湖泊、沼泽和人工水库等地表水体所含的水量超过多年平均水量的一种水流现象。洪水的形成往往受气候、下垫面等自然因素与人类活动因素的影响。洪水有时来势凶猛，具有很大的自然破坏力，淹没河中滩地，毁坏两岸堤防等水利工程设施。因此，研究洪水特性，掌握其变化规律，积极采取防治措施，尽量减轻洪灾损失，是研究洪水的主要目的。

一、洪涝灾害的定义

当洪水、涝渍威胁到人类安全，影响到社会经济活动并造成损失时，通常就说发生洪涝灾害。洪涝灾害是自然界的一种异常现象，一般包括洪灾和涝渍灾，目前中外文献还没有严格的"洪灾"和"涝渍灾"定义，一般把气象学上所说的年（或一定时段）降雨量超过多年同期平均值的现象称之为涝。

我国古代洪涝是不分的，后来人们在河道湖泊的岸边修筑了堤防、圩垸等防洪工程，改变了河道的排泄条件，天然来水受到了人为控制，才逐步有了洪涝之分。一般认为河流漫溢或堤防溃决造成的灾害为洪灾；当地降雨过多，长久不能排去的积水灾害为涝灾。"洪"与"涝"是相对的，很难严格区分开来，世界各国均把淹没厉害的水灾称为洪水。虽然洪涝难以区分，但洪水和内涝在水文特性、灾害特点以及防洪治涝对策措施等方面均有明显的区别。一般来说，洪水来势迅猛，河流来水超常，而雨涝来势较缓，强度较弱；洪水可以破坏各种基础设施，淹死或伤人畜，对农业和工业生产会造成毁灭性破坏，破坏性强；而涝灾一般影响农作物和部分对水环境有要求的建筑设施，如变电站。防洪对策措施主要依靠防洪工程措施（包括水库、堤防和蓄滞洪区等），汛期还有一整套临时防汛抢险的办法，而治涝对策和措施主要通过开挖沟渠并动用动力设备排出地面积水。

目前通行的说法，洪灾一般是指河流上游的降雨量或降雨强度过大、急骤融冰化雪或水库垮坝等导致的河流突然水位上涨和径流量增大，超过河道正常行水能力，在短时间内排泄不畅，或暴雨引起山洪暴发、河流暴涨漫溢或堤防溃决，形成洪水泛滥造成的灾害。涝灾一般是指本地降雨过多或受沥水、上游洪水的侵袭，河道排水能力降低、排水动力不足或受大江大河洪水、海潮顶托，不能及时向外排泄，造成地表积水而形成的灾害，多表现为地面受淹、农作物歉收、建筑物内部积水。渍灾主要是指当地地表积水排出后，因地下水位过高，造成土壤含水量过多，土壤长时间空气不畅而形成的灾害，多表现为地下水位过高，土壤水长时间处于饱和状态，导致农作物根系活动层水分过多，不利于作物生长，使农作物歉收。实际上涝灾和渍灾在大多数地区是相互共存的，如水网圩区、沼泽地带、平原洼地等既易涝又易渍。山区谷地以渍为主，平原坡地则易涝，因此不易把它们截然分清，一般把易涝易渍形成的灾害统称涝渍灾害。

洪涝灾害可分为直接灾害和次生灾害。在灾害链中，最早发生的灾害称原生灾害，即直接灾害，洪涝直接灾害主要是由于洪水直接冲击破坏，淹没所造成的危害。如人口伤亡、土地淹没、房屋冲毁、堤防溃决、水库堵竭；交通、电讯、供水、供电、供油（气）中断；工矿企业、商业、学校、卫生、行政、事业单位停课、停工、停业以及农林牧副渔减产、减收，等等。

次生灾害是指在某一原发性自然灾害或人为灾害直接作用下，连锁反应所引发的间接灾害。如暴雨、台风引起的建筑物倒塌、山体滑坡，风暴潮等间接造成的灾害都属于次生灾害。次生灾害对灾害本身有放大作用，它使灾害不断扩大延续，如一场大洪灾来临，首先是低洼地区被淹，建筑物浸没倒塌，然后是交通、通信中断，接着是疾病流行、生态环境的恶化，而灾后生活生产资料的短缺常常造成大量人口的流徙，增加了社会的动荡不安，甚至严重影响国民经济的发展。

二、洪水相关概念

（一）泄洪

泄洪即排泄洪水。由于持续性强降雨导致水库超水位，为避免水漫洪溢，或库坝、堤堰溃塌而造成严重的灾害，开闸向下游泄洪区排水。

（二）泄洪区

泄洪区是指在河流湖泊水位上升，达到洪水警报线时，由人工打开一缺口，向规定的地区引流洪水，减少对水域周边的危害，这一地区就被称为泄洪区。

在我国，国家为每条河流和湖泊都设定了泄洪区，在有洪水威胁时，会向泄洪区泄洪，保障人民的财产安全。

国家规定泄洪区不可以开发为住宅工厂等一切建筑，非法建筑政府不给保障，但可以开发为农田。

（三）行洪

行洪区是指主河槽与两岸主要堤防之间的洼地，历史上是洪水走廊，现有低标准堤防保护的区域，遇较大洪水时，必须按规定的地点和宽度开口门或按规定漫堤作为泄洪通道。河道包括河槽和滩地两部分。筑有堤防的河流或河段，洪水在两堤之间宣泄，在一些江河行洪区内仍有居民从事农业生产活动，有些还有群众居住。

行洪区的土地使用，一般以不影响洪水宣泄能力为原则。为合理利用行洪区的土地，减少洪灾损失，中国对行洪区利用已制定了一些措施，如调整产业结构、变单一的种植业为多种经营、弃秋保麦、控制人口的发展和试行洪水保险等。在危险区域采取有计划的逐步迁出。在洪水边缘区，避开主流，修筑庄台等避洪工程建筑物和救生设施，以保障行洪区的人民生命财产的安全。

（四）分洪

在河流险区上游，将超过河槽安全泄量的多余洪水分流入邻近河流、湖泊、洼地（分洪区），也可绕过险区再归入原河，或直接入海，借以减轻下游河段洪水威胁的措施。需选择适当地点建分洪闸、分洪道、以控制分洪流量。进入分洪区的洪水，待洪峰过后，可通过泄水闸适时地泄入其他河流或绕过险区段再归入原河道下游。前者如汉水杜家台分洪区，泄水入长江；后者如荆江分洪区，泄水绕过荆江大堤险段后入原河道。再如海河流域的独流减河则直接分流入海。分洪需确定分洪控制水位、分洪流量和分洪孔口尺寸等。分洪区除湖泊外，常利用洼地担当，其滩地平时照常耕种，分洪时受淹。当河流上游水库陆续建成蓄洪区以后，可逐渐缩小分洪区范围，减少分洪机会，甚至停止分洪。

将超过河道安全泄量的洪水分走或进行滞蓄，以减轻洪水对原河道两岸防护区的威胁，减免洪水灾害，所采取的措施称为分洪工程。根据分洪方式的不同，分洪工程可分为分洪道式、滞蓄式和综合式三类。

三、洪水的特性

每次洪水过程的特征，常用一些特征值来表示。主要特征值有洪峰水位、洪峰流量、洪水历时、洪水总量、洪峰传播时间等。洪水特性通常用洪峰流量、洪水总量和洪水总历时，即洪水三要素来表示。

（1）洪峰流量：每次洪水在某断面的最大洪水流量称为洪峰流量。

（2）洪水总量：是某一控制断面以上流域内一次降雨产生的径流量，可以用一次降雨产生的径流深乘以产流的流域面积求得。

（3）洪水总历时：是指一次洪水过程所经历的时间，可以由一次洪水流量过程线的底宽求得。

洪水三要素是指洪峰流量 Q，洪水总量 W 和洪水历时 T，如图 2-1 所示。

一次洪水过程，一般有起涨、洪峰出现和落平三个阶段。山区性河流河道坡度陡、流速大，洪水涨落迅猛；平原河流坡度缓、流速小，涨落相对缓慢。大

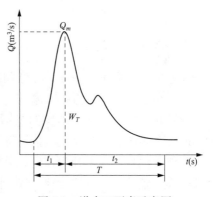

图 2-1　洪水三要素示意图

江大河由于流域面积大，接纳支流众多，洪水往往出现多峰，而中小流域，则多单峰；持续降雨往往出现多峰，孤独降雨多出现单峰。冰雪融化补给的河流，由于热融解过程缓慢，形成的洪水也缓涨缓落，有时一次洪水延续整个汛期。冰凌洪水，由于冰冻融解或冰坝溃决，水流相应呈现缓慢或突然泄放。溃坝洪水和山洪，具有猝发性，大量水体有时伴以砂石，以很高的水头奔腾而下，破坏力极大。

中国幅员辽阔，气候的地区差异很大，因此各地汛期不同，但有明显的规律。每年发生的最大洪水流量与年平均流量的比值，可作为表示洪水年内大小的一个指标。该比值在我国各地有很大的差异。从大范围来看，最大比值出现在江淮地区，一般达 20～100，有的可达 300～400，这是由于该地区正处于南北暴雨天气变化的过渡地带。其次是黄河、辽河部分地区，比值一般在 40～150。最小的比值发生在青藏融雪补给区，仅为 7～9。洪水的年际变化也很大，对比河流多年最大流量的最大值与最小值的比值，可以看出洪水年际变化状况。以海滦河流域为例，滦河潘家口，流域面积 33700km²，比值为 63；潮白河密云，流域面积 15780km²，比值为 146；清漳河匡门口，流域面积 5090km²，比值为 129；子牙河朱庄，流域面积 1220km²，比值高达 856。小流域的年际变化更大，南方河流一般小于北方河流。

1998 年长江特大洪水的发生就是因为长江流域出现三次持续大范围的强降雨。第一次是 6 月 12 日至 27 日，江西、湖南、安徽等地区降雨量比常年同期多 1 倍以上，江西北部多 2 倍以上。6 月 25 日 8 时洞庭湖最大入湖流量达 54400m³/s，城陵矶入江流量 6 月 30 日达 35100m³/s，同时，鄱阳湖 5 河合成流量高达 50000m³/s，湖口入江流量增至 31900m³/s，为历史第一位。第二次是 7 月 4 日至 25 日。长江三峡地区、江西中北部、湖南西北部和其他沿长江地区，降雨量比常年同期偏多 5 成至 2 倍。7 月 15 日寸滩洪峰流量达 54800m³/s。23 日，洞庭湖最大入湖流量达 64000m³/s，大于 1954 年最大值 1000m³/s，27 日，入江流量达 34200m³/s。自监利至湖口，除武汉、黄石外均超过历史最高水位。第三次是 7 月末至 8 月 28 日，长江上游、汉水、川东、湖北西南、湖南西北部降雨量比常年偏多 2～3 倍。同时，汉江上游也降暴雨，导致长江中游水位居高不下，8 月中旬第六次洪峰，沙市—溧山洪水超过 1954 年最高值 0.55～1.85m。

这种"二度梅"型暴雨，造成干支流洪水反复遭遇，上下游相互影响，加之沿江湖泊调蓄作用渐减，以及汛期全力防守、分洪、馈口水量少，导致长江发生水量大、水位高、持续时间长的全流域大洪水；宜昌以上 30 天和 60 天洪量达到 80～100 年一遇。在沙市至湖口长 1000km 的河段，除汉口、黄石外，其余各站均超过历史最高水位，如沙市、监利、城陵矶、螺山分别超过历史最高水位 0.55m、1.25m、0.63m 及 0.78m。

四、气象灾害等级

预警信号由名称、图标、标准和防御指南组成，分为台风、暴雨、暴雪、寒潮、大风、沙尘暴、高温、干旱、雷电、冰雹、霜冻、大雾、霾、道路结冰等。

随着时代发展，气象预警的级别、气象灾害预警信号种类由原来的 3 种增加到 10 种，为人们所熟悉的黑色台风预警信号将退出历史舞台。根据灾害的严重性和紧急程度，新版气象灾害预警信号总体上分为蓝色、黄色、橙色和红色 4 个等级（Ⅳ、Ⅲ、Ⅱ、Ⅰ级），分别代表一般、较重、严重和特别严重，同时以中英文标识，与国家的所有应急处置等级和颜色保持一致。而原有的台风、暴雨、寒冷 3 种预警信号的黑色预警信号将成为历史，统一以红色为最高等级，由原来的"白、绿、黄、红、黑"改为现在的"白、蓝、黄、橙、红"；暴雨预警信号和寒冷预警信号原规定按"黄、红、黑"来分等级。

十种突发气象灾害预警信号如下。

1. 台风

台风预警信号分5级，分别以白色、蓝色、黄色、橙色和红色表示。

2. 暴雨

暴雨预警信号分3级，分别以黄色、橙色、红色表示。

3. 高温

高温预警信号分3级，分别以黄色、橙色、红色表示。

4. 寒冷

寒冷预警信号分3级，分别以黄色、橙色、红色表示。

5. 冰雹

冰雹预警信号分2级，分别以橙色、红色表示。

6. 雷雨大风

雷雨大风预警信号分4级，分别以蓝色、黄色、橙色、红色表示。

7. 道路结冰

道路结冰预警信号分3级，分别以黄色、橙色、红色表示。

8. 森林火险

森林火险预警信号分3级，以黄色、橙色、红色表示。

9. 大雾

大雾预警信号分3级，分别以黄色、橙色、红色表示。

10. 灰霾天气

灰霾天气预警信号，以黄色表示。

（一）Ⅰ级预警：特别重大（红色）

Ⅰ级预警是指在某省（区、市）行政区域或者多省行政区域内，气象主管机构所属气象台站预报预测出现灾害性天气气候过程，其强度达到国务院气象主管机构制定的极大灾害性天气气候标准的，或者地质灾害气象等级达5级、森林（草原）火险气象等级达5级。

（二）Ⅱ级预警：重大（橘黄色）

Ⅱ级预警是指在某省（区、市）行政区域内，气象主管机构所属气象台站预报预测出现灾害性天气气候过程，其强度达到国务院气象主管机构制定的特大灾害性天气气候标准的，或者地质灾害气象等级达4级、森林（草原）火险等级达4级。

（三）Ⅲ级预警：较大（黄色）

Ⅲ级预警是指在某省（区、市）行政区域内，气象主管机构所属气象台站预报预测出现灾害性天气气候过程，其强度达到国务院气象主管机构制定的重大灾害性天气气候标准，或地质灾害气象等级达3级、森林（草原）火险气象等级达3级。

（四）Ⅳ级预警：一般（蓝色）

Ⅳ级预警是指在某省（区、市）行政区域内，气象主管机构所属气象台站预报预测出现灾害性天气气候过程，其强度达到国务院气象主管机构制定的较大灾害性天气气候标准，或地质灾害气象等级达2级、森林（草原）火险气象等级达2级。

五、洪水等级

水文要素（如降水量、洪峰流量、洪量等）的大小和等级是遵循一定的观测调查资料系列，按洪水出现的稀有程度，来确定它的大小和等级，在数理统计学上称为概率，在水文学上则习惯称为频率，属于洪水要素方面的，称为洪水频率，常以％表示。水文上一般采用0.01％、0.1％、1％、10％、20％来衡量不同量级的洪水，洪水频率越小，表示某一量级以上的洪水出现的机会越少，则降水量、洪峰流量、洪量等数值越大；反之，出现的机会越多，则数值越小。如洪水频率为1％，则为百年一遇洪水。水文上除采用洪水频率定量的衡量洪水的大小外，也常用重现期（以年为单位）来描述。

频率概念较抽象，常用重现期来代替。重现期是指（洪水变量）大于或等于某随机变量，在很长时期内平均多少年出现一次（即多少年一遇）。这个平均重现间隔期即重现期，用 N 表示。但不能理解为每隔百年出现一次，也可能一次都不出现。

在防洪、排涝研究暴雨洪水时，频率 P（％）和重现期（年）存在下列关系：

$$N = \frac{1}{P}（年）\quad 或 \quad P = \frac{1}{N} \times 100\%$$

式中　N——降雨，洪水等平均重现间隔，即重现期，年；

　　　P——降雨，洪水等重现的频率，以百分数表示。

如，某水库大坝校核洪水的频率 $P = 0.1\%$，则有 $N = 1000$ 年，称千年一遇洪水。即出现大于或等于 $P = 0.1\%$ 的洪水，在长时期内平均一千年遇到一次。若遇到大于该校核标准的洪水时，则不能保证大坝的安全。

洪水的等级按洪峰流量重现期划分为以下 4 级：

(1) 重现期 5～10 年一遇的洪水，为一般洪水。

(2) 重现期 10～20 年一遇的洪水，为较大洪水。

(3) 重现期 20～50 年一遇的洪水，为大洪水。

(4) 重现期超过 50 年一遇的洪水，为特大洪水。

六、按流域水系分类洪水

（一）流域水系洪水分类

我国是一个洪涝灾害频发的国家，洪涝灾害的发生具有明显的季节性和地区性。各流域受自然地理位置、集水面积内地形地貌及不同时期不同尺度天气条件的影响，存在很大的差异，要将七大江河的洪涝灾害进行统一定量划分难度很大。根据各流域水系及其气候条件、自然地理特性、降雨特性、洪水特性和洪水组成，并结合对历史洪水研究的习惯，从各流域水系分区的暴雨量级和笼罩面积、干流主要控制站洪水大小以及主要干支流洪水的形成与遭遇等情况，可将发生的洪水分为跨流域洪水、流域性洪水、区域性洪水和局部性洪水。

跨流域洪水一般是指相邻流域多个河流水系内，降雨范围广，持续时间长，主要干支流均发生不同量级的洪水；流域性洪水一般是指本流域内降雨范围广，持续时间长，主要干支流均发生不同量级的洪水；区域性洪水是指降雨范围较广，持续时间较长，致使部分干支流发生较大量级的洪水；局部性洪水是指局部地区发生的短历时强降雨过程而形成的洪水。目前对跨流域洪水、流域性洪水、区域性洪水和局部性洪水还没有一个全面、准确、量化的定义和判别标准，不过各流域机构已经开始研究本流域的洪水分类定义的分层量化指标体系。

（二）流域水系

七大江河的流域性洪水、区域性洪水和局部性洪水的定义和量化指标，是以七大江河水系分区划分及洪水量级划分标准为基础形成的，与几十年来人们对历史洪水的研究习惯基本一致。

七大江河流域的水系分区如下。

松花江流域：嫩江、第二松花江、松花江三个水系分区。

辽河流域：西辽河、辽河干流、浑太河三个水系分区。

海河流域：滦河、北三河（潮白河、北运河、蓟运河）、永定河、大清河、子牙河（包括黑龙港及运东地区）、漳卫河、徒骇马颊河七个水系分区。

黄河流域：黄河上游干流（头道拐水文站以上）、黄河中游干流（头道拐水文站至花园口水文站）、黄河下游干流（花园口水文站以下）三个水系分区。

淮河流域：淮河上游（正阳关水文站以上）、淮河中游（正阳关水文站至洪泽湖）、淮河下游及里下河、沂沭泗河四个水系分区。

长江流域：长江上游（宜昌水文站以上）、长江中游（宜昌水文站至湖口水文站）、长江下游（湖口水文站以下）三个一级水系分区。长江上游分金沙江、岷沱江、嘉陵江、乌江四个二级水系分区；长江中游分汉江、洞庭湖四水、鄱阳湖五河三个二级水系分区，下游不分二级水系分区。

太湖流域：太湖流域一个水系分区。

珠江流域：西江、北江、东江、珠江三角洲四个水系分区。

（三）以海河流域为例划分洪水

根据上述水系分区划分和洪水量级判别标准，以海河流域为例，对流域性洪水、区域性洪水和局部性洪水做进一步定义。

1. 流域性洪水

海河流域 3 个（含 3 个）以上水系同时发生洪水，称为流域性洪水。

海河流域 3 个（含 3 个）以上水系同时发生洪水，且有 2 个（含 2 个）以上水系的代表站任一水文要素洪水重现期＞50，称为流域性特大洪水。

海河流域 3 个（含 3 个）以上水系同时发生洪水，且有 2 个（含 2 个）以上水系的代表站任一水文要素洪水重现期为 20～50 年，称为流域性大洪水。

2. 区域性洪水

海河流域 1～2 个水系同时发生洪水，称为区域性洪水。

海河流域 1～2 个水系同时发生洪水，且有 1 个（含 1 个）以上水系的代表站任一水文要素洪水重现期＞50 年，称为流域性特大洪水。

海河流域 1～2 个水系同时发生洪水，且其代表站任一水文要素洪水重现期为 20～50 年，称为流域性大洪水。

3. 局部性洪水

洪水只在水系的部分支流发生，称为局部性洪水。

水系范围内局部地区发生洪水，控制站的洪水重现期＞50 年，称为局部性特大洪水。水系范围内局部地区发生洪水，控制站的洪水重现期为 20～50 年，称为局部性大洪水。

需要说明的是，上述关于海河流域洪水标准，是水利部海河水利委员会和水利部水文局的初步研究成果，也是多年防洪工作经验的总结，但尚未经过水利部的审查和批准；我国各大流域水系复杂，洪水特性和分布也存在很大差异，因此各流域的洪水判别标准是不一样的。

跨流域洪水是指相邻流域2个或2个以上水系分区内，连续发生多场大范围降雨过程，发生洪水的水系分区主要干支流均发生不同量级的洪水。跨流域洪水的判别以七大江河水系分区的洪水判别标准为基础。跨流域洪水不设置区域性洪水和局部性洪水的判别标准。

跨流域特大洪水是指相邻流域2个或2个以上水系分区，至少有1个以上水系分区发生的洪水重现期≥50年，其他水系分区的洪水重现期为20～50年。

跨流域大洪水是指相邻流域2个或2个以上水系分区，至少有1个以上水系分区发生的洪水重现期为20～50年，其他水系分区的洪水重现期为5～20年。

七、按成因分类洪涝灾害

（一）洪涝灾害成因

我国江河众多，可能发生洪水灾害的地区分布广泛。流域面积在 $1000km^2$ 以上的河流约5800多条，在山区、丘陵区、平原区、河口区各种洪涝灾害都可能出现。按照江河洪水的成因条件，我国洪水通常分为暴雨洪水、山洪泥石流、冰凌洪水、融冰融雪洪水、风暴潮洪水和垮坝（堤）洪水等不同类型，各种类型的洪水都可能造成洪涝灾害，但暴雨洪水发生最为频繁、量级最大、影响范围最广。一般来说，我国七大江河的上游干流及支流水系的山区，常常因暴雨引起山洪并触发山体滑坡和泥石流灾害，其洪水波峰高，来势猛，破坏力强，但历时短、灾区分散，受灾与影响范围有一定局限性；上游干流与支流沿江河两岸，因洪水上涨漫溢，两岸河谷阶地形成淹没灾害；中下游及其支流下游冲积平原区，由于地面高程一般较低，洪水灾害较为频繁严重，当发生洪水泛滥或堤防溃决时，会造成大面积土地淹没，且淹没时间长，损失大；河口及沿海地区，受台风和热带气旋风暴潮侵袭十分严重，其来势猛、速度快、强度大、破坏力强，台风和热带气旋所经之处，土地淹没、房屋倒塌、人畜伤亡等，灾害损失严重；沿江河大中城市，常常受上游洪水（外洪）或本地暴雨（内涝）的影响，易发生洪涝灾害，由于城市人口密集、财富集中以及现代城市开发的立体性，其洪灾损失往往相当严重，尤其是东部沿海及江淮中下游地区的大中城市。我国的灾害性洪水依据形成过程，可分为暴雨洪水型、山洪泥石流型、冰凌洪水型、融雪洪水型、垮坝洪水型、风暴潮型。

涝渍灾害与洪灾都属水灾。涝渍包含涝和渍两部分，涝是雨后农田积水，超过农作物耐淹能力而形成，而渍主要由于地下水位过高，导致土壤水分经常处于饱水状态，农作物根系活动层水分过多，不利于农作物生长，而形成渍灾。我国的涝渍灾害主要发生在七大江河中下游的广阔平原区：东北地区的三江平原、松嫩平原、辽河平原；黄河流域的巴盟河套平原、关中平原；海河流域中下游平原；淮河流域的淮北平原、滨湖洼地、里下河水网圩区；长江流域的江汉平原、鄱阳湖和洞庭湖滨湖地区、下游沿江平原洼地；太湖流域的湖东湖荡圩区；珠江流域的珠江三角洲等。山区谷地与河谷平原因受地下水影响，很易发生渍害，多分布在各流域的中、上游，如桂、川、赣、湘、豫、陕、晋等省区的丘陵山区。涝渍灾害的类型根据灾害发生所在地的地质地形条件区分，如平原坡地在较大降雨的情况下，因坡面漫流或洼地积水而形成灾害属于平原坡地型；分布在沿江、河、湖、海周边的低洼地区的称为平原洼地型，除此之外还有水网圩区型、山区谷地型、沼泽湿地型。

由于各地自然环境差异很大，影响不同类型洪涝灾害的自然因素也是多种多样，并且随着社会经济的发展，社会因素对洪涝灾害影响也愈来愈明显。下面将进一步分析影响洪涝灾害的自然因素与社会因素。

1. 山洪泥石流

降雨是诱发山洪泥石流灾害的直接因素和激发条件，其发生与降雨量、降雨强度和降雨历时关系密切。高强度降雨是引起山洪泥石流灾害的主要原因之一，研究表明具有相当大的降雨量和降雨强度才能发生山洪泥石流，降雨量和降雨强度越大，形成泥石流的几率就越高，规模也越大。地形地质因素是发生山洪泥石流的物质基础和潜在条件，影响着山洪泥石流灾害的特性和规模。我国起伏变化的地形为山洪泥石流提供了动力条件。如果山体高、坡度大，则处于高势能、低阻力的水体和土体极不稳定，可以快速起动，高速运动，迅速成灾，如果山体低而缓，则起动、成灾均较慢，或者不成灾。地面起伏不仅为山洪泥石流灾害的发生提供势能条件，同时还为泥石流提供充足的固体物质和滑动条件。人为不合理的经济活动在天然山洪泥石流生成过程中，有强化和激发作用。人为因素主要有以下两个方面：①乱砍滥伐森林，使山坡丧失保水固土能力，经受不住暴雨径流的冲刷，出现大面积的斜面重力侵蚀和坡面径流侵蚀，加速泥石流的生成和发育，毁林开荒使大面积的山坡失去了天然覆盖，表面疏松失去团粒结构，一旦遇到高强度暴雨，成片泥土被冲下山汇成泥石流；②采石、开山、修路和开矿等使大量岩石松动和移位，造成岩层失稳，加速了重力侵蚀作用，或形成岩体滑动为临空形态，促成泥石流生成发育；③大量乱弃的矿渣、矿坑采空区造成的塌陷使山岩松动，这些都给滑坡、泥石流生成提供了有利条件。

2. 外洪

局部地区洪涝灾害除受本地降雨影响外（即内涝），往往受流域周围地区客水（即外洪）的威胁。一般来讲，洪灾是外洪入侵所致，当上游洪水流经该地区，超过河道泄洪能力或堤防防洪能力时，会导致洪水泛滥成灾。人们通过工程措施来改变不利于防洪的自然条件，控制或抗御洪水以减免洪涝灾害损失。防洪工程主要有堤防、水库、行蓄洪区等。但由于洪水具有太多不确定性，防洪工程防御标准偏低，超标准洪水时有发生，或因防洪工程措施运用不当，难以避免洪灾发生。如水坝、堤防等挡水建筑物溃决，则洪水具有突发性和来势凶猛的特点，对下游威胁很大。造成垮坝的常见原因包括：①自然力的破坏，如超标准特大洪水，强烈地震及坝岸大滑坡；②大坝设计标准偏低，泄洪设备不足；③坝基处理和施工质量差；④运行管理不当，盲目泄水或发电、通信故障；⑤军事破坏等。堤防决口的常见原因包括：①堤防设计标准低，一些江河堤防往往只规定设计防洪水位，而没有校核洪水位；②堤防质量问题；③人为设障，壅高水位，造成漫溢、溃决；④人为扒堤决口。

3. 渍涝

形成涝渍灾害的自然因素主要有天气条件、土壤条件及地形地貌。天气条件是发生涝渍灾害的主要原因。灾害的严重程度往往与降雨强度、持续时间、一次降雨总量和分布范围有关。我国涝渍灾害主要分布于各大流域的中下游平原。这些区域处于季风暴雨区，由于降雨量年际年内分布不均匀，有些时期雨量大、强度高，造成洪涝灾害；有些时候阴雨连绵、低温高湿，造成土壤过湿和地下水位过高引发渍害。农田渍害与土壤质地、土层结构和水文地质条件有密切关系。土质粒重的土壤，渗透系数小，土壤中的水分难以排出，形成过高的地下水位与线层滞水，土壤地下水易升不易降，易形成涝渍灾害。地表径流能否及时宣泄，直接影响涝渍灾害的轻重，地表径流的大小和滞留时间长短与地形地貌关系十分密切。如南方地区，沿江、沿河或滨湖平原、洼地和洪区，地势低洼，受河流洪水顶托，排泄不畅，排降地下水则更为困难，因而易产生涝渍灾害。在东北一些地区，地形复杂，无尾河道众多，为闭流的浅平洼地，形成诸多沼泽，雨后积水排泄不出，则形成涝渍灾害。在黄淮海平原地区，由于黄河经常泛滥，破坏了原有水系，泛溢两岸泥沙堆积成岗，岗地之间则为洼地，排水出路不畅，涝渍灾害容易发生。

4. 风暴潮

由气压、大风等气象因素急剧变化造成的沿海海平面成河口水位的异常升降现象，称为风暴潮。风暴潮是一种重大的海洋灾害，我国东部面临渤海、黄海、东海，南部为南海，海岸线长达 18000km，沿岸带有台风、温带气旋或寒潮大风的袭击，是世界上风暴潮灾害最为严重的国家之一。广东、广西、福建、台湾、浙江、上海是台风风暴潮多发区。其中渤海湾至莱州湾沿岸，江苏省小羊口至浙江北部及温州、台州地区，福建省宁德地区至闽江口，广东省汕头地区至珠江口，以及雷州半岛东部和海南岛东北部均为风暴潮多发区。由台风引发的风暴潮灾害更为严重。

（二）洪涝灾害成因分类

洪水按成因和地理位置的不同，分类也不同。按地区可分为河流洪水、暴潮洪水和湖泊洪水等；按成因可分为暴雨洪水、融雪洪水、冰川洪水、冰凌洪水、雨雪混合洪水、溃坝洪水 6 种。海啸、风暴潮等也可能会引起洪水灾害，各类洪水的发展都具有明显的季节性和地区性。我国大部分地区以暴雨洪水和山洪为主，但对我国沿海的海南、广东、福建、浙江等省份而言，由于台风登陆平均每年 9 次，风暴潮引发的洪水灾害也是主要的洪水灾害。

1. 暴雨洪水

暴雨洪水是指由暴雨通过产流、汇流在河道中形成的洪水。我国是多暴雨的国家，暴雨洪水的发生很频繁。暴雨产生洪水，降雨量是在防汛中首先要关注的重要技术数据。一般在发生暴雨时就要注意防洪安全，特别是山洪泥石流多发区和城市内涝易发区，更需要注意防范。洪水是指暴雨（或溃坝等）引起的江河水量迅猛增加和水位急剧上涨的现象。洪水等级是衡量防汛抗洪难度的重要标准。洪水标准有洪峰、洪量、洪水位三个重要数据。洪峰是指一次暴雨洪水发生的最大流量数值（也称"峰值"，以 m³/秒计）；洪量是指一次暴雨洪水产生的洪水总量（以亿 m³ 或万 m³ 计）；洪水位是指一次暴雨洪水引起河道或水库水位上涨达到的数值，以海拔高程"m"计，其最大数值称为"最高洪水位"。影响河道防洪安全的关键在"峰"，也就是一次暴雨洪水发生的洪峰流量和最高水位；影响水库安全的关键在"量"，也就是一次暴雨洪水发生的洪水总量与最高库水位。

暴雨具有明显的季节性和地区性特点。在我国，4～6 月西南季风开始盛行，主要雨区出现在长江以南地区，华南出现前汛期暴雨。江南出现梅雨期暴雨，暴雨量级明显地由华南沿海向北递减，华南地区开始产生洪水，有时还可形成特大洪水。江南梅雨期暴雨，持续时间长，雨区分布广，容易造成大范围内的洪涝灾害，如 1954 年和 1998 年长江中下游的特大洪水。7～8 月是西南和东南季风活跃的季节，随着太平洋副热带高压西进北跃，江南梅雨结束，川西、华北、东北与东南沿海地区正值暴雨期，如台风频繁，可造成长江、淮河、黄河、海河、辽河等流域的较大或特大洪水。

2. 融雪洪水

融雪洪水是指流域内积雪（冰）融化形成的洪水。高寒积雪地区，当气温回升至 0℃ 以上，积雪融化，形成融雪洪水。若此时有降雨发生，则形成雨雪混合洪水。融雪洪水主要发生在大量积雪或冰川发育的地区，如我国的新疆与黑龙江等地区。

3. 冰凌洪水

冰凌洪水是指河流中因冰凌阻塞和河道内蓄冰、蓄水量的突然释放，而引起的显著涨水现象。按洪水成因，可分为冰塞洪水、冰坝洪水和融冰洪水 3 种。

4. 潮汐和天文潮

潮汐是指海水受引潮力作用而产生的长周期波动现象。它在铅直方向表现为潮位升降，在水平方向表现为潮流涨落。天文潮是指地球上海洋受月球和太阳引潮力作用所产生的潮汐现象。它的高潮、低潮高度和出现时间具有规律性，可以根据月球、太阳和地球相互运行的规律进行推算和预报。由月球引潮力引起的潮汐称为太阴潮；由太阳引潮力引起的称为太阳潮，两者都属于天文潮。由于地球、月球和太阳三者运行的相对位置周期性变化，潮汐的大小和涨落时间逐日不同。又因各地纬度不同和受地形、水文、气象等因素的影响，各地潮汐也有差异和各自的变化。月球距地球较近，其引潮力为太阳的 2.17 倍，故潮汐现象主要随月球的运行而变。

地处浙江省杭州湾钱塘江河口平面上呈喇叭口，潮波从外海传入杭州湾内，受两岸岸线收缩的聚能作用，潮差明显增大，最大潮差达 8.93m，为中国河口潮差之冠，形成壮观异常、闻名中外的钱塘江涌潮。实测压力达 72kPa，对两岸海塘有巨大的破坏力。当天文潮遇台风风暴潮增水和大浪，往往溃堤成灾。自唐朝到清末 1200 多年中，发生洪灾达 202 年，平均 6 年中就有 1 年发生洪灾。

5. 山洪

山洪是指流速大，过程短暂，往往夹带大量泥沙、石块，突然爆发的破坏力很大的小面积山区洪水。山洪主要由强度很大的暴雨、融雪在一定的地形、地质、地貌条件下形成。在相同暴雨、融雪的条件下，地面坡度越陡，表层物质越疏松，植被条件越差，越易于形成。由于其具有突发性，发生的时间短促并有很大的破坏力，山洪的防治已成为许多国家防灾的一项重要内容。山洪按径流物质和运动形态，可分为普通山洪和泥石流山洪 2 类。山洪多发生在温带和半干旱地带的山区，那里往往暴雨集中，表层地质疏松且植被稀疏，具备易于形成山洪的条件。在湿润地区，由于植被较密，岩石风化较弱，一般不易发生山洪。在干旱地区，暴雨条件不足，也难发生山洪。

第二节　防　洪

防洪是指防御洪水危害人类的对策、措施和方法。它是水利科学的一个分支，主要研究对象包括洪水自然规律，河道、洪泛区状况及其演变。防洪工作的基本内容可分为建设、管理、防汛和科学研究。防洪多指汛期到来之前，组织建造的河堤、堤坝、清淤等工程建设以及帐篷、救生衣、舟船等储备物资，侧重于措施和方法。

防汛是指在江河涨水时期采取措施，防止泛滥成灾。防汛的主要内容包括长期、中期、短期天气形势预报，洪水水情预报，堤防、水库、水闸、蓄滞洪区等防洪工程的调度和运用，出现险情灾情后的抢险救灾，非常情况下的应急措施等。防汛多指汛期来临之前，组织人员巡视防洪设施，疏导可能受灾的百姓，分发救灾物资等，属于资源调配和人事安排方面的工作，侧重于统筹安排的范畴，防汛与防洪既有区别又有联系，只是侧重点不同。

一、防洪水位

水位是防洪保安的重要考核标准。河道防汛主要分为设防水位、警戒水位、保证水位、分洪水位四项。我国江河防汛特征水位一般只设警戒水位和保证水位两级。

（1）设防水位指当江河洪水漫滩后，堤防开始临水，需要防汛人员巡查防守时的规定水位，这一水位由防汛部门根据历史资料和堤防实际情况确定。

（2）警戒水位指堤防临水到一定深度，有可能出现险情，需要防汛人员上堤巡堤查险，做好抗洪抢险准备的警惕戒备水位。我区主要河道的重要水文站都有警戒水位规定。大江大河堤防保护区的警戒水位多取定在洪水普遍漫滩或重要河段开始漫滩偎堤的水位。当水位达到警戒水位时，河段或区域开始进入防汛戒备状态，有关部门应进一步落实防守岗位，抢险备料和加强巡堤查验等工作。穿堤涵闸视情况停止使用。该水位是防汛部门根据长期防汛实践经验和堤防等工程出险基本规律分析确定。

（3）保证水位指汛期堤防工程及其他附属建筑物能够保证安全挡水的上限洪水位，又称防汛保证水位，是经过上级主管部门批准的设计防洪水位或历史上防御过的最高洪水位。当水位接近或达到保证水位时，防汛进入紧急状态，防汛部门要按照紧急防汛期的权限，采取抗洪抢险措施，确保堤防等工程的安全。保证水位是制定保护对象度汛方案的重要依据，它主要依据工程条件和保护区国民经济情况，洪水特征等因素分析拟定。一般采用河段控制站或重要穿堤建筑物的历年汛期最高洪水位作为保证水位。在没有水文站的堤段，一般以堤顶以下1m为保证水位，在保证水位以下要确保河道安全行洪，这叫"有限保证"，超过保证水位也要全力抢险，力保堤防安全，这叫"无限负责"，但出了问题就不再追究防汛"责任"了。

（4）分洪水位指当汛期河道上游洪水来量超过下游河道安全保证标准时，为保下游、保大局安全，需要向蓄滞洪区分泄部分洪水时的水位。当预报河道洪水将超过分洪水位时，说明洪水将超过堤防安全防御标准，需要运用分洪工程控制洪水，这一水位主要是根据下游河道安全泄量确定的。为了保证防洪保护对象的安全和有效地利用分洪工程，启用分洪工程必须适时。同时，要做好分洪区的分洪准备，把灾害损失降至最低限度。

二、防洪标准

防洪标准是指防洪保护对象或工程本身要求达到的防御洪水的标准。通常按某一重现期的设计洪水位防洪标准，或以某一实际洪水（或将其适当放大）作为防洪标准。一般当实际发生的洪水不大于防洪的标准时，通过防洪工程的正确运用，能保证工程本身或保护对象的防洪安全。目前，GB 50201—2014《防洪标准》7.3.2条规定：35kV及以上的高压，超高压和特高压变电设施，应根据电压分为三个防护等级，其防护等级和防洪标准按表2-1确定。

表 2-1　　　　　　　　　　　　　　　高压和超高压变电设施的防护等级和防洪标准

防护等级	电压（kV）	防洪标准（重现期（年））
Ⅰ	≥500	≥100
Ⅱ	<500，≥220	100
Ⅲ	<220，≥35	50

注　洪水频率和重现期实际上是衡量洪水量级的一个标准，是确定水利工程、堤防建设规模和等级的主要依据。

三、流域洪水预报

根据径流形成的基本原理，直接从实时降雨预报流域出口断面的洪水总量称径流量预报（也称产流量预报），预报流域出口断面的洪水过程称径流过程预报（也称汇流预报）。天然预见期为流域内距出口断面最远点处的降雨流到出口断面所经历的时间。有效预见期为从发布预报时刻到预报的水文状况出现时刻的时间间隔。预见期长短随预报条件和技术水平不同而异。流域洪水的预见期比河段预报要长些，这一点对中小河流和大江大河区间来水特别重要。在一些地区，没有发布河段预报的条件或预见期太短不能应用，为满足防洪要求，宜采用流域洪水预报的方法。若能提前预报出本次降水量及其时空分布，则预见期可延长。径流形成包括产流过程和汇流过程，但实际上它们在流域内是交错发生的十分复杂的水文过程。为分析计算方便，通常将它们分为产流和汇流两个阶段。由产流过程预报径流量，由汇流过程预报径流过程。

（一）径流量预报

一次降雨经过产流过程在流域出口断面产生的总水量，称本次降雨的径流量，也称净雨量或产流量。它包括地面和地下径流量。降雨量与径流之差，称损失。损失量的大小视前期流域蓄水量的大小、流域下垫面特性和各次降雨量特性而异。客观地确定每次降雨的损失量是正确作出径流量预报的关键。常用的降雨径流预报方法有降雨径流相关法、下渗曲线法、流域产流计算模型等。

（二）径流过程预报

净雨经过流域汇流过程，在流域出口断面形成流量过程，称为径流过程预报。由净雨量推求流量过程的常用方法有：单位过程线法、等流时线法、流域汇流计算模型、水力学方法等。

单位过程线法和等流时线法的缺点是：单线过程线法不能考虑降雨在流域面上分布不均匀和时间上的变化，把流域汇流视为集总的而不是分散的过程，因而不能反映不同时间和地点的净雨在到达流域出口断面过程中所受到的不同调蓄作用，把流域蓄泄关系视为线性的，而实际上其往往是非线性的；等流时线法把全部净雨量作为地面径流，并以刚体位移模拟洪水波运动，而流域实际流量过程是地面径流、表层流和地下径流等不同水源各自形成的出流过程的组合，而且按洪水波运动的规律向下游推进。这些缺点在较大流域尤为明显。为克服这些缺点，在实际预报计算中把流域划分为若干单元和演算河段，分单元进行产流和汇流计算，再自上而下逐段进行河段流量演算，并在计算中考虑不同水源和非线性问题，最后求出流域出口断面的总径流过程，这种方法也称为单元汇流计算法。

流域汇流计算模型即根据汇流的物理概念，建立相应的数学模型，与产流计算模型相连接，以净雨为输入，输出便是预报的径流过程。单位过程线和等流时线也可视为一种汇流计算模型。

水力学方法，把流域划分为坡面和河网，在一定边界条件和初始条件下，求解坡面和河网水流的运动方程和连续方程，得到流域出流过程，此法尚未普遍应用。

第三节 变电站防洪现状和存在问题

目前，变电站的防洪主要是采取工程措施，如堵、排为主的传统方式，以保障变电站汛期安全，施工方案也通常是以圬工墙体、水泵抽排水等方式为主，而新型挡水板、预制板、高性能吸水膨胀试剂堵漏新技术应用不足。而非工程措施，包含防洪预案、洪水预报、水库调度等管理措施不够重视。工程措施通常是在变电站四周设置一定的防洪墙体或开挖泄洪沟渠，在变电站内部设置集水井、排水泵房等排水措施，以防止变电站内涝。这种传统的防汛方式在当今信息化、数字化、网络化的今天已升级、演化为自动控制和监测的智能化防汛系统。

我国防汛监测系统的发展主要包括 3 个阶段：初级阶段、发展阶段和网络化阶段。20 世纪 70 年代中期开始到 80 年代中期为初级阶段。水文信息化从 1980 年开始，起步于信息源的处理。80 年代中后期开始的十余年为发展期。90 年代后期，为适应防汛和水利调度现代化、信息化的要求，以及近代通信、计算机和网络技术高速发展的时代特点，防汛水位监测系统的建设进入了网络化阶段，不断进入电力、水利、房地产等行业运用。防汛水位监测系统建设经过近 30 年的发展经验积累，虽然已经取得了巨大的进步，但总体来说，大部分地区的防汛水位监测系统的建设还不够合理和完善，整体水平仍相对落后，与西方发达国家还存在着很大的差距，信息采集、传输手段和技术比较落后，信息时效性差，不能满足当今对水文数据实时、快速、准确监测的要求。

由于外部环境、重视程度、设计规划选址、变电站施工建设、应对极端恶劣天气能力、新型智能变电站需求、地下变电站出现以及相关标准规范的缺乏等问题，使得变电站防洪现状严峻，存在诸多不足。

（1）随着社会经济的高速发展和人民生活水平的逐步提高，人们对电力的期望越来越高，而变电站扩展建设用地越来越多紧张，距离山体、堤防、水库行洪区域越来越近，造成变电站防洪标准较高和河道堤防自身防洪等级较低的现象，尤其老旧堤防更是如此，常导致变电站汛期雨水倒灌现象。因此，变电站进堤防、库区的建设更应考虑河道洪水对变电站选址的影响，应慎重考虑地面标高填高、防洪墙、集水排水等措施保障变电站的安全，注重预防预报信息化保障措施。

（2）根据 GB 50286—2013《堤防工程设计规范》的规定，堤防工程的防洪标准已由过去仅依靠堤防防洪方式改变为根据保护对象的需求、区域防洪规划等综合考虑确定堤防工程防洪标准的模式，新规范的堤防标准评定较前期规范堤防级别的确定具有明显差异，因此变电站的防洪标准宜明确新、老堤防的级别，确定自身的防洪标准，由于规范标准的差异导致变电站防洪标准确定困难，因此，应结合流域防洪规划和河道防洪规划综合确定变电站的防洪标准。

（3）GB 50201—2014《防洪标准》中对城市防洪的区域描述模糊，城市防洪界限不清，难以确定城市变电站的位置是否处于城市防洪的范围之内，尤其城市边缘地带的变电站难以适从。城市防洪水平偏低，50％以上的城市未达到国家标准，导致变电站遭受洪涝灾害的风险加大。

（4）上游三峡大坝、大型水库的建设减轻了下游抗洪能力，一定程度上提升了区域抗洪标准，然而变电站防洪理念仍然停留在早期状态，造成工程建设的浪费。

（5）变电站区域遇到大于100年一遇的洪水时的防洪标准无具体要求，难以适从。尤其特高压变电站、重要负荷变电站的防洪标准需要大于百年一遇的洪水时，是采用200年、300年或更高的防洪标准难以确定。

（6）极端暴雨天气频发，站址自身的防洪措施难以抵御突发洪水，站址的防洪安全难以得到保障。

（7）变电站防洪标准应与区域防洪工程体系、当地地形特征（如平原、山区、滨海等）不同而区别对待。

（8）非工程措施在防洪中的作用重视不够，通过非工程措施积极响应来预警和管理，针对险情可采取提前警报，安排人力，多备储料，多巡堤，多汇报，多部门联动，及时采取补救措施等一系列应对较大洪水的措施，也能保证在洪水发生超标准时的防洪安全，进而使保护对象的防洪标准提高。

（9）自然环境恶化和人为因素造成的水土流失导致洪水、泥石流频发，河道产生大量的泥沙，导致河床淤积、抬高，缩窄河道行洪断面，减小行洪能力，使得低洼地段变电站防洪形势难以得到保障。水土保持措施能够改善河道的行洪环境，提高河道的泄洪能力。但是水土保持措施对防洪能力的提高也多是定性分析，难以定量。

（10）变电站防洪标准的确定缺乏系统性理论指导，多是硬性套用50年或100年防洪标准。随着水利水电工程建设的完善，变电站的防洪标准应由多项防洪措施来实现，尤其是人口较多、防洪标准较高的地区。因此在分析变电站防洪标准时需要收集流域防洪规划、河道防洪规划、水利项目建设情况、防洪预案等多方面资料来综合判断堤防的安全性，堤防工程、水库工程和蓄滞洪区可以采用定量的手段分析出能将下游防洪标准提高到什么程度，但这需要较大的技术支撑和权威部门发布，对变电站防洪标准的分析确定存在不确定性，实践中多以权威官方部门发布的结果为依据进行分析，而非科学的量化研究。

第四节　变电站防洪防涝的评估

防洪标准就是防洪保护对象要求达到的防御洪水的标准，通常以防御的洪水的重现期来表示；对特别重要的防护对象，可采用可能最大洪水表示。变电站的防洪标准确定是依据电压不同按三个防护等级设计，防洪重现期分别为50年、100年和大于100年。随着变电站运营时间的推移和极端暴雨天气的加剧，变电站当前的防汛形势与期初的设防标准将发生变化。变电站防汛应依据实际站址环境、气象条件等综合确定防汛措施，以确保变电站运营安全。从变电站运行维护、管理的角度看，变电站防汛的重点是安全隐患的排查，评估各项设施是否满足当前自然环境下可能发生的洪涝灾害，然后采取合适的预防措施。考虑变电站防汛评估的特殊性，采用普遍的安全评价方法，结合国家以及电网变电站防汛的具体要求，分析各个项目的具体指标，以定量为主、定性为辅，定量定性相结合的方法评定具体指标的完成情况，综合确定变电站安全等级。

一、变电站安全评估等级和指标

在变电站防洪防涝评估方面，目前尚无明确的评价方法，但洪涝灾害的评估防治工作已较普遍，如熵权法，灰色理论法等评价方法。另外也可借鉴洪涝灾害防治效果评估方面的经验用于变电站的防汛评价，如日本提出的山洪灾害指标制定机制，美国研发的山洪灾害预警指标确定方法及平台。基于变电站防洪的可操作性，先采用安全评价列表法，详细研究具体变电站的防汛内容，然后把具体评价指标按类别以列表的形式进行量化，最后采用定性评价的方法确定变电站防汛等级。

依据变电站防汛长期管理宝贵经验，可将变电站洪涝灾害风险等级分为：危急、严重、注意和一般，共 4 个等级。

为防止变电站遭受洪涝灾害侵袭，降低变电站灾害风险，提高变电站防御洪涝灾害的能力，变电站管理单位应运筹帷幄，防患于未然，做好变电站防汛工作，主要考虑如下内容。

（1）运行单位应掌握变电站站址与周边水利设施的距离、与堤岸的落差、河流的流向等情况，及时根据泄洪信息等水文情况的变化、周边环境地质灾害情况评估对变电站的影响。

（2）运行单位根据近年变电站洪涝灾害特点指导开展当年防洪防涝改造项目建设、防洪预案制定和物资的配备。

（3）基于变电站场地标高与所在地区历史洪水位、历史最高水位比较，与站外自然地面高低比较，500m 范围内是否有泄洪通道，变电站历史水浸情况，变电站防洪防涝设施、重要负荷以及防汛措施等情况，综合确定防汛措施。

综上所述，变电站洪涝灾害风险评价指标的确定，主要依据变电站一线管理技术人员长期工作的宝贵经验和洪涝灾害处治的切身感悟而确定，为便于评价指标的应用、操作和评价结论的获得，且较好地指引变电站防洪排涝的预警、设计改造、应急抢险等工作，最终确定为 3 方面评价指标，即站址隐患，重要负荷，防汛措施。

二、变电站安全评价方法

对于安全评价的方法而言，一般安全评价方法分为定性安全评价法，定量安全评价法，归纳推理评价法和演绎推理评价法。其中，定性安全评价方法有安全检查表法、专家评议法、因素图分析法、故障分析法、作业条件危险性评价法等；定量安全评价方法分为概率风险评价法、伤害（或破坏）范围评价法和危险指数评价法。

安全检查表法是指为了查找工程、系统中各种设备设施、物料、工件、操作、管理和组织措施中的危险、有害因素，事先把检查对象加以分解，将大系统分制成若干小的子系统，以提问或打分的形式，将检查项目列表项检查，避免遗漏，这种表称为安全检查表。

考虑变电站防汛体系安全评价的适应性、针对性和合理性，为便于评价操作和各项指标参数的评定，采用安全检查表法比较合适，详见表 2-2。

表 2-2 变电站防汛状态评价表

序号	站址隐患	重要负荷	防汛措施	状态评价
1	存在隐患	—	不完备	危急
2.1	存在隐患	有	完备	严重
2.2	不存在隐患	有	不完备	严重
3	存在隐患	无	完备	注意
4	不存在隐患	无	不完备	一般

注 表 2-2 中"—"表示是否存在重要负荷不影响状态评价结果。

三、变电站安全评价

变电站防汛评价检查表中，站址隐患，重要负荷，防汛措施 3 类指标的检查和评价内容量化如下：

1. 站址隐患的评价

满足以下条件之一的变电站，即可评定为存在站址隐患：

（1）场地标高低于现行国家相关设计标准和规范的。

（2）场地标高最低处低于站外地面的。

（3）周边 500m 范围内有河道、湖泊、水库或泄洪通道的。

（4）运行期间曾发生过因外部积水倒灌，导致场地、电缆层或室内电缆沟发生严重水浸情况的。

（5）变电站因水文、地质变化等灾害导致防洪排涝设施破坏，而无相应的防洪防涝能力评估报告，也无设备更新或完善的应对措施。

2. 重要负荷的评价

重要负荷的评价按电监安全〔2008〕43 号《关于加强重要电力用户供电电源及自备应急电源配置监督管理的意见》相关规范、政策文件执行。

3. 防汛措施的评价

一般地，对于具有防汛要求的变电站，防汛设施、防汛物资和防汛管理，均满足上级主管部门的要求，可评定为防汛措施完备。

防汛措施不完备的评定比较复杂，由于变电站的规模、功能、防汛要求不尽相同，难以统一界定。为此，可对每一变电站，上级主管部门针对各自变电站特点详细列出相适应的防洪防涝的具体措施的清单数量，当完好数量低于 80% 时，可认定为防汛措施不完备。防汛措施完备的具体内容可参考如下：

（1）防汛排涝设施，指集水井、排水系统、防洪墙等防汛设施，满足防汛功能要求，各类设施完好，能够满足正常使用要求。

（2）防汛物资，指水泵、挡水板、沙袋等防汛物资，满足应急响应要求。

（3）管理，应急管理队伍、现场处置方案等管理措施健全，责任落实具体详细，满足防汛应急要求。

四、变电站防洪防涝改造

（1）按照安全评价表法，评定为"危急"的变电站，可选取以下防洪防涝改造措施和物资配备：

1）在变电站门口和行人通道门口配置防水挡板。

2）建筑物一楼门口设置防水挡板卡槽。

3）配置合适的沙包袋、防水布等物资。

4）变电站防洪围墙加固改造，满足行业规范和当地防汛要求。

5）排水管道设置单向逆止阀，电缆沟槽完成封堵，防止洪水倒灌。

6）设置集水井的变电站，依据当地历史最大降雨历时配备合适的潜水泵以及电源箱，并配独立电源。

7）设置水位标尺和警示牌，以便记录。

8）发生过水浸的变电站，也可考虑加高设备支架或抬高设备基础的措施。

9）完善视频监控系统，实时监控站内外水情环境。

（2）按照安全评价表法，评定为"严重"的变电站，可采取以下防洪防涝改造措施和物资配备：

1）变电站围墙或防洪墙做好墙间缝隙的封堵，注意封堵围墙底部的排水口。

2）排水通道设置单向阀，注意封堵电缆沟。

3）站内容易积水的低洼位置设置集水井和潜水泵。

4）变电站配置一定数量的沙包带和防水布。

（3）按照安全评价表法，评定为"注意"的变电站，可采取以下防洪防涝改造措施和物资配备：

1）排水通道设置单向阀，注意封堵电缆沟。

2）站内容易积水的低洼地带设集水井和潜水泵。

3）变电站配置一定数量的沙包带和防水布。

（4）按照安全评价表法，评定为"一般"的变电站，可按上级主管部门要求，完善防洪防涝措施和物资配备。

第三章　变电站防汛规划设计

电力系统发展规划是指 5～15 年内的电力系统发展和建设方案，其中变电站的建设规划是其重要组成部分。目前电力系统要求建成运行稳定、运营高效、适应性强、抗灾害风险强的综合性新型变电站。科学的变电站规划将进一步提高供电能力和供电质量，并能够有效降低变电站的建设运营成本。但变电站建设环境越来越复杂，面临的洪涝灾害风险也越来越严重，作为公共基础性电力设施的变电站更应做好防御洪涝灾害的风险评估和建设规划，提前做好应对举措，在变电站建设的可行性研究和规划阶段，应做好防汛规划以提高变电站抗洪涝风险能力，为准确、科学的电网规划建设提供技术支撑。

变电站的防汛规划是变电站建设规划的重要组成，主要涉及变电站选址及防汛总体设计。变电站的防汛规划直接影响到变电站安全运营和可靠性，又因汛情的不规律性和突发性，使得防汛规划难以做到安全与经济兼顾。所以，变电站防汛规划是需要统筹考虑城市规划、地理资源环境、建设和运营成本、环保效益等诸多因素的综合性课题，对保障电力系统的经济、安全运行和可靠性起到重要作用，对电网建设的科学性和合理性具有重要意义。

第一节　防汛规划总体要求

变电站的防汛规划应符合 DL/T 5056—2017《变电站总布置设计技术规程》中变电站总体规划要求，主要包含以下 5 点：

（1）变电站防汛总体规划应与当地城镇规划、工业区规划、自然保护区规划或旅游规划区规划相协调，不得将站址建在已有滑坡、泥石流、大型溶洞、矿产采空区等地质灾害地段，站址不宜压覆矿产及文物，应充分利用就近的生活、文教、卫生、交通、消防、给排水等公用设施。对于山区等特殊地形地貌的变电站，其总体规划应考虑地形山体稳定、边坡开挖、洪水及内涝的影响。在有山洪及内涝的地区建站，宜充分利用当地现有的防洪、防涝设施。

（2）城市地下（户内）变电站的防汛总体规划应结合当地城市规划要求，充分考虑城市排水系统规划建设情况，尽量避免在可能出现城市内涝的地区建设变电站，充分考虑变电站防汛排水需求，高效利用市政排水系统和防汛设施，并避免与相邻民居、企业及设施相互干扰。

（3）变电站防汛总体规划应根据工艺布置要求以及施工、运行、检修及生态环境保护需要，结合站址自然条件按最终规模统筹规划，近远期结合。分期建设时，应根据建设要求，统一合理规划。

（4）变电站防汛规划建设应坚持"智能发展"，不断推进"大云物移"信息技术、自动控制技术和人工智能技术在变电站防汛各环节中的融合应用，建设具有信息化、自动化、互动化特征的变电站防汛系统。

（5）新建变电站的给排水设施、防排洪设施等站外防汛配套设施应纳入变电站总体规划统一规划、统一审核。

第二节　变电站防汛标准

GB 50201—2014《防洪标准》的规定，35kV及以上变电站的防洪标准根据电压不同分为三个等级，即Ⅰ、Ⅱ、Ⅲ。

目前现行的国家标准仅根据变电站电压等级确定其防汛等级，没有综合考虑部分电压等级较低或较高的变电站在电网中的枢纽作用以及所供负荷的重要性，但这类变电站一旦发生水淹停电事故，将直接危及人民生命、财产安全。如当电压等级大于等于500kV，相应的防洪标准大于等于100年，对于特高压交流（电压等级为1000kV）是采用100年一遇，还是大于100年一遇将面临选择困难，若采用大于100年一遇时是采用200年，还是300年或其他更高的防洪标准，具体执行时很难把握。目前电力行业标准也没有明确的规定，而现实中又不允许特高压变电站因洪水问题而影响其安全运行。再如，近几年高铁因电力故障导致停运、晚点的新闻屡有报道，造成的社会负面影响很大，随着高铁的跨越式发展，目前全国高铁里程已达2万多千米，高铁在给我们带来快速便捷的同时，也对电网供电的可靠性提出了非常高的要求，而铁路牵引站电压等级一般为110kV，按照现行的国家标准规划变电站的防洪等级偏低，变电站的防洪能力不足以满足供电可靠性的要求，建议除了根据电压不同划分等级外，对于所供用户为政府、医院、铁路、机场等重要负荷的变电站以及枢纽变电站等，规划时应适当提高变电站防洪等级。

另外，变电站防洪标准还与站址所处地理环境：山区（山丘或山间洼地）、平原以及当地防洪预报、水库拦洪、堤防工程、分蓄洪措施等有关，应统筹考虑其防洪标准。

第三节　变　电　站　选　址

变电站选址是变电站建设规划中至关重要的环节，是决定变电站建设成本、投资运行、安全可靠的关键。变电站选址工作是包含诸如地质环境因素、经济因素、施工技术因素等多变量和约束条件以及易量化和不易量化因素的综合性思索、决策的过程。

变电站选址工作的主要内容是研究和解决站址稳定性和建站的可行性，查明地质构造、岩性、水文地质条件等，并对站址的稳定性、抵抗自然灾害的能力作出基本评价。由于变电站设施造价很高，应充分考虑地震、洪涝、滑坡、山崩、地陷等灾害，以免对国家财产造成损坏。在选址前一定要对区域地质环境、自然条件作充分的了解。一般在收集地区性的水文地质资料的基础上，结合站址具体位置，进行分析研究。对周边自然环境条件、地下含水层的岩性、厚度、分布规律、渗透系数、出水量等尽可能地详细了解。选址应尽量避开不利于防洪防涝的地段，对于难以避免而处于防洪防涝不利地段的站址，设计单位应进行防洪防涝专题分析，提出防洪防涝的有效措施。

一、变电站选址的基本要求

变电站站址选择和确定，必须建立在科学的、符合客观实际的基础上，要深入细致地调查研究，不仅要做好项目本身的微观经济效益，更要注重项目的宏观经济效益，通过多方案的比较和敏感性分析，筛选出最佳方案。国家相关规范、规程也对变电站选址提出较高的要求和条件，DL/T 5056—2007《变电站总布置设计技术规程》、GB/T 50805—2012《城市防洪工程设计规范》也对变电站选址提出较高的要求和条件。

在选择站址时，首先应收集和分析研究国家及地区已有的资料，如卫星照片、航摄照片、地震分析、工程勘测等，并在分析原有资料的基础上进行现场踏勘和勘探，特别是在条件复杂而又缺乏资料的山区，更需要分阶段有计划地多作勘探工作，充分做好站址防汛排涝条件的考察。

变电站选址的基本要求主要有：①靠近负荷中心；②节约用地；③良好的地质条件；④线路走廊；⑤交通运输；⑥水源；⑦绕避污秽地段；⑧防洪排水；⑨环境保护；⑩适应城乡规划；⑪利于施工；⑫后续发展，主要涉及电力系统、城市（镇）规划、土地资源、自然资源等内容。伴随国民经济的发展，工业与民用电力负荷逐年增大，加之国家用地政策收紧，环保要求加大，自然环境恶化，洪涝灾害频繁，变电站的选址和防汛问题日趋严重，尤其低洼地段的变电站，其防洪形势越来越严峻，变电站的防汛工作愈显突出，因此，变电站的防汛工作理应受到重视和关切。本章主要从变电站防汛抗洪的角度编制变电站选址的规划与建设，制定经济合理、切实可行的防汛规划方案。

考虑到洪水、内涝灾害多来自山区型、盆地型、沿江型城市，对位于该类城市变电站进行站址选择时应注意：①确定该地 50（100）年一遇洪水位、站址邻近市政道路的中心标高，尽量避免在城市低洼地区建设变电站；②确定城市外围、山边、江边有无防洪坝等设施；如确实需要在沿江、低洼等地区进行变电站建设时，需要根据洪水位在变电站外围采取可靠有效的防洪措施，同时应避开滑坡、泥石流等不良地质构造及历史上洪水易发地等自然灾害多发区，建设变电站时需要综合土石方、变电站外围防洪坝、边坡支护等；③此类城市变电站选址时应充分考虑城市整体建设规划，避免因市政、铁路等建设原因导致变电站陷入低洼地区。

二、站址防汛防洪要求

（一）站址自然环境要素

选址的地形地貌对变电站防汛有很大的影响，合适的地理条件必将大大减小防汛投入，节约建设成本和运营成本，缩短建设周期。

在选址阶段中，应为站址方案的技术经济比较和下阶段初步设计搜集必要的基础资料。搜集资料工作要认真进行、严格细致，落实和分析资料的可靠性和准确性，从实际出发，避免繁琐。针对变电站防汛，重点搜集站址的地形、地貌、水文有关的基础资料，充分考虑变电站所处水系流域、周边湖泊水库等情况。

1. 地质资料搜集

（1）区域地质。区域地质资料包括站区所在地区区域地质图、区域构造图、削面图、柱状图、地层和岩性等文字说明以及新构造运动的活动迹象对建所站稳定性的评价等。

（2）工程地质。工程地质资料包括站区地区已有厂、矿建筑工程地历资料、土壤种类、性质、地基承载力、冻结深度等地质现象，如滑坡、沉陷、滚石、断层、流沙、暗河、泥石流、冲蚀、潜蚀等调查观测资料和结论报告。针对人为的地表破坏现象、地下古墓、人工坡变形等进行必要的野外勘探工作，对站址的稳定性及适宜性作出正确的评价。

（3）水文地质。水文地质资料包括建站区的水文地质构造、地下水的主要类型和特性、含水层深度、流量、流向渗透特性、动态变化规律与长期观测资料，地下水补给条件、水井用水量、抽水试验资料、采储量评价和水质分析资料。

2. 气象资料

（1）气温和湿度。气温和湿度资料包括各年逐月平均最高、平均最低及平均气温；各年逐月极端最高、最低气温；最热月的最高温、湿度；各年逐月平均、最大、最小相对湿度和绝对湿度；严寒期日数（温度在−10℃下的时期）；采暖期日数（温度在+5℃以下的时期）；不采暖地区连续最冷5天的平均温度；历年一般及最大冻土深度；最热月份13时的平均温度及相对湿度。

（2）降雨量。降雨量资料包括当地采用的雨量计算公式；历年和逐月的平均、最大、最小降雨量；最大一日（或24h）、1h、10min降雨量；一次暴雨持续时间及最大降雨量以及连续最长降雨天数。

3. 水文资料

（1）河流。河流资料包括每年逐月一遇最大、最小平均流量及相应水位；每年逐月最大、最小平均砂量及输沙率、泥沙颗粒级配；每年逐月最高、最低平均水温；河床稳定性、河床、河岸变迁情况；河流开发规划及现有开发利用情况。

（2）水库。水库资料包括水库修建目的；水库主要技术经济指标、水位（正常蓄水位、死水位、设计洪水位、堤坝洪水位等）、库容（总库容、死库容、有效库容）等以及存在问题及解决办法。

（3）泉水。泉水资料包括泉水性质、成因、流量、水质水温，泉水出露标高；泉水位置分相图历史上泉水变化规律；泉水开发利用情况。

（4）湖泊。湖泊资料包括湖泊面积、容积形成原因；补给水源与河流的关系；湖泊面积、蓄水量、水位、水深；工农业用水情况；工厂用水情况等。

（5）滨海。滨海资料包括潮位——历史最高、最低潮水位发生时向及相应重现期；波浪资料，即最大波高、发生时间及相应重现期、发生原因、来向、持续时间以及对人工建筑物破坏情况等；近岸海流资料，根据现场实测值获取；泥沙资料，即涨落潮时，海域内泥沙运动的数量与方向、漂沙带与波浪破碎带的范围、泥沙的颗粒、级配及天然容量海岸变迁情况、海啸、水温情况等。

（6）洪水。洪水资料包括实测或调查的最高洪水（枯水）位（历史水旱灾情报告）；百年一遇洪水位；五十年一遇洪水位最低水位、最小流量；洪水淹没范围及灾害情况；一次洪水涨落历时等。

（7）泥石流。泥石流资料包括有无发生过泥石流，泥石流的形成原因、形态特征及流量大小。

调查、勘察拟选站址的水文、地理、地形、地貌等形成的历史条件，走访和查阅档案资料，了解当地区域的历史降雨、最高水位、洪水等情况，初步计算分析河流洪水流量以及地形、地貌特点统计自然灾害和地质灾害情况。确定岩体走向、地下水特点，明确地质构造：倾斜、断裂、褶皱等现象，选址尽可能远离地震带、滑坡、泥石流以及湖泊、泄洪区等地区，确保站址地理条件满足变电站防汛要求，保证站址确定建成后在后期能安全稳定运营。

（二）站址防汛注意事项

变电站建设规划时应该充分重视洪涝对变电站站址的影响，选址应尽量避开不利于防洪防涝的地段。对于难以避免而处于防洪防涝不利地段的站址，设计单位必须提出防洪防涝的有效措施，位于内涝地区的变电站，防涝设施标高应高于历史最高内涝水位 0.5m，也可采取措施使主要设备底座和生产建筑的室内地坪标高不低于上述高水位，并对防洪防涝解决方案作专题报告。变电站的场地标高最低处宜高于站外自然地面（参考进站道路起点）最低处 0.5m 以上，保证变电站的排水畅通。变电站建设工程可研设计审查时，运行单位应详细核查是否满足防洪防涝要求，在变电站投产前，设计单位应向运行单位移交准确、完整的地质勘察资料、水文资料。

变电站设计应严格执行 GB 50201—2014《防洪标准》中关于变电站防洪防涝的规定，220kV 及以上电压等级变电站站区场地设计标高应高于频率为 1%（重现期 100 年一遇）的洪水或历史最高内涝水位，其他电压等级的变电站站区场地设计标高应高于频率为 2%（重现期 50 年一遇）的洪水水位或历史最高内涝水位。当变电站场地标高不满足要求时，应采用可靠的防洪防涝措施。

当站址标高不能满足上述标准时，若技术经济合理时，也可考虑采用下列安全措施：

（1）堤：利用已有的江、河、湖、海沿岸的防洪大堤，但必须调查清楚其防洪标准，特别是要了解现有防洪能力是否满足变电站要求。

（2）围：环绕站址四周设置防洪堤（墙），尤其临近河、湖地势低洼站区应设防洪墙，防洪墙堤应在初期工程中一次建成，因为分期建设既不安全又不经济，且施工期间也易受水淹；也可将围墙适当加固，使之兼作防洪堤。

（3）填：重要的电气设备或整个变电站宜置于洪水位标高以上，即将主要建、构筑物地面标高用土回填、垫高，抬升至洪水位以上 0.5m，沿江、低洼等防汛重点变电站可适当提高抬升高度。

（4）堵：围墙大门及建筑物入口处设置防水板、沙袋等，以防止洪水由大门进入或由于破堤时洪水流入建筑物，此外，底层窗户的底部标高设计在防洪水位以上等（或临时用土袋堵）。

（5）排：站区内排水系统应与站区外部排水系统分隔开，按一定的标准增配相当容量的排水泵房。

当在山区选址时，应注意站址附近山洪口冲刷及排洪情况，并应根据地形图和当地水文气象、地质等资料，计算汇水面积和降雨量，作为设置防排山洪的依据。有时也可在站址周围设置一定排洪能力的排洪沟拦截疏导洪水，避免洪水对变电站的威胁。如某变电站因一次大雨，站内排洪沟被上游崩塌下来的泥土全部堵塞，来不及泄水，围墙被冲倒，山洪涌入站内，设备受到严重威胁，导致变电站设施受损。又如，某变电站靠山坡一侧的围墙曾被山洪冲垮两次，后来改砌了 1m 高的石墙才挡住，维持了变电站安全供电。所以，防排山洪问题，是山区选址应特别慎重考虑的一个问题。

当在平原地区选址时，由于地势较平坦，往往容易忽略排水问题。平原地区选址，解决排水的一个重要方面是站址场地标高要比周围地面高，通常不应低于常年洪水位或历年最高内涝水位，并应考虑采取有效的排出站内废水和地面水的措施。如部分平原变电站为了解决积水及洪水内涝的问题，在满足土方平衡（包括基地土方）的前提下，尽量提高站址标高，甚至有的从外地取土填高场地，或是抬高主控制楼及 10kV 屋内配电装置的零米标高，使室内外高差达 0.45m。有的变电站洪水期间要考虑关闭地面排水沟，雨水改引至水池用水泵抽升，内涝时改为机械抽排等。故选址时对防洪排水问题应引起足够的注意，如某变电站选址时未充分考虑排水问题，投产后因为出现站内积水现象，需另加一套排水系统，给运行带来困难。此外，排水不能只考虑排出站址围墙外，还应结合地区规划排水统一考虑，顺势设沟引排至站外适当地点。

（三）沟渠排水能力计算

依据调查、勘察的区域洪水流量或内涝水位，对变电站周边的排水沟渠进行断面估计，因地制宜地采取加宽沟槽或筑堤挖深等措施，确保输水顺畅和坚固。城市变电站应结合城市整体规划情况，提前计算变电站周边因市政工程等原因造成的排水能力变化，保证变电站安全运行。

三、变电站选址工作流程

（一）变电站选址任务阶段

站址选择工作，一般分以下两个阶段进行：

第一阶段规划选址：选择建站地区，也即地区选择。规划选址的任务是要选择合适的变电站的建设地区，研究、鉴定可能建站的区域，一般在编制电网发展规划的时期进行，对规划的电网中可能布置的变电站站址进行预先选择，以使编制电网规划时有充分的技术资料进行综合经济比较。应进行可行性研究和技术经济论证工作，从中获得并规划出新建变电站的地点和范围，切实摸清新建站址的基本情况和外部协作条件。

第二阶段工程选址：选择推荐的新址，即场地选择。工程选址的任务是在批准的规划选址报告所推荐的地区、候选址中进一步选出推荐站址，即在被选中的地点和范围内选出的几个站址方案基础上，多方案比较，进一步筛选，从而评选出最佳站址。对推荐的最佳站址方案，要全面地落实建站条件，在变电站工程选址过程中要充分分析变电站建设地址防汛防洪能力，需进行水文地质和工程地质的勘察工作，并出具变电站站址洪水分析报告。其分析报告论证工作，一定要深入细致，使可行性研究报告建立在科学、可靠的基础上，并且应取得有关方面正式的书面协议成文件。

（二）变电站选址的工作程序

1. 选址前的准备工作

在整个选址过程中占有很重要的地位，准备工作的好坏，直接关系到整个选址工作能否顺利开展和完成。通常出发前应完成下列准备工作：

（1）选址组首先应学习有关方针政策，相关部门下达的有关文件和指示，以明确站址选择的具体任务和要求。

（2）拟定选址工作计划，以保证选址工作有条理地按计划的进行。

（3）各专业对选址的各项主要指标进行估算。工程选址时，应根据设计任务书或下达的变电站规模，对电力系统、位置、出线、运输等主要指标进行详细计算，对于防汛而言，要明确区域地质构造、水文情况，供排水管线、厂外地形特点等。拟定现场搜集资料提纲，以便全面地收集站区的技术经济、自然条件和社会条件等资料。这样既可避免重复和遗漏，又能节省时间，充分做好防汛规划。

2. 现场踏勘调查研究

变电站选址工作组在充分做好上述各项准备工作之后，即可深入现场踏勘，进行实地勘察和选择。在这个阶段中，站址选择与收集资料可同时进行，也可交错进行。

到某一地区选址时，现场踏勘前，一般首先向当地政府机关汇报拟选址的情况、站址选择的要求和规模等，请地方政府和有关单位介绍当地排水管网、防汛设施等情况，介绍可能选址的地点或补充推荐建站的站址。根据地形图和地方政府的推荐，初步选定几个需要到现场勘踏的可能建站的站址。

现场踏勘时，根据站址选择的几个基本要求及事先准备好的调查纲目，包括口头询问的问题，深入细致地进行实地调查。凡认为有可能建站的地点，都要到现场踏勘，一定要多选方案，切不可遗漏。除了验证室内地形图上拟选方案或地方及其他单位新提出的方案外，还应对收集到的资料进行核对，如站址所在地农作物种类及其产量、附近水井水量、历史洪水淹没情况。最好到具体现场查看痕迹，查勘天然陡坎、人工和自然土坑、地表、地质，地震等情况。

现场踏勘后，进一步听取地方政府的意见，掌握更详尽的情况，全面、更多地了解情况，使站址与当地城镇总体规划更好地结合起来，以便从中选择出最好的站址。

3. 方案比较及编写选址报告

在现场踏勘调查研究所取得的资料基础上，经过系统的消化和整理，对具备建站的站址要做多方案比较，先按专业进行单专业评价，然后在单专业评价的基础上进行多专业综合评价。方案比较是一项十分复杂的工作，在进行比较时，应从各种各样的材料中，根据具体条件，抓住起主要作用的因素。由于每个方案都有各自的优缺点，因此，要对各种可能存在的方案认真加以分析，逐步筛选，技术经济比较和可能性研究一定要作深作细，决不能草率从事。一般是将不同方案的各种条件用数据和文字列表说明，以便比较。通过综合地分析比较，估算出各项建设工程的投资和运行费用，权衡利弊，最后推荐出一个供电安全可靠、基建快、投资省、运行费用低、维护检修方便、经济效益高的站址方案。

近年来变电站进水事件时有发生，大部分都是因为地势低洼，暴雨后积水无法有效排出，这充分暴露了变电站选址没有重视站址防洪问题，编制选址报告的全过程并没有设备管理单位参与，变电站移交给设备管理单位后一旦发生被淹事件，变电站处于地势低洼地区的问题无法整改，只能通过增加强排能力、修建防水墙等手段提升变电站防汛能力，运营期需要投入更多的人力、物力、财力。因此选址报告编写完成后，建议由设计单位、建设单位、设备管理单位进行会审，充分听取各单位的意见，形成最终的选址报告。

根据现场勘查情况针对变电站站址编制洪水分析报告，报告应根据变电站站址区域概况、地形地貌、流域水系、气象情况、地质情况、周边市政设施情况等站址基础信息，给出变电站防汛排水建议，包括排水设施总体布置、拟定排水方案等。

4. 选址报告的送审和审批

严格执行基建程序的规定，在选址报告编制好以后，按隶属关系和审批权限，报请相关部分审查批准。

第四节　变电站防汛设计

站址选定后，下一步就是做好变电站的总体防汛设计，即在拟建变电站的场地上，对变电站的站区、生活区、水源地、道路、供排水管线、防排洪设施的施工、扩建等项目工程用地，按照工艺要求、安全运行、经济合理、有利管理、方便生活的原则，在技术经济论证的基础上，进行合理布局与全面设计。

一、区域防汛设计

（一）地形地貌和土质条件

变电站防汛规划应与当地国土、城镇规划、区域水资源、环境等规划相协调，遵守总体规划。通过走访、调查和工程勘察获取站址所建位置的地形、地貌、工程地质和水文特点以及地下水位、地基承载力和渗透性等土体工程特性，为变电站的防汛设计提供依据。咨询地质主管部门，查询区域地面海拔高程数据、地质构造，如倾斜、褶皱、断裂特点及形成的历史和原因；熟悉站址区域周边河流分布、气候和降雨特征；了解当地经济发展水平和土体资源分布情况，为变电站防汛设计和规划提供翔实的数据支撑，再结合变电站工程规模确定防汛排水设计形式。

（二）河流、水系条件

依据变电站建设规模、电压等级以及在电网中的重要性，确定站区防护等级和防洪标准（重现期）。进一步细化河流流量，洪水内涝水位和持续时间等资料，确定适用的相应重现期，如 100 年一遇洪水淹没水位。依据站址高程和设计洪水位的关系，确保站区场地设计标高应高于频率 1‰（重现期 100 年）的洪水位或历史最高内涝水位，否则应采取挡土墙、水泵、集水井等排水措施。

（三）防汛工程设计

依据地形、河流、水库、湖泊、降水等水文数据参数，进一步确定防汛工程措施。一般至少设计两个防汛工程方案，进行综合比选确定。如：站外排水，边坡防护，管网排水方案，挖、填土放坡方案并辅以防洪墙和电气设备抬高布置方案等。

管网排水方案要依据洪水流量确定主管、分支管道的直径和分布密度，一般应设计集水井、止水阀和泵站用以应急排水。开挖放坡排水应注意站区场内外标高的差异，防止洪水回流倒灌，同时慎重计算土方量和开挖运输、废弃等费用是否合理。挡土墙方案作为辅助方案应依据变电站规模和地质条件设计砌块、片石砌筑或混凝土防水墙等形式。电气设备高位布置方案相对较经济，但需考虑洪水淹没对建（构）筑物的影响，应增强地基、基础、建筑结构的刚度以免因排水不畅造成设备的倾斜和倒塌。

两种（多种）排水设计方案进行经济对比和可行性分析，初步确定理想的防汛设计方案。

（四）设计依据和原则

设计依据和原则应该考虑以下因素：①场地环境条件是否适应，如标高条件、开挖填筑土体工程量、边坡和地基稳定情况、土地政策、经济可行性等方面；②应就近解决供水水源和排水出口，以缩短管线，便于管理，供水应尽量不设加压泵站，排水应充分利用自流方式排放；③遇到防洪标准的洪水行洪时，各类设备，如变压器、电容器、开关柜等受损害和影响程度，预估其损坏、可修等受灾结果；④确保设计洪水行洪时主要设备的安全运行，能够安全供电；⑤明确洪水位以下水淹设施如电缆、设备基础、结构墙体承载工作状态；⑥明确变压器底座标高高于设计洪水位，量化标注展示；⑦预估行洪灾害分析，评估变压器、电缆沟、地基承载能力、建筑结构安全性等受灾特征，出具维护、维修预案。

初步确定防汛设计方案后，要具体论证方案的可行性，强化设计依据和原则，突出主要依据和原则，保障大型电力设备、主要建筑结构的防汛安全。进一步细化执行过程、工序和行洪后果分析，确保方案的可行性和合理性，增强抵抗洪涝灾害的能力，减小汛期灾害的影响。

（五）施工组织设计

变电站防汛施工组织设计主要包括编制依据、防汛工程概况（土方开挖平整、平面和竖向排水系统）、工程重点和难点问题（场地位置、限制条件）、工期安排、管网井道布置、施工部署（施工计划安排，如劳动力、机械、材料等）、施工准备、安装工艺和标准、质量保证体系、安全生产和文明施工、施工配合与协调等。

二、总平面布置设计

总平面布置是一项综合性的设计工作，政策性、科学性强，涉及面广，需要考虑的问题也较多。因此，应从全局出发，全面地对待各方面的要求，协调各专业间的密切配合，共同研讨，权衡利弊，通过多方面技术经济比较，选择占耕地少、投资省、建设快、运行安全经济、生活方便的最佳布置方案。

总平面布置应从实际情况出发，因地制宜，努力创新，提高设计水平，要重视每个工程的具体特点，深入现场调查研究，搜集必要的基础资料，这些是做好总布置设计的必要条件。

变电站防汛总布置设计主要包括以下内容：

（1）总平面布置。主要解决和协调全站建（构）筑物、道路在平面布局上的相互关系和相对位置。

（2）竖向布置。主要解决站区内各建（构）筑物、道路、场地的设计标高及其在竖向上的相互关系。

（3）管、沟布置。全面统筹安排站区地下设施，处理好管线、沟道之间以及与建（构）筑物道路之间的综合关系。

（4）道路。合理确定站内外道路的布置及型式，满足运行、检修、施工运输要求，解决排水管线布设与道路的关系。

以上内容相互之间有密切的联系，是有机的整体。在确定建（构）筑物平面位置时，也要考虑地下管线和接地网等地下设施的布置，以及它们在竖向标高上的关系。

变电站防汛总平面设计应结合站址自然地形、地貌条件、区域环境、洪涝灾害特点、建筑特点，因地制宜，合理确定排水防汛总平面布置方案，以节约成本，减少投资。如在山区、农村偏远地区设置挡墙、防护边坡、截水沟、排水沟时，应合理确定占地范围，考虑土地资源因素，尽可能减少二次征地。

站区防汛平面布置设计主要是排水系统和防水系统的设计布置。

（一）排水系统

依据 DL/T 5143—2002《变电所给水排水设计规程》，变电站的给水排水设计应按照变电站规划容量统一规划，分期建设；给水排水方案应根据当地地形条件、气候条件、环境因素、水源条件等综合考虑，并通过技术经济比较后确定。

变电站排水应根据站区地形、地区降雨、土质类别、站区竖向及道路布置，合理选择排水方式，如地面自然散流渗排、雨水明沟、暗沟（管）或混合排水方式。

变电站的排水系统主要包括生活污水、事故排水和站区雨水排放。站区内排水系统宜采用分流制排水。排水方式主要为自流排水系统和水泵升压强制排水方式。

参照城市排水系统，排水系统通常由排水管网（渠）系统、污水处理系统、出水口组成。对于变电站而言，防汛主要是自然降水（暴雨、雪）排放，自然降水排放主要包含站区场地雨水、屋面雨水以及电缆沟、阀门井雨水几个部分。变电站的排水系统是由排水的收集、输送、处理、排放四个方面组成。排水系统的建设是为了实现变电站的防涝、防洪、防溃。尤其在沿海地区，天气复杂，台风、暴雨时有发生，排水系统的优化设计变得十分迫切与重要。降水排水设计主要依据当地的暴雨强度公式进行测算估计设计排放管道。

GB 50014—2006《室外排水设计规范（2016 年版）》3.2.4 规定：雨水管渠设计重现期见表 3-1，应根据汇水地区性质、城镇类型、地形特点和气候特征等因素，经技术经济比较后按规定取值。

表 3-1 雨水管渠设计重现期

类型	中心城区（a）	非中心城区（a）	中心城区的重要地区（a）
超大城市和特大城市	3~5	2~3	5~10
大城市	2~5	2~3	5~10
中等城市和小城市	2~3	2~3	3~5

在变电站的雨水管网设计时，设计重现期通常选 3a，可根据变电站所在地区及变电站重要程度，通过技术经济比较，适当提高变电站内雨水管网的设计重现期。排水管材应根据排水水质、水温、冰冻情况、断面尺寸、土质、地下水位、地下水腐蚀性及施工条件等因素选择。

变电站相对工业建筑而言，占地面积较小，位置相对偏远，但排水系统复杂，尤其偏远山区和农村地区，受地形和水文条件影响较大，更需要完善的排水系统进行防汛防洪，甚至防范滑坡、泥石流等自然灾害。依据相关规范，站区防汛排水系统主要包含输水、集水、排水、防水；相应设施由排水沟、集水井、排水泵、防洪墙和防渗墙及附属管井、排水闸和排水管网等组成。为保障输水管道布局合理、水流通畅、泵站功率恰当，需合理设计排水沟断面、集水井体积、管道排水坡度以及泵站面积，以免影响后期排水。

防汛总平面排水系统布置要尽可能保护主要变电设施，以其为中心采用向四周辐射式环向排水体系。

（二）防水系统

变电站防水系统主要包括站区外边坡护坡、截水沟、边沟排水；站区围墙、挡土墙防水；建筑结构、墙体、建筑屋面、门窗防水；电缆沟槽防水；地下室及设备防水。

三、竖向布置设计

竖向布置是变电站总布置设计中一个重要组成部分，平面布置的任务主要是解决好建（构）筑物平面位置的相互关系，竖向布置的主要任务是正确处理建（构）筑物与建设场地在竖向高程上的相互关系，并研究如何利用和改造建设场地的自然地形，选择合理的设计标高，使之能满足生产工艺和使用以及排水的要求，并达到土石方工程量少，投资省和建设速度快的目的。

站区竖向布置应合理利用自然地形，根据电站总体工艺要求、站区总平面布置格局、交通运输、雨水排放方向及排水点、土石方平衡等综合考虑，因地制宜地合理确定竖向布置形式，尽量减少边坡、土方平整、挡墙和护坡等工程量并使排水路径最短而通畅。

（一）竖向布置设计的任务

竖向布置设计的任务，是改造建设场地的自然地形，对场地的地面高程进行竖直方向的规划设计，使改造后的场地，能适应和满足设备布置及修建各项建（构）筑物的需要，有利于地面雨水的迅速排出，满足生产工艺流程、交通运输道路和地上地下管线铺设的要求，并为建（构）筑物基础和地下管线的埋置深度，以及充分利用良好的工程地质，创造有利条件。同时，还应力求土石方工程量和人工支挡、护坡的工程量最少，挖填方基本平衡。

变电站的场地排水不畅其因素较多，主要有 3 方面原因：①地面设计坡度较小，在土壤渗水性较差的地区容易积水，其中坡度大小起着主要作用，如同属某地区的两个变电站，场地的平均坡度为 3％～4％的变电站，每次雨后都能迅速排出，而地势平坦，场地排水坡度小0.3％的变电站，大雨时不能及时排走，经常造成站区积水，因此，在条件可能下应适当加大坡度；②排水孔、沟、管、涵等设施未得到应有的维护和清理，排水沟内长满杂草，排水管出口堵塞，使排水设施失效；③是未按设计施工。施工单位往往不按设计坡度施工，且填方区未能夯实，导致局部低洼不平，都会造成积水。甚至在个别工程中，有的单位擅自取消了一些设计中的排水口。由此可见，要消除场地积水这一老大难问题，必须设计、施工和运行一起重视，共同努力，各负其责。

（二）竖向布置设计要求

（1）合理确定主要建（构）筑物的标高，主控制楼、各级电压配电装置、调相机房、主变压器安装地点等的场地标高，对工艺布置、设备运输、交通联系、基础埋深、场地排水和运行维护的安全与经济、土石方工程量和建设进度都有极大的影响。因此，合理确定这些主要建（构）筑物的设计标高，是变电站竖向布置设计的关键环节。

（2）站区竖向布置要确保排水畅通。站内场地排水畅通，是保证长期安全运行的重要环节，如果建（构）筑物周围长期积水，则会造成设备基础和建（构）筑物的不均匀沉陷，特别是湿陷性黄土地区，对安全供电会造成严重的威胁。如果由于建（构）筑物的修补加固而停止供电，其损失是很大的，所以，做好排水是竖向布置设计的重要任务之一。

（3）站区竖向布置应合理利用自然地形，根据工艺要求、站区总平面布置格局、交通运输、雨水排放方向及排水点、土（石）方平衡等综合考虑，因地制宜确定竖向布置形式，尽量减小边坡用地、场地平整土（石）方量、挡土墙及护坡等工程量，并使场地排水路径短而顺畅，主要包含以下四个方面内容：

1）站区竖向布置一般应考虑在站内外（包括进站道路、基槽余土、防排洪设施等）挖填土（石）方综合平衡的前提下，宜使站区场地平整土（石）方量最小。

2）山区、丘陵地区变电站的竖向布置，在满足工艺要求的前提下应合理利用地形，适当采用阶梯式布置，尽量避免深挖高填并确保边坡的稳定。

3）位于膨胀土地区的变电站，其竖向设计宜保持自然地形，避免大挖大填；位于湿陷性黄土地区的山前斜坡地带的变电站，站区宜尽量沿自然等高线布置，填方厚度不宜过大。

4）扩建、改建变电站的竖向布置，应与原有站区竖向布置相协调，并充分利用原有的排水设施。

（三）竖向布置设计的内容

（1）确定场地的整平方式和设计标高。场地整平方式和设计标高的选定是否适当，直接影响场地排水的畅通和土石方工程量的大小。

（2）选择主要建（构）筑物的室内外标高。站内各主要建（构）筑物的室内标高，对整个站区的竖向布置起着控制作用。所以，首先应结合地形、交通道路、排水、土石方平衡等因素，综合确定各主要建（构）筑物的室内外标高。

（3）计算土石方量，力求挖、填方平衡。竖向布置应充分利用和合理改造原有地形，根据生产工艺、安全运行、平面布置、基础埋深，并结合水文、气象、工程地质等条件综合确定竖向布置的设计方式，力求土石方量最少，挖填方接近平衡，场地排水畅通。在计算土石方工程量时，应包括主要建（构）筑物的基槽和地下沟道的余土量。

（4）确定站内外道路的标高和坡度，使其能满足工艺布置、交通运输和运行检修的要求，并与有关建（构）筑物的设计标高相协调。

（5）选择合理的场地排水方式，使地面雨水能迅速排出，保证站区不受洪水淹没，并应有可靠的防排洪设施。如设防洪墙（堤）时，则防洪墙（堤）的顶应高出上述最高洪水位的0.5～1.0m。

（6）合理设置护坡和挡土墙。护坡和挡土墙是阶梯式布置必不可少的构筑物，但它的工程量和投资都很大，且占地多。因此，在考虑设置护坡、挡土墙时，应该慎重并通过经济技术比较确定。

（四）竖向布置分类

防汛竖向布置形式主要依据场地自然地形特点可分为平坡式、阶梯式和混合式（重点式）三类，考虑站区内外场地挖、填方平衡需求确定防汛竖向排水类型，变电站场地标高应高于或局部高于站区外地面自然标高。

1. 平坡式

平坡式是把建设场地处理成一个或几个坡向的平面场地，且坡度和标高没有剧烈的变化。一般平均坡度小于6%的平缓地面采用平坡式。当自然坡度在5%～6%之间，站区宽度较小，建（构）筑物密度较大，道路和地下管线密集时，可采用平坡式。

平坡式的优缺点是：交通运输、生产联系和管线铺设条件较好，但排水条件差。当地形起伏较大时，土石方工程量大，并出现大填、大挖和大量深基础。

占地面积较小、远离城镇排水管网较远的地区，地势平缓，可采用平坡式排水方式，平坡式需考虑填挖、平整土方量的体积，也可结合防汛围墙、集水井、泵站等方式综合布置防汛类型。平坡式主要适用地形坡度≤2%，或≤3%～4%的地形条件。配电装置基础设计坡度一般为0.5%～2%，在困难地段，局部不应小于0.3%，局部最大纵坡不超过6%，必要时应设置防冲刷措施，主要构筑物室内地坪应高于室外0.3m以上，辅助建筑物的室内地坪应高出室外地面0.15m以上。建构筑物的长轴宜平行于自然等高线布置，以节约土石方减少基础工程量和便于排水。室外配电装置平行于母线方向的坡度一般不大于1%，两端构架标高差不超过1～1.5m，当采用硬管母线时，还要适当减少。同一配电装置纵坡与横坡不能同时太大，以免隔离开关操作困难，应尽量单向放坡。

在岩石地区，地质坚硬，难于开挖，但不易冲刷。该地区石料丰富，就地取材，施工方便，护坡、挡土墙的造价也低，所以以场地的设计坡度，可大一些，可多用阶梯式。在黄土地区，土质松软，易于开挖而又最怕雨水冲刷，考虑场地设计坡度时，必须适当减小，并少用护岸、挡土墙。在平原地区，地势平坦，自然坡度小，场地的绝对标高又接近于最高洪水位，如果处理不当，容易积水，所以一般应填筑站区设计标高。

2. 阶梯式

阶梯式布置是把建设场地处理成几个标高相差较大的不同平面连接而成的场地。在连接处，设置护坡和挡土墙，且宜在阶梯下设排水明沟。

山区、丘陵地区变电站的竖向布置，在满足工艺要求的前提下应合理利用地形，适当采用阶梯式布置，尽量避免深挖厚填并确保边坡稳定。阶梯式布置适用于自然地形坡度较大的建设场地，一般自然地形坡度5%～8%（大型变电站场地大取下限值，反之取上限值）以上或高差1.5m以上的区域，一般可采用阶梯式防汛布置方式。当坡度小于5%，但站区宽度大于500m时，也可考虑阶梯。山区变电站，自然地形坡度一般较大，为避免大填、大挖，多用阶梯式布置。

阶梯式布置的优缺点是：土石方量少，容易就地平衡，站区排水条件好，但交通运输和管线铺设条件较差，并需设护坡或挡土墙等构筑物。

当自然地形坡度为3%时，站区高差为6～9m或10.5～15m；当自然地形坡度为5%时，站区高差将达10～15m或17.5～25m，如果不用阶梯布置，显然是不合理的。基于上述原因，考虑到设计的灵活性，并为了能适应各种容量的变电站，故采用5%～8%作为设置阶梯的界限是比较合适的。使用时应根据地质条件，站区占地情况综合确定，一般小变电站宜用上限，大变电站区宜用下限。相邻台阶的连接，有放坡和设挡土墙两种形式。究竟用那一种或两者兼用，则应根据场地条件、材料来源、工程地质和水文地质条件、台阶高度、挖填情况，以及台阶上、下建筑物的布置与荷载分布情况，经过技术经济比较确定。

自然地形坡度台阶高度应按场地坡度和地质条件，结合台阶间运输联系等综合确定。台阶布置方式应考虑建筑结构、设备安装所需边界条件、边坡、地基稳定性、以及设备安装和施工的要求进行合理规划，台阶的长边宜平行自然等高线布置，并宜减少台阶的数量。台阶坡顶至建（构）筑物的距离，应考虑建（构）筑物基础侧压力对边坡、挡墙的影响，土坡坡顶的建筑应满足稳定性要求。

3. 混合式 （重点式）

混合式（重点式）即平坡式与阶梯式混合使用。根据地形和使用要求，把场地分为几个大区，每个大区内用平坡式，而大区之间用阶梯式连接。

对于站区内设有高压、特高压配电装置以及大型主控通信楼等主要设备、建筑结构的场地，要统一考虑其重要性，综合部署场地的竖向排水方式。

第四章　变电站防汛排水管网系统设计

降落至地面上的雨水，除植物截留、渗入土壤和填充洼地部分外，其余部分则沿地面流动进入防汛排水管网和水体，这部分雨水称为地面径流。暴雨径流常集中在极短的时间内，来势猛烈，若不能及时排出，便会对变电站内电气设备的安全运行造成很大影响。

本章对防汛排水管网系统的设计依据及主要内容、防汛排水管网系统的规划与设计任务、系统的设计与计算、雨水泵站的设计、管网的管材及系统构筑物设置等进行了详细叙述。

第一节　设计依据及主要内容

一、防汛排水管网设计依据

变电站防汛排水管网主要为防止内涝，为了降低暴雨径流的危害，及时将站内雨水排出，需要同步修建防汛排水管网。站内雨水自流或升压排入站外附近水体或市政雨水排水管网，最终排入水体。

变电站防汛排水管网设计应根据变电站站内地形、降雨量、汇水面积、平面布局等因素综合确定，其基本要求是通畅、及时地排出站内雨水。当变电站雨水排水具有自流排水条件时采用自流排水系统，当不具备自流排水条件时应采用雨水泵升压排出方式。

防汛排水管网应根据变电站最终规模统一规划、布局，分期建设。

变电站防汛排水管网设计应满足以下规范要求：

（1）GB 50014—2006《室外排水设计规范（2016 版）》。

（2）DL/T 5056—2007《变电所总平面布置设计技术规程》。

（3）DL/T 5143—2002《变电所给水排水设计规程》。

（4）DL/T 5218—2012《220kV～750kV 变电站设计技术规程》。

（5）GB 50059—2011《35kV～110kV 变电所设计规范》。

二、防汛排水管网设计主要内容

变电站站内防汛主要内容为防止内涝，主要防雨水。站内雨水来自屋面和地面。屋面上的雨水通过屋面檐沟或天沟收集，然后通过立管排至室外地面或雨水井，就近自流排入站内室外防汛排水管网；地面上的雨水经雨水口收集流入站内室外防汛排水管网。

站内雨水一般不需处理就可排入站外附近水体或市政防汛排水管网，随着水资源的短缺，有些地方已经开始规划雨水的收集利用。当变电站总排出水口内底标高高于站外水体洪水位时，可采用自流排出方式，直接排至站外水体。当变电站外接受水体的洪水位较高时，雨水自流排放有困难，应设置雨水泵站升压排水。

变电站防汛排水管网工程设计是根据变电站总体规划、环境保护要求、污水利用情况、原有设施情况及地形气象等条件，制定变电站站内雨水排水方案，使变电站具有合理的雨水排水条件。具体设计内容和设计步骤如下。

(1) 设计内容。

1) 确定雨水排水体制（雨污分流、合流）。

2) 确定当地暴雨强度公式。

3) 根据周边水体情况，合理确定出水口位置及形式。

4) 根据当地气象条件、地理条件与工程要求等确定设计参数。

5) 根据站内总平面布置，划分雨水排水区域，进行防汛排水管网的定线。

6) 计算设计流量，进行水力计算，确定每一设计管段的断面尺寸、坡度、管底标高及埋深。

7) 结合管道水力计算结果及接受水体的水位情况，合理设置雨水泵站。

(2) 设计步骤。

1) 前期工作（明确工程范围和任务、资料收集整理等）。

2) 选用暴雨强度公式。

3) 根据周边水体情况，合理确定出水口位置及形式。

4) 划分雨水排水区域和管道定线。

5) 划分设计管段；根据管道的具体位置，在管道转弯处、管径或坡度改变处，有支管接入处或两条以上管道交汇处以及超过一定距离的直线管段上都应设置检查井。把两个检查井之间流量没有变化且预计管径和坡度也没有变化的管段定为设计管段。

6) 划分并计算各设计管段的汇水面积。

7) 确定各雨水排水区域的平均径流系数；根据雨水排水区域内各类地面的面积大小或所占比例，计算出该雨水排水区域的平均径流系数，也可采用综合径流系数。

8) 确定设计重现期 P、地面积水时间 t_1。

9) 列表进行雨水排水干管的设计流量和水力计算，以求得各管段的设计流量，并确定各管段的管径、坡度、流速、管底标高和管道埋深值等。

10) 结合管道水力计算结果及接受水体的水位情况，合理设置雨水泵站。

11) 绘制雨水排水管道平面图，编写设计说明书。

第二节　防汛排水管网系统

在人类的生活和生产中，使用着大量的水。水在使用过程中受到不同程度的污染，改变了原有的化学成分和物理性质，这些水称作污水或废水。污水也包括雨水及冰雪融化水。按照来源的不同，污水可分为生活污水、工业废水和降水 3 类。

(1) 生活污水是指人们日常生活中用过的水，包括从厕所、浴室、盥洗室、厨房、食堂和洗衣房等处排出的水。

（2）工业废水是指在运行中排出的废水。

（3）降水即大气降水，包括液态降水（如雨露）和固态降水（如雪、冰雹、霜等）。前者通常主要是指降雨。降落雨水一般比较清洁，不需处理，可直接就近排入水体。

变电站内主要危害来自降落雨水，其形成的径流量大，应及时排出。

一、防汛排水管网系统的体制

排水系统分合流制排水系统与分流制排水系统。合流制排水系统是将生活污水、工业废水和雨水混合在同一个管网内排除的系统。分流制排水系统是将生活污水、工业废水和雨水分别在两个或两个以上各自独立的管网内排出的系统。排出雨水的系统称雨水排水系统。除降雨量少的干旱地区外，新建地区的排水系统应采用分流制。

在变电站内，一般采用分流制排水系统，采用清污分流的管道系统来分别排出。

二、防汛排水管网系统的主要组成部分

雨水排水系统是指雨水排水的收集、输送、处理和利用，以及排放等设施以一定方式组合成的总体。收集屋面的雨水用雨水斗或天沟，收集地面的雨水用雨水口。地面上的雨水经雨水口流入防汛排水管网系统，防汛排水管网系统中设有检查井等附属构筑物。雨水一般既不处理也不利用，直接排入水体。此外，因雨水径流较大，一般应尽量不设或少设雨水泵站，但在必要时需设置。

雨水排水系统，由3个主要部分组成：①建筑物的雨水排水系统，主要将建筑的屋面雨水排入室外防汛排水管网中；②站内室外防汛排水管网系统，由雨水口、雨水管网、检查井、出水口等一整套工程设施组成；③出水口。

三、防汛排水管网系统方案

防汛排水管网系统的方案有自然散排、沟渠排水、管网排水等。

自然散排方案利用现有地形，采用阶梯式或平坡式自然散排雨水，该排水方式需满足站内排出口内底标高高于站外水体洪水位。自然散排的排水方案不可控制、排水效果不理想、容易影响变电站的正常运行，目前新建变电站已不推荐选择自然散排的方案。沟渠排水方案是采用沟渠的形式来进行站内防汛排水。沟渠排水方案施工简单、雨水排水快、投资少、易维护，但工程量大，空间大，对于有大量电缆沟及用地紧张的变电站，沟渠排水方案亦不宜采用。管网排水方案是采用管网系统来进行站内防汛排水，相对于自然散排方案与沟渠排水方案，管网排水的方案排水能力强、维护方便、占地少，投资少，新建的变电站宜采用管网排水的方案。

四、防汛排水管网系统的管网布置

雨水排水系统设计的基本要求是能通畅、及时地排走汇水面积内的暴雨径流量。为防止暴雨径流的危害，设计人员应深入现场进行调查研究，踏勘地形，了解排水走向，收集当地的设计基础资料，作为选择设计方案及设计计算的可靠依据。

防汛排水管网系统平面布置的特点如下：

（1）充分利用地形，就近排入水体。防汛排水管网应尽量利用自然地形坡度以最短的距离靠重力流排出站外。

一般情况下，当变电站面积较小时，可就近直接排至附近的水体。采用分散出水口的管道布置形式时，管线较短，管径也较小。当站外河流的水位变化很大，管道出口离常水位较远，该雨水排水方式的出水口构造比较复杂，造价较高，不适合采用过多的出水口，宜采用集中出水口式的管道布置形式。

当变电站站外接受水体的洪水位较高，雨水自流排放有困难的情况下，需将管道出口适当集中，在出水口前设雨水泵站，暴雨期间雨水经抽升后排入水体。

（2）根据总图布置雨水管道。通常应根据建筑物的分布、道路布置及道路的地形等布置防汛排水管网，使绝大部分雨水以最短距离排入防汛排水管网。防汛排水管网应平行道路铺设，不宜布置在主道路及设备下方，以免积水时影响交通或维修管道时破坏路面。

（3）防汛排水管网采用明渠还是暗管应结合具体条件确定。变电站站内防汛排水管网一般应采用暗管，在一些埋设深度或出水口深度受限制地方，可采用盖板渠排出雨水。明渠可以线性收水、埋深不大，造价便宜，但明渠容易淤积，滋生蚊蝇，影响环境卫生。雨水排水暗管和明渠衔接处需采取一定的工程措施，以保证连接处良好的水力条件。

五、管沟雨水排水

（一）地表明沟雨水直排

沟道雨水排水即采用沟道的形式来进行站内雨水排水，以主要设施为中心，形成辐射式环状雨水排水形式，控制雨水排水坡度，依据降水量或历史内涝最高水位设计雨水排水沟槽断面，然后排出站外。当放坡处理造成场地雨水排水沟高差较大时，要控制出水口与水位高差，防止雨水回灌。该防汛方式适用于站址面积较小，位置较偏远的山区、农村地区。

沟道采用砖砌或混凝土浇筑而成，通常布置在雨水排水区域控制范围内的最低处，将其汇集范围内的雨水通过沟道收集排至站外。沟道上可以设置钢格板或玻璃钢格板作为雨水排水沟盖。沟道雨水排水优点在于便于检修，沟内不易发生堵塞。由于雨水排水沟道一般为浅埋，因此，施工过程中土方开挖工程量相对较小。缺点在于当雨水排水沟道和电缆沟道较多时，不利于雨水快速有效地排出，也容易在交叉点形成积水和渗水，整个变电站的美观性也受一定程度的影响。因为沟道需要考虑适当的坡比，故当沟道长度过长时，沟道放坡必然导致最终段沟道过深，使得沟壁的侧压力增大而加厚沟壁。明沟（管）雨水排水施工简单，雨水排水快，投资少，但工程量大，空间大，易维护，可用来排出地表水。

（二）地下管网雨水排水

管道雨水排水是通过埋置于地下互相连通的管道及相应设施（如雨水口、检查井等）汇集并排出场地和道路的雨水。只要合理设计防汛排水管网系统即可完成排涝任务。

防汛排水管网埋置于土中，使整个站内除必要的电缆沟道外，再无其他可见沟道，站内整体外观简洁美观。尤其是当站内电缆沟道较多时，防汛排水管网能方便避免与电缆沟与普通雨水排水沟道交叉的问题。

（三）电缆沟排水

电缆沟找坡排水，其底部排水沟坡度不应小于 0.5%，一般应设置集水坑，排水汇集至集水坑，排至防汛排水管网系统。

六、雨水自然散排

对于站内地形标高差异稍大，雨水较少的地区，可以利用现有地形，减少挖填方，采用阶梯式或平坡式自然散排雨水，利用地形优势完成雨水排水防汛。地表面降水沿地表坡度排至围墙底部排水孔自然排水，或经站道路由进站口排至站外，也可利用场地的雨水口收集至防汛排水管网，再通过重力自流排至站外。该排水方式需满足站内排出口内底标高高于站外水体洪水位。

七、防汛排水管网系统的规划与设计的任务

防汛排水管网系统是变电站站内不可缺少的一项重要设施，同时也是控制水污染、改善和保护环境的重要措施。它的主要任务是规划设计收集、输送、处理等。

雨水排水工程的规划与设计是在变电站的总体规划基础上进行的；因此，防汛排水管网系统规划与设计的有关基础资料，应以变电站的规划与设计方案为依据。防汛排水管网系统的设计规模、设计期限，应根据变电站规划方案的设计规模和设计期限而定，防汛排水管网区界是指防汛排水管网系统设置的边界，它决定于变电站规划的建筑界限。

防汛排水管网工程的建设和设计必须坚持必要的基建程序，这是保证基建工作顺利进行的重要条件，可归纳为下列几个阶段：

（1）可行性研究阶段。可行性研究是论证基建项目在经济上、技术上等方面是否可行。

（2）设计阶段。设计单位根据上级有关部门批准的文件进行设计工作，并编制概（预）算。

（3）组织施工阶段。建设单位采用施工招标或其他形式落实施工工作。

（4）竣工验收交付使用阶段。建设项目建成后，竣工验收交付生产使用是建筑安装施工的最后阶段。未经验收合格的工程，不能交付生产使用。

防汛排水管网工程设计工作可分为初步设计、施工图设计阶段。

初步设计：应明确工程规模、建设目的、投资效益以及设计原则和标准，还需要选定设计方案、拆迁、征地范围及数量，发现设计中存在的问题和注意事项，并提出合理建议等。设计文件应包括设计说明书、图纸、主要工程数量、主要材料设备数量及工程概算。初步设计文件应能满足审批、控制工程投资和作为编制施工图设计、组织施工和生产准备的要求，在采用新工艺、新技术、新材料、新结构、引进的国外新技术、新设备或采用国内科研新成果时，应在设计说明书中加以详细说明。

施工图设计：施工图应能满足施工、安装、加工及施工预算编制要求，设计文件应包括说明书、设计图纸、材料设备表、施工图预算。

第三节 防汛排水管网系统的设计与计算

一、防汛排水管网系统的设计步骤

防汛排水管网系统是由雨水口、雨水管网、检查井、出水口等构筑物所组成的一整套工程设施。雨水管网系统的任务就是及时地汇集并排出暴雨形成的地面径流，防止变电站受

淹，以保障变电站的正常运行。

在防汛排水管网系统设计中，管网是主要的组成部分，所以合理而又经济地进行防汛排水管网的设计具有很重要的意义。

防汛排水管网系统的设计首先要收集和整理设计地区的各种原始资料，包括地形图，变电站所在地区的总体规划，水文、地质、暴雨等资料作为基本的设计数据，然后根据具体情况进行设计。一般防汛排水管网设计按下列步骤进行：

（1）管道定线，确定排出方式。

（2）划分并计算各设计管段的汇水面积。

（3）确定各雨水排水区域的平均径流系数值。

（4）确定设计重现期、地面集水时间。

（5）求单位面积径流量。

（6）列表进行防汛排水管网干管的设计流量和水力计算，以求得各管段的设计流量，并确定各管段的管径、坡度、流速、管底标高和管道埋深值等。计算时需先定管道起点的埋深或管底标高。

（7）结合管道水力计算结果及接受水体的水位情况，合理设置雨水泵站。

（8）绘制防汛排水管网平面图。

二、防汛排水管网系统的设计流量

（一）防汛排水管网设计流量计算公式

雨水设计流量是确定防汛排水管网断面尺寸的重要依据。变电站中排出雨水的管网，由于汇集雨水径流的面积较小，所以可采用小汇水面积上其他雨水排水构筑物计算设计流量的推理公式来计算防汛排水管网的设计流量。

防汛排水管网设计流量按下式计算：

$$Q = \psi q F$$

式中　　Q——雨水设计流量，L/s；

　　　　ψ——径流系数，其数值小于 1；

　　　　F——汇水面积，ha；

　　　　q——设计暴雨强度，L/(s·ha)。

该公式是根据一定的假设条件，由雨水径流成因加以推导而得出的，是半经验半理论的公式，通常称为推理公式。该公式用于流域面积计算暴雨设计流量已有一百多年的历史，至今仍被国内外广泛使用。

雨水径流的形成主要分为产流过程与汇流过程。

1. 地面点上产流过程

降雨发生后，部分雨水首先被植物截留。在地面开始受雨时，因地面比较干燥，雨水渗入土壤的入渗率（单位时间内雨水的入渗量）较大，而降雨起始时的强度还小于入渗率，这时雨水被地面全部吸收。随着降雨时间的增长，当降雨强度大于入渗率后，地面开始产生余水，待余水积满洼地后，部分余水产生积水深度，部分余水产生地面径流（称为产流）。在降雨强度增至最大时相应产生的余水率也最大。此后随着降雨强度的逐渐减小，余水率也逐渐减小，当降雨强度降至与入渗率相等时，余水现象停止。但这时有地面积水存在，故仍产生径流，入渗率仍按地面入渗能力渗漏，直至地面积水消失，径流才终止，而后洼地积水逐渐渗完。渗完积水后，地面实际渗水率将按降雨强度渗漏，直到雨终。

2. 流域上汇流过程

流域中各地面点上产生的径流沿着坡面汇流至低处，并最终汇入江河。通常将雨水径流从流域的最远点流到出口断面的时间称为流域的集流时间或集水时间。

图 4-1 所示为一块扇形流域汇水面积，其边界线是 ab、ac 和 bc 弧，a 点为集流点（如雨水口，管网上某一断面）。假定汇水面积内地面坡度均等，则以 a 点为圆心所划的圆弧线 de, fg, hi, …, bc 称为等流时线，每条等流时线上各点的雨水径流流达 a 点的时间是相等的，它们分别为 t_1、t_2、t_3…，流域边缘线 bc 上各点的雨水径流流达 a 点的时间称为这块汇水面积的集流时间或集水时间。

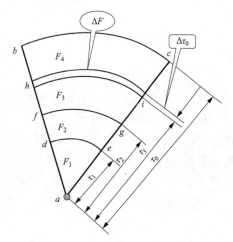

图 4-1　扇形流域汇流过程示意

在地面点上降雨产生径流开始后不久，在 a 点所汇集的流量仅来自靠近 a 点的小块面积上的雨水，离点较远的面积上的雨水此时仅流至中途。随着降雨历时的增长，在 a 点汇集的流量中的汇水面积不断增加，当流域最边缘线上的雨水流至集流点 a 时，在 a 点汇集的流量中的汇水面积扩大到整个流域，即流域全部面积参与径流，此时集流点 a 产生最大流量，也就是说，相应于流域集流时间的全流域面积径流产生最大径流量。

由于各不同等流时线上的雨水流达 a 点的时间不等，那么同时降落在各条等流时线的雨水不可能同时流达 a 点。反之，各条等流时线上同时流达 a 点的雨水，并不是同时降落的。如来自 a 点附近的雨水是 x 时降落的，则来自流域边缘的雨水是 $x-t_0$ 时降落的，因此，全流域径流在集流点出现的流量来自 t_0 时段内的降雨量。

雨水排水管道的设计流量 Q 随径流系数、汇水面积和设计暴雨强度而变化。为了简化叙述，假定径流系数为 1。从前述可知，当在全流域产生径流之前，随着集水时间增加，集流点的汇水面积随之增加，直至增加到全部面积。设计降雨强度 q 一般和降雨历时成反比，随降雨历时增长而降低。因此，集流点在什么时间所承受的雨水量是最大值，是设计雨水排水管道需要研究的重要问题。

变电站雨水排水管道的汇水面积比较小，可以不考虑降雨面积的影响，也就是要在较小面积内，采用降雨强度 q 和降雨历时 t 都是尽量大的降雨作为雨水排水管道的设计流量。在设计中采用的降雨历时等于汇水面积最远点雨水流达集流点的集流时间，因此，设计暴雨强度 q、降雨历时 t、汇水面积 F 都是相应的极限值，这便是雨水排水管道设计的极限强度理论。根据这个理论来确定设计流量的最大值，作为雨水排水管道设计的依据。

极限强度法，即承认降雨强度随降雨历时增长而减小的规律性，同时认为汇水面积的增长与降雨历时成正比，而且汇水面积随降雨历时增长较降雨强度随降雨历时增长而减小的速度更快，因此，如果降雨历时 t 小于流域的集流时间时，显然仅只有一部分面积参与径流，由于面积增长较降雨强度减小的速度更快，因而得出的雨水径流量小于最大径流量。如果降雨历时 t 大于集流时间，流域全部面积已参与汇流，面积不能再增长，降雨强度则随降雨历时增长而减小，径流量也随之由最大逐渐减小。因此只有当降雨历时等于集流时间时，全面积参与径流，产生最大径流量。所以防汛排水管网的设计流量可用全部汇水面积 F 乘以流域的集流时间 t_0 时的暴雨强度 q 及地面平均径流系数（假定全流域汇水面积采用同一径流系数）得到。

根据以上分析，雨水排水管道设计的极限强度理论包括两部分内容：①当汇水面积上最远点的雨水流达集流点时，全面积产生汇流，雨水排水管道的设计流量最大；②当降雨历时等于汇水面积上最远点的雨水流达集流点的集流时间时，雨水排水管道需要排出的雨水量最大。

（二）雨量分析与暴雨强度公式

任何一场暴雨都可用自记雨量计记录中的两个基本数值（降雨量和降雨历时）表示其降雨过程。通过对降雨过程的多年（一般具有 10 年以上）资料的统计和分析，找出表示暴雨特征的降雨历时、暴雨强度与降雨重现期之间的相互关系，作为防汛排水管网设计的依据，这就是雨量分析的目的。

雨量分析的要素包括降雨量、降雨历时、暴雨强度、降雨面积、降雨的频率和重现期等。

（1）降雨量是指降雨的绝对量，用 H 表示，单位以 mm 计，也可用单位面积上的降雨体积（L/ha）表示。在研究降雨量时，很少以一场雨为对象，而常以单位时间表示，如年平均降雨量：指多年观测所得的各年降雨量的平均值。月平均降雨量：指多年观测所得的各月降雨量的平均值。年最大日降雨量：指多年观测所得的一年中降雨量最大一日的绝对量。

（2）降雨历时是指连续降雨的时段，可以指一场雨全部降雨的时间，也可以指其中个别的连续时段。用 t 表示，以 min 或 h 计。

（3）暴雨强度是指某一连续降雨时段内的平均降量，即单位时间的平均降雨深度，用 i 表示。

$$i = \frac{H}{t}$$

在工程上，常用单位时间内单位面积上的降雨体积 $q[L/(s \cdot ha)]$ 表示暴雨强度。q 与 i 之间的换算关系是将每分钟的降雨深度换算成每公顷面积上每秒钟的降雨体积，即：

$$q = \frac{10000 \times 1000i}{1000 \times 60} = 167i$$

式中　q——暴雨强度，$L/(s \cdot ha)$；

　　　167——换算系数。

暴雨强度公式是暴雨强度 i 或 q 与降雨历时 t 和重现期 P 三者间关系的数学表达式，是设计防汛排水管网的依据。我国常用的暴雨强度公式形式为：

$$q = \frac{167A_1(1 + clgP)}{(t + b)^n}$$

式中　　　q——设计暴雨强度，$L/s \cdot ha$；

　　　　　P——设计重现期，a；

　　　　　t——降雨历时，min；

　　　　　n——地方参数，根据统计方法进行计算确定。

A_1，c，b，n——能反映地区特点的常量。

（4）降雨面积是指降雨所笼罩的面积，汇水面积是指防汛排水管网汇集雨水的面积。用

F 表示，以公顷（ha）或 km^2 为单位。任一场暴雨在降雨面积上各点的暴雨强度是不相等的，即降雨是非均匀分布的。但变电站汇水面积较小，在这种小汇水面积上降雨不均匀分布的影响较小。因此，可假定降雨在整个小汇水面积内是均匀分布的，即在降雨面积内各点的 i 相等。从而可以认为，雨量计所测得的点雨量资料可以代表整个小汇水面积的雨量资料，即不考虑降雨在面积上的不均匀性。

（5）降雨的频率和重现期。某一大小的暴雨强度出现的可能性，和水文现象中的其他特征值一样，一般不是可预知的。因此，需通过对以往大量观测资料的统计分析，计算其发生的频率去推论今后发生的可能性。某特定依暴雨强度的频率是指等于或大于该值的暴雨强度出现的次数 m 与观测资总项数 n 之比的百分数。频率这个名词比较抽象，为了通俗起见，往往用重现期等效地代替频率一词，某特定值暴雨强度的重现期是指等于或大于该值的暴雨强度可能出现一次的平均间隔时间，单位用年（a）表示。重现期与频率互为倒数。

（三）径流系数 ψ 的确定

降落在地面上的雨水，一部分被植物和地面的洼地截留，一部分渗入土壤，其余的一部分沿地面流入防汛排水管网，这部分进入防汛排水管网的雨水量称作径流量。径流量与降雨量的比值称径流系数 ψ，其值常小于 1。

径流系数的值因汇水面积的地面覆盖情况、地面坡度、地貌，建筑密度的分布、路面铺砌等情况的不同而异。如屋面为不透水材料覆盖，ψ 值大；沥青路面的 ψ 值也大，而非铺砌的土路面 ψ 值就较小。地形坡度大，雨水流动较快，其 ψ 值也大；种植植物的庭园，由于植物本身能截留一部分雨水，其 ψ 值就小。但影响 ψ 值的主要因素为地面覆盖种类的透水性。此外，还与降雨历时、暴雨强度及暴雨雨型有关。如降雨历时较长，由于地面渗透损失减少，ψ 就大些；暴雨强度大，其 ψ 值也大；最大强度发生在降雨前期的雨型，即前期雨大的，ψ 值也大。由于影响因素很多，要精确地求定其值是很困难的，目前在防汛排水管网设计中，径流系数通常采用按地面覆盖种类确定的经验数值，见表 4-1。

表 4-1　　　　　　　　　　　径 流 系 数 ψ 值

屋面地面种类	ψ
屋面	0.90～1.00
混凝土和沥青路面	0.90
块石路面	0.60
级配碎石路面	0.45
干砖及碎石路面	0.40
非铺装地面	0.30
绿地	0.15

通常汇水面积由各种性质的地面覆盖所组成，随着它们占有的面积比例变化，ψ 值也各异，所以整个汇水面积上的平均径流系数 ψ 值是按各类地面面积用加权平均法计算时得到。在设计中，也可采用区域综合径流系数。一般市区的综合径流系数 0.5～0.8，郊区系数为 0.4～0.6。

（四）设计重现期 P 的确定

从暴雨强度公式可知，暴雨强度随着重现期的不同而不同。在防汛排水管网设计中，若选用较高的设计重现期，计算所得设计暴雨强度大，相应的雨水设计流量大，管网的断面相应大。这对防止地面积水是有利的，安全性高，但经济上则因管网设计断面的增大而增加了工程造价；若选用较低的设计重现期，管网断面可相应减小，这样虽然可以降低工程造价，但可能会经常发生雨水排水不畅、地面积水而影响交通，甚至造成安全危害。因此，必需从技术和经济方面统一考虑。

防汛排水管网设计重现期的选用，应根据汇水面积的地区建设性质、地形特点、汇水面积和气象特点等因素确定，一般选用 0.5～3a，对于特别重要的地区可酌情增加，而且在同一雨水排水系统中也可采用同一设计重现期或不同的设计重现期。

防汛排水管网设计重现期规定的选用范围，是根据我国各地目前实际采用的数据，经归纳综合后确定的。我国地域辽阔，各地气候、地形条件及雨水排水设施差异较大。因此，在选用防汛排水管网的设计重现期时，必须根据当地的具体条件合理选用。

（五）集水时间 t 的确定

只有当降雨历时等于集水时间时，雨水流量为最大。因此，计算雨水设计流量时，通常用汇水面积最远点的雨水流达设计断面的时间 t 作为设计降雨历时。

对管道的某一设计断面来说，集水时间 t 由地面集水时间 t_1 和管内雨水流行时间 t_2 两部分组成。可用公式表述如下：

$$t = t_1 + t_2$$

地面集水时间是指雨水从汇水面积上最远点流到第 1 个雨水口的时间。雨水从汇水面积上最远点的房屋屋面分水线流到雨水口的地面集水时间 t_1 通常是由下列流行路程的时间所组成：从屋面分水线沿屋面坡度经屋檐下落到地面散水坡的时间，通常为 0.3～0.5min；从散水坡沿地面坡度流入附近道路边沟的时间；沿道路边沟到雨水口的时间。

地面集水时间受地形坡度、地面铺砌、地面种植情况、水流路程、道路级坡和宽度等因素的影响，这些因素直接决定着水流沿地面或边沟的速度。此外，也与暴雨强度有关，因为暴雨强度大，水流时间就短。但在上述各因素中，地面集水时间主要取决于雨水流行距离的长短和地面坡度。

根据 GB 50014—2006《室外排水设计规范（2016 版）》规定：地面集水时间视距离长短和地形坡度及地面覆盖情况而定，一般采用 5～15min。

（六）特殊情况雨水设计流量的确定

推理公式的基本假定只是近似的概括，实际上暴雨强度在受雨面积上的分布是不均匀的，其分布情况与地形条件，汇水固积形状、降雨历时、降雨中心强度的位置等因素有关。由于防汛排水管网的汇水面积较小，地形地貌较为一致，故可按均匀情况计算。对于暴雨强度在时间上的分布，根据国内外大量的实测资料表明，暴雨强度的平均过程是先小、继大、又小的过程。当降雨历时较短时，可近似地看作等强度的过程；当降雨历时较长时，按等强度过程考虑将会产生一定偏差，在设计中也应注意这种特殊情况。

（七）防汛排水管网设计流量计算的其他方法

上述的雨水设计流量计算公式是国内外广泛采用的推理公式，该公式使用简便，所需资料不多，并已积累了丰富的实际应用经验。但是，由于公式推导的理论基础是假定降雨强度在集流时间内均匀不变，即降雨为等强度过程，假定汇水面积按线性增长，即汇水面积随集流时间增长的速度为常数。而事实上降雨强度是随时间变化的，汇水面积随时间的增长是非线性的。另外，参数选用比较粗糙，如径流系数取值仅考虑了地表的性质。地面集水时间的取值一般也是凭经验。因此在计算雨水排水管道设计流量时，如未根据汇水面积的形状及特点合理布置管道系统，计算结果会产生较大误差。

雨水设计流量计算的其他方法有：

（1）推理公式的改进法。

结合本地区的气象条件等因素，对推理公式进行补充、改进，使计算结果更符合实际。如目前德国采用的时间系数法和时间径流因子法计算雨水排水管道的设计径流量，都是在推理公式的基础上产生的。

（2）过程线方法。

过程线方法较多，如瞬时单线方法，典型暴雨法，英国运输与道路研究实验室水文曲线法等。方法分为两部分：①假设径流来自城市内不透水面积，并根据指定的暴雨分配过程由等流时线推求径流过程线；②对第一步得出的过程线进行通过雨水系统的流量演算，从而得出雨水排水系统出流管的径流过程线。过程线的高峰值一般就作为防汛排水管网系统的最大径流量。

（3）计算机模型。

随着计算机广泛运用和计算机功能的增强，一批城市水文模型得到发展，其中包括非常复杂而详细的城市径流计算模型。如 Wallingford 水文曲线法、Wallingford 改进型理论径流公式、Wamngford 水文曲线、Wallingford 最优化方法、Wallingford 模拟模型、Illinois 城市排水模拟装置、暴雨雨水管理模型等。

三、防汛排水管网布置设计

防汛排水管网的平面和竖向布置应考虑与其他地下构筑物（包括各种管线及地下建筑物等）在相交处相互协调。在有连接条件的地方，应考虑两个管道系统之间的连接，具体要求详见表 4-2。

表 4-2　　　　　　　　　　　　地下雨水排水管线间最小净距

种类	水平（m）	垂直（m）
给水管	0.8～1.5	0.10～0.15
污水管	0.8～1.5	0.10～0.15
雨水管	0.8～1.5	0.10～0.15
电力电缆	1.0	直埋 0.50，穿管 0.25
通信电缆	1.0	直埋 0.50，穿管 0.15
通信及照明电缆	1.0	—

四、防汛排水管网系统的水力计算

（一）防汛排水管网水力计算的设计数据

为使防汛排水管网正常工作，避免发生淤积、冲刷等现象，对防汛排水管网水力计算的基本数据做如下的技术规定。

1. 设计充满度

雨水中主要含有泥沙等无机物质，不同于污水的性质，加以暴雨径流量大，而相应较高设计重现期的暴雨强度的降雨历时一般不会很长，故管道设计充满度按满流考虑，即 $A/D=1$，明渠则应有等于或大于 0.20m 的起高。

2. 设计流速

为避免雨水所挟带的泥沙等无机物质在管网内沉淀下来而堵塞管道，满流时管道内最小设计流速为 0.75m/s；明渠内最小设计流速为 0.40m/s。

为防止管壁受到冲刷而损坏，影响及时雨水排水，对防汛排水管网的最大设计流速规定为：金属管最大流速为 10m/s；非金属管最大流速为 5m/s。

管网设计流速应在最小流速与最大流速范围内。

3. 最小管径和最小设计坡度

防汛排水管网的最小管径为 300mm，相应的最小坡度为 0.003，雨水口连接管最小管径为 200mm，最小坡度为 0.01。

4. 最小埋深与最大埋深

在实际工程中，同一直径的管道，采用的管材、接口和基础型式均相同，因其埋设深度不同，管道单位长度的工程费用相差较大。因此，合理地确定管道埋深对于降低工程造价是十分重要的。在土质较差、地下水位较高的地区，若能设法减小管道埋深，对于降低工程造价效果尤为显著。

为了降低造价，缩短施工期，管道埋设深度越小越好。但覆土厚度应有一个最小的限值，否则就不能满足技术上的要求，这个最小限值称为最小覆土厚度。

最小覆土深度应根据道路的行车等级、管材受压强度、地基承载力等因素经计算确定，并应符合下列要求：干道和组团道路下的道路，其覆土深度不宜小于 0.70m。

除考虑管道的最小埋深外，还应考虑最大埋深问题。雨水在管道中依靠重力从高处流向低处，当管道的坡度大于地面坡度时，管道的埋深就越来越大，尤其在地形平坦的地区更为突出。埋深越大，则造价越高，施工期也越长。

（二）防汛排水管网水力计算的方法

管道水力计算的目的，在于合理、经济选择管道断面尺寸、坡度和埋深。由于这种计算是根据水力学规律，所以称作管道的水力计算。为了简化计算工作，目前在防汛排水管网的水力计算中仍采用均匀流公式。在实际计算中，通常采用根据公式制成的水力计算图或水力计算表进行计算。常用的均匀流基本公式有：

$$Q = Av$$
$$v = C\sqrt{RI}$$

式中　Q——流量，m^3/s；

　　　A——过水断面面积，m^2；

　　　v——流速，m/s；

　　　R——水力半径（过水断面面积与湿周的比值），m；

　　　I——水力坡度（等于水面坡度，也等于管底坡度）；

　　　C——流速系数或称谢才系数。

$$C = \frac{1}{n}R^{\frac{1}{6}}$$

将公式代入流量公式和流速公式得：

$$v = \frac{1}{n}R^{\frac{2}{3}}I^{\frac{1}{2}}$$

$$Q = \frac{1}{n} A R^{\frac{2}{3}} I^{\frac{1}{2}}$$

式中　n——管壁粗糙系数。该值根据管网材料而定。铸铁管为 0.013；混凝土管、钢筋混凝土管为 0.013～0.014；钢管为 0.012；塑料管为 0.009。

雨水排水管按满流设计，即设计充满度为 1，于是水力半径 $R = D/4$，其中 D 为管径。

在工程设计中，通常在选定管材之后过水断面面积 A 即为已知数值，而设计流量 Q 也是经计算后求得的已知数。所以剩下的只有 3 个未知数 D、v 及 I。

这样，在实际应用中，就可以参照地面坡度 i，假定管底坡度 I，从水力计算图或表中求得 D 及 v 值，并使所求得的 D、v、I 各值符合水力计算基本数据的技术规定。

五、防汛排水管网布置图的绘制

防汛排水管网设计主要包含平面布置图及纵剖面图。根据设计阶段的不同，图纸表现的深度亦有所不同。变电站占地面积一般较小且站内地势平坦，因此一般不绘制纵剖面图，但应在平面布置图中包含管道高程设计内容。

初步设计阶段的管道平面布置图就是管道总体布置图。图上有地形、地物、河流、风玫瑰或指北针等。设计的防汛排水管网用粗线条表示，在管线上画出设计管段起讫点的检查井并编上号码，可能设置的雨水泵站或其他的特殊构筑物，出水口等。初步设计的管道平面布置图上还应将各设计管段的长度、管径和坡度在图上注明。此外，图上应有相应的说明。

施工图阶段的管道平面布置图内容基本同初步设计，要求更为详细确切。要求标明检查井的准确位置及防汛排水管网与其他地下管线或构筑物交叉点的具体位置、高程，屋面雨水或废水排出管等接入雨水管道的准确位置和高程。图上还应有图例和施工说明。

第四节　雨水泵站的设计

当防汛排水管网出口处水体水位较高，雨水不能自流排出，应在雨水管道出口前设置雨水泵站。

一、雨水泵站的类型

雨水泵站的形式需从造价、布置、施工、运行条等方面综合进行选择。对于变电站占地面积较小，其雨水设计流量不会很大的情况，变电站的雨水泵站通常采用潜水泵站的形式。

潜水泵站如图 4-2 所示，将集水池与机器间合建，用潜水电泵将水泵机组直接置于集水池中，甚至可以采用开放式泵房，不需要上部结构和固定吊车，机组结构紧凑，泵直接吸水，出水经泵出口排出。由于潜水泵具有体积小、安装检修方便、无噪声、运行稳定等优点，特别是潜水雨水泵站相对传统干式泵站简化了地下结构，减少了地面建筑，甚至不用地上建筑，降低了雨水泵站的工程造价，在变电站中被广泛运用。

潜水泵包括潜水轴流泵、潜水混流泵、潜水离心泵等，其最大的优点是不需要专门的机器间，可将潜水泵直接置于集水池中，但对潜水泵，尤其是潜水电机的质量要求较高。

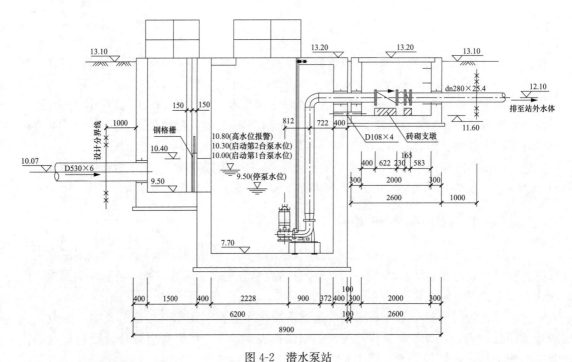

图 4-2 潜水泵站

二、雨水泵的设计

雨水泵站的特点是大雨和小雨时设计流量的差别很大。泵的选型首先应满足最大设计流量的要求，但也必须考虑到雨水径流量的变化。只顾大流量忽视小流量是不全面的，会给泵站的工作带来困难。雨水泵的台数，一般不宜小于 2～3 台，以便适应来水流量的变化。泵的型号不宜太多，最好选用同一型号。如必须大小泵搭配时，其型号也不宜超过两种。如采用一大二小三台泵时，小泵出水量不小于大泵的 1/3。雨水泵可以在旱季检修，因此，通常不设备用泵。

雨水泵的扬程必须满足从集水池平均水位到出水最高水位所需扬程的要求。雨水泵扬程可按下式计算：

$$H = H_{ss} + H_{sd} + \sum h_s + \sum h_d$$

式中　　H_{ss}——吸水地形高度，为集水池内平均水位与水泵轴线之高差，m；

　　　　H_{sd}——压水地形高度，为泵轴线与出水最高点（即压水管出口处）之高差，m；

$\sum h_s$ 和 $\sum h_d$——雨水通过吸水管路和压水管路中的水头损失（包括沿程损失和局部损失），m。

由于雨水泵站一般扬程较低，局部损失占总损失比重较大，所以不可忽略不计。考虑到雨水泵在使用过程中因效率下降和管道中因阻力增加而增加的能量损失，在确定泵扬程时，可增大 1～2m 安全扬程。

因为雨水泵在运行过程中，集水池中水位是变化的，因此雨水泵在这个变化范围内应处于高效段。当雨水泵站内的泵超过两台时，所选的泵在并联运行和在单泵运行时都应在高效区段内。

选用雨水泵的要求是在满足最大排水量的条件下，减少投资，节约电耗，运行安全可靠，维护管理方便。

三、格栅间、集水池的设计

雨水潜水泵站通常包括格栅间、集水池等。

由于雨水中含有各种各样的脏物，需要设置格栅间，格栅的作用是拦截进水中体积较大杂物，保护水泵的正常运行。雨水潜水泵站一般采用粗格栅，采用 50mm，过栅流速一般可选用 0.6～1.0m/s。

雨水潜水泵站的集水池可以一定程度上调节来水的不均匀性，使得泵能均匀工作。雨水潜水泵站集水池的容积与进入泵站的流量变化情况、泵的型号、台数及其工作制度、泵站操作性质、启动时间等有关。集水池的容积在满足安潜水泵的要求、保证泵工作时的水力条件以及能够及时将流入的雨水抽走的前提下，应尽量小些。因为缩小集水池的容积，不仅能降低雨水泵站的造价，还可以减轻集水池雨水中杂物的沉积和腐化。

由于雨水管道设计流量大，在暴雨时，雨水泵站在短时间内要排出大量雨水，如果完全用集水池来调节，往往需要很大的容积。另外，接入雨水泵站的雨水管网断面积很大，铺设坡度又小，也能起一定的调节水量的作用。因此，在雨水泵站设计中，一般不考虑集水池的调节作用，只要求在保证泵正常工作和合理布置等所必须的容积。集水池容积一般采用不小于最大一台泵 30s 的出水量。

四、出流设施的设置

雨水泵站的出流设施一般包括出流管、雨水出水口。

雨水出水口的设置应考虑对河道的冲刷和航运的影响，所以应控制出水口水流的速度和方向，一般出口流速应控制在 0.6～1.0m/s，流速较大时，可以在出口前采用八字墙放大水流断面。出流管的方向最好向河道下游倾斜，避免与河道垂直。

五、一体化雨水泵站

随着生产工艺与制造技术的不断提升，越来越多的设备及装置采用一体化预制技术进行生产及采用，如图 4-3 因此，一体化雨水泵站在各个领域的使用越来越频繁。

一体化雨水泵站工作原理：雨水从管道进入泵站进水管路，水中附带的淤泥固体物将被粉碎格栅切割成颗粒物，然后接由潜水泵组的轴流泵、旋涡泵、螺旋离心泵剪切推进，出来直径为 70mm 固体物将伴随雨水由水泵推进排放出水管，期间智能反冲洗阀彻底清除漂浮物和沉积物，将含有气体的液体一并抽出，解决沉积物和臭气问题。

雨水一体化预制泵站拥有专业"0 淤积"泵站底部设计，将泵站的淤积降到低，降低水泵堵塞的风险；泵站的淤积降低，使得有害气体的产生量降低，减少臭气扰民及安全事故的发生；预制泵站根据液位自动运行，保证进到泵站的污水尽快被泵送走，降低污水发生沉淀后导致水泵堵塞的风险；预制泵站选用粉碎格栅，粉碎污物，可以防止大体积的杂物进入泵站；整个泵站系统经过精密计算，可以保证所有水力部件都在优秀的运行工况下运行，故障率将大大降低；预制泵站的外壁采用纤维缠绕玻璃钢制作而成，可以抗压、抗撕裂，并保证永久防水，在保证泵站自身稳定运行的同时也保证不会影响周边环境，使用寿命长；自耦安装系统，在水泵遇到任何堵塞时，都可以快速提升水泵检修及检查。

图 4-3　一体化雨水泵站

　　一体化雨水泵站可采用按需预制的方式，根据客户的要求以及工程师的现场勘察测量结果进行预制，定制符合客户端需求的井筒与进出水口。一体化雨水泵站具有工期短、安装方便、体积小、效率高、智能化和网络化等现代产品特点。与传统泵站相比土建工程量少，投资可减少一半以上。

第五节　防汛排水管网的材质及系统构筑物设计

　　雨水排水管材应根据雨水水质、水温、冰冻情况、断面尺寸、所受压力、土质、地下水位、地下水腐蚀性及施工条件等因素进行选择。防汛排水管网的接口形式，当采用有压排水时，可选用柔性、半刚半柔性接口形式；当采用自流排水时，根据地基情况，可选用刚性、半刚性及柔性接口形式。防汛排水管网的基础应根据地质情况确定，其中埋地塑料管不应采用刚性基础。

一、防汛排水管网的断面及材质

（一）防汛排水管网的断面

　　管网的断面形式除必须满足静力学、水力学方面的要求外，还应具经济性和便于养护，在静力学方面，管道必须有较大的稳定性，在承受各种荷载时是稳定和坚固的。在水力学方面，管道断面应具有最大的雨水排水能力，并在一定的流速下不产生沉淀物。在经济方面，管道单长造价应该是最低的。在养护方面，管道断面应便于冲洗和清通淤积。

　　最常用的管网断面形式是圆形。半椭圆形、马蹄形、矩形、梯形和蛋形等也常见。

　　圆形断面有较好的水力性能，在一定的坡度下，指定的断面面积具有最大的水力半径，因此流速大，流量也大。此外，圆形管便于预制，使用材料经济，对外压力的抵抗力较强，若挖土的形式与管道相称时，能获得较高的稳定性，在运输和施工养护方面也较方便。因此是最常用的一种断面形式。

矩形断面可以就地浇制或砌筑，并按需要将深度增加，以增大雨水排水量。

梯形断面适用于明渠，它的边坡决定于土壤性质和铺砌材料。

（二）防汛排水管网的材质

防汛排水管网的材质应根据排水水质、水温、冰冻情况、断面尺寸、管内外所受压力、土质、地下水位、地下水侵蚀性、施工条件及对养护工具的适应性等因素，进行选择和设计。

防汛排水管网必须具有足够的强度，以承受外部的荷载和内部的水压，外部荷载包括土壤的重量（静荷载），以及由于车辆通行所造成的动荷载。压力管及倒虹管一般要考虑内部水压。自流管道发生检查井内充水时，也可能引起内部水压。此外，为了保证防汛排水管网在运输和施工中不致破裂，也必须使管道具有足够的强度。

防汛排水管网不仅应能承受水中杂质的冲刷和磨损，而且应具有抗腐蚀的性能，以免在污水或地下水（或酸、碱）的侵蚀作用下受到损坏。管道和附属构筑物应保证其严密性，应进行闭水试验，防止污水外渗和地下水入渗；且雨水管道系统和合流管道之间不应设置连通管道。

防汛排水管网必须不透水，以防止污水渗出或地下水渗入。因为若雨水从管网渗出至土壤，将污染地下水或邻近水体，或者破坏管道及附近房屋的基础。地下水渗入管网，不但降低管网的排水能力，还将增大污水处理泵站及处理构筑物的负荷。

防汛排水管网的内壁应整齐光滑，以减小水流阻力。当输送易造成管网内沉析的污水时，管网形式和断面的确定必须考虑应便于维护检修。

防汛排水管网应就地取材，并考虑预制管件及快速施工的可能，以便尽量降低管网的造价和运输及施工费用。

常用防汛排水管网材质有混凝土管和钢筋混凝土管、陶土管、金属管、浆砌石或钢筋混凝土渠道、新型排水管材等。

1. 混凝土管和钢筋混凝土管

混凝土管的管径一般小于600mm，长度多为1m，适用于管径较小的无压管。当管道埋深较大或铺设在土质条件不良地段，为抗外压，管径大于400mm时，通常采用钢筋混凝土管。混凝土管和钢筋混凝土管便于就地取材，制造方便，而且可根据抗压的不同要求，制成无压管、低压管、预应力管等，所以在防汛排水管网系统中得到了普遍应用。混凝土管和钢筋混凝土管除用作一般自流防汛排水管网外，钢筋混凝土管及预应力钢筋混凝土管也可用作泵站的压力管及倒虹管。它们的主要缺点是抗酸、碱浸蚀及抗渗性能较差、管节短、接头多、施工复杂。在地震烈度大于8度的地区及饱和松砂、淤泥土、冲填土、杂填土的地区不宜采用。此外，大管径管的自重大，搬运不便。

2. 陶土管

陶土管是由塑性黏土制成的。为了防止在焙烧过程中产生裂缝，通常加入耐火黏土及石英砂（按一定比例），经过研细、调合、制坯、烘干、焙烧等过程制成。根据需要可制成无釉、单面釉、双面釉。若采用耐酸黏土和耐酸填充物，还可以制成特种耐酸陶土管。陶土管一般制成圆形断面，有承插式和平口式两种形式。

3. 金属管

常用的金属管有铸铁管及钢管。室外重力流排水管道很少采用金属管，只有当排水管道承受高内压、高外压或在对渗漏要求特别高的地方，如泵站的进出水管、穿越铁路、河道的倒虹管或靠近给水管道和房屋基础的管道，或者在地震烈度大于 8 度或地下水位高以及流砂严重的地区的管道采用金属管。金属管质地坚固，抗压、抗震、抗渗性能好；内壁光滑，水流阻力小；管子每节长度大，接头少。但金属管价格昂贵，钢管抗酸碱腐蚀及地下水浸蚀的能力差。因此，在采用钢管时必须涂刷耐腐涂料并注意绝缘。

4. 浆砌石或钢筋混凝土渠道

管道的预制管管径一般小于 2m，实际上当管道设计断面大于 1.5m 时，通常在现场建造大型排水渠道。建造大型排水渠道常用的建筑材料有石、陶土块、混凝土块、钢筋混凝土块和钢筋混凝土等。采用钢筋混凝土时，要在施工现场支模浇制，采用其他几种材质时，在施工现场主要是铺砌或安装。

5. 新型排水管材

传统的排水管材抗酸、碱浸蚀及抗渗性能较差、管节短、接头多、施工复杂、大管径管的自重大，搬运不便。近年来出现了许多新型塑料排水管材，这些管材无论是性能还是施工难易程度都优于传统管材。应用于雨水排水的新型管材主要是塑料管材，其主要品种包括聚氯乙烯管（PVC-U）、聚氯乙烯芯层发泡管（PVC-U）、聚氯乙烯双壁波纹管（PVC-U）、玻璃钢夹砂管（RPMP）、塑料螺旋缠绕管（HDPE、PVC-U）、聚氯乙烯径向加筋管（PVC-U）等，如图 4-4 所示。

新型管材一般具有以下特性：强度高，抗压耐冲击；内壁平滑，摩阻低，过流量大；耐腐蚀，无毒无污染；连接方便，接头密封好，无渗漏；重量轻，施工快，费用低；埋地使用寿命达 50 年以上。

市场上出现的大口径新型排水管管材根据材质的不同，大致可以分为玻璃钢管，以高密度聚乙烯为原料的 HDPE 管和以聚氯乙烯为原料的 UPVC 管。

玻璃钢纤维缠绕增强热固性树脂管，简称玻璃钢管，是一种新型的复合管材，它主要是以树脂为基体、以玻璃纤维作为增强材料制成的，具有优异的耐腐蚀性能、轻质高强、输送流量大、安装方便、工期短和综合投资低等优点，广泛应用于化工企业腐蚀性介质输送以及城市给水排水工程等诸多领域。随着玻璃钢管的普及应用，又出现了夹砂玻璃钢管（RPMP），这种管道从性能上提高了管材刚度，降低了成本，一般采用具有两道 O 形密封圈的承插式接口，安装方便、可靠、密封性、耐腐蚀性好，接头可在小角度范围内任意调整管线方向。

HDPE 管是一种具有环状波纹结构外壁和平滑内壁的新型塑料管材，由于管道规格不同，管壁结构也有差别。根据管壁结构的不同，HDPE 管可分为双壁波纹管和缠绕增强管两种类型。目前，其生产工艺和使用技术已十分成熟，在实践中得到了推广和应用。

（1）HDPE 双壁波纹管是由 HDPE 同时挤出的波纹外壁和一层光滑内壁一次挤压成型的，管壁截面为双层结构，其内壁光滑平整，外壁为等距排列的具有梯形中空结构的管材，如图 4-5 所示，具有优异的环刚度和良好的强度与韧性，重量轻、耐冲击性强、不易破损等特点，且运输安装方便。管道主要采用橡胶圈承插连接（也可采用热缩带连接）。由于双壁波纹管的特殊的波纹管壁结构设计，使得该管在同样直径和达到同样环刚度的条件下，用料最省。

图 4-4　UPVC 管

图 4-5　HDPE 双壁波纹管

（2）HDPE 中空壁缠绕管是以 HDPE 为原料生产矩形管坯，经缠绕焊接成型的一种管材。此种管材与双壁波纹管在性能上基本一致，主要采用热熔带连接方式，连接成本较双壁波纹管略高。该管材的主要缺点是在同样直径和达到同样环刚度下，比直接挤出的双壁波纹管耗材更多，因此，其生产成本较高，如图 4-6 所示。

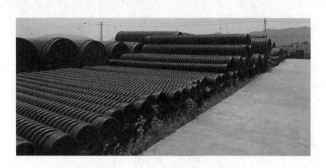
图 4-6　HDPE 中空壁缠绕管

（3）金属内增强聚乙烯（HDPE）螺旋波纹管是以聚乙烯为主要原料，经过特殊的挤出缠绕成型工艺加工而成的结构壁管，产品由内层为 PE 层、中间为经涂塑处理的金属钢带层、外层为 PE 层的三层结构构成，如图 4-7 所示。经涂塑处理的钢带与内、外聚乙烯层在熔融状态下复合，使其有机地融为一体，既提高了管材的强度，又解决了钢带外露易腐蚀的问题。管径从 DN700～2000。其连接方式主要有焊接连接、卡箍连接和热收缩套接（适用于 DN1200 以下）。该管的最大优势在于可以达到其他塑料管材不能达到的环刚度（可达 $16kN/m^2$），同时造价相对低廉。

图 4-7　金属内增强聚乙烯
（HDPE）螺旋波纹管

（三）防汛排水管网材质的选择

防汛排水管网材质的选择，对雨水排水系统的造价影响很大。选择防汛排水管网材质时，应综合考虑技术、经济及其他方面的因素。

根据管道受压、管道埋设地点及土质条件：压力管段（泵站压力管、倒虹管）一般都采

69

用金属管、钢筋混凝土管或预应力钢筋混凝土管。在地震区、施工条件较差的地区（地下水位高、有流砂等）以及穿越铁路等，亦宜采用金属管。而在一般地区的重力流管道常采用陶土管、混凝土管、钢筋混凝土管和塑料排水管。埋地塑料排水管可采用硬聚氯乙烯管、聚乙烯管和玻璃纤维增强塑料夹砂管。

埋地塑料雨水排水管的使用，应满足以下规定：

（1）根据工程条件、材料力学性能和回填土材料的压实度，按环刚度复核覆土深度。

（2）设置在机动车道下的埋地塑料排水管道，不应影响道路质量。

总之，选择管网材质时，在满足技术要求的前提下，应尽可能就地取材，采用当地易于自制、便于供应和运输方便的材质，以使运输及施工总费用降至最低。

二、防汛排水管网系统内的构筑物设计

除管网本身外，还需在管网系统上设置某些附属构筑物，这些构筑物包括雨水口、检查井、跌水井、出水口等。

（一）雨水口

雨水口是在雨水管网上收集雨水的构筑物。路面上的雨水首先经雨水口通过连接管流入防汛排水管网，如图 4-8 所示。

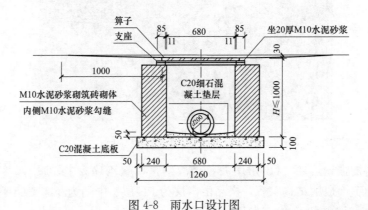

图 4-8　雨水口设计图

雨水口的设置位置，应能保证迅速有效地收集地面雨水。一般应在交叉路口、路侧边沟的一定距离处以及没有道路边石的低洼地方设置，以防止雨水漫过道路或造成道路及低洼地区积水而妨碍交通。雨水口的形式和数量，通常应按汇水面积所产生的径流量和雨水口的泄水能力确定。一般一个平箅雨水口可排出 15~20L/s 的地面径流量。在路侧边沟上及路边低洼地点，雨水口的设置间距还要考虑道路的纵坡和路边石的高度。道路上雨水口的间距一般为 25~50m（视汇水面积大小而定），在低洼和易积水的地段，应根据需要适当增加雨水口的数量。

雨水口的构造包括进水箅、井筒和连接管 3 部分，进水箅可用铸铁或钢筋混凝土、石料或复核材料制成。采用钢筋混凝土或石料进水箅可节约钢材，但其进水能力远不如铸铁进水箅。进水箅条的方向与进水能力也有很大关系，箅条与水流方向平行比垂直的进水效果好，因此可将进水箅设计成纵横交错的形式，以便排出路面上从不同方向流来的雨水，雨水口按进水箅在街道道路上的设置位置可分为：①边沟雨水口，进水箅稍低于边沟底水平放置；②边石雨水口，进水箅嵌入边石垂直放置；③联合式雨水口，在边沟底和边石侧都安放进水算。雨水口的井筒可用砖砌或用钢筋混凝土预制，也可采用预制的混凝土管。雨水口的深度一般不宜大于1m，在有冻胀影响的地区，雨水口的深度可根据经验适当加大，雨水口的底部可根据需要做成有沉泥井（也称截留井）或无沉泥井的形式，有沉泥井的雨水口可截留雨水所携带的砂砾，免使它们进入管道造成淤塞。但是沉泥井往往积水，滋生蚊蝇，散发臭气，影响环境卫生。因此需要经常清除，增加了养护工作量。通常仅在路面较差、地面上积秽很多的等地方，才考虑设置有沉泥井的雨水口。

　　雨水口以连接管与排水管网的检查井相连，如图4-9所示。当雨水排水管直径大于800mm时，也可在连接管与雨水排水管连接处不另设检查井，而设连接暗井。连接管的最小管径为200mm，坡度一般为0.01，长度不宜超过25m，接在同一连接管上的雨水口一般不宜超过3个。

图 4-9　雨水口

（二）检查井

　　检查井由井座、井筒、井盖和相关配件等组成，是用以清通、检查的井状构筑物。检查井通常设在管道交汇处、转弯处、管径或坡度改变处、跌水处以及直线管段上每相隔一定距离处，检查井的最大间距如表4-3所示。

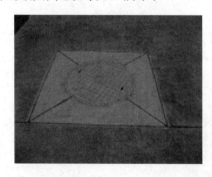 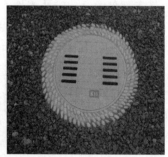

图 4-10　检查井

　　检查井在直线管段上的最大间距应根据疏通方法等具体情况确定，一般宜按规定采用。在压力管道上应设置压力检查井，在高流速防汛排水管网坡度突然变化的第一座检查井宜采用高流槽雨水排水检查井，并采取增强井筒抗冲击和冲刷能力的措施，井盖宜采用排气井盖。

表 4-3　　　　　　　　　　　检 查 井 的 最 大 间 距

管径（mm）	最大间距（m）
150	30
200～300	40
400	50
≥500	70

检查井一般采用圆形，由井底（包括基础）、井身和井盖（包括盖底）3 部分组成，如图 4-10 所示。

检查井井身的材料可采用石、混凝土或钢筋混凝土。位于车行道的检查井，应采用具有足够承载力和稳定性良好的井盖和井座；设置在主干道上的检查井的井盖基座宜和井体分离。检查井宜采用具有防盗功能的井盖，位于路面上的井盖宜与路面持平；位于绿化带内的井盖，不应低于地面。检查井井盖应有标识。我国近年来，已开始采用聚合物混凝土、塑料预制检查井。检查井宜采用成品井，井身的平面形状一般为圆形，但在大直径管道的连接处或交汇处，可做成方形、矩形或其他各种不同的形状。

井身的构造与是否需要工人下井有密切关系，井口、井筒和井室的尺寸应便于养护和维修。不需要下人的浅井，构造简单，一般为直壁圆筒形。需要下人的井在构造上可分为工作室、渐缩部和井筒三部分。为降低检查井造价，缩小井盖尺寸，井筒直径一般比工作室小，但为了工人检修出入安全与方便，其直径不应小于 0.7m。井筒与工作室之间可采用锥形渐缩部连接，渐缩部高度一般为 0.6～0.8m，也可以在工作室顶偏向出水管网一侧加钢筋混凝土盖板梁，井筒则砌筑在盖板梁上。为便于上下，井身在偏向进水管网一侧应保持井壁直立。

近年来，塑料雨水排水检查井因其众多优点而得到越来越多的应用。塑料检查井和砖砌检查井相比，具有体积小，内壁光滑，连接无渗漏等优点。但施工时需考虑抗浮，对回填要求较高。

塑料检查井是由高分子合成树脂材料制作而成的检查井。通常采用聚氯乙烯（PVC-U）、聚丙烯（PP）和高密度聚乙烯（HDPE）等通用塑料作为原料，通过缠绕、注塑或压制等方式成型部件，再将各部件组合成整体构件。

塑料检查井主要由井盖和盖座、承压圈、井体（井筒、井室、井座）及配件组合而成。井径 1000mm 以下的检查井井体为井筒、井座构成的直筒结构；井径 1000mm 及以上的检查井井体为井筒、井室、井座构成的带收口锥体结构，收口处直径 700mm。井径 700mm 及以上的检查井井筒或井室壁上一般设置有踏步，供检查、维修人员上下。目前，国内生产企业的产品规格种类丰富，井径规格范围为 450～1500mm；接入管规格范围为 DN200～DN1200；最大埋深为 7～8m。

（三）跌水井

跌水井是在井内水流产生跌落的井，起消能作用。在排水管道中由于管道落差较大，按正常管道坡度无法满足设计要求时，采取做一个内部管道有落差的检查井来满足设计方案。当管道跌水水头为 1.0～2.0m 时，宜设跌水井；当跌水水头大于 2.0m 时，应设跌水井；管道转弯处不宜设跌水井。目前常用的跌水井有两种形式：竖管式（或矩形竖槽式）和溢流堰式。前者适用于直径等于或小于 400mm 的管道，后者适用于 400mm 以上的管道。当管径大于 600mm 时，其一次跌水水头高度及跌水方式应按水力计算确定。当上、下游管底标高落差小于 lm 时，一般只将检查井底部做成斜坡，不采取专门的跌水井。竖管式跌水井一般不作水力计算；当管径不大于 200mm 时，一次落差不宜大于 6m；当管径为 300～600mm 时，一次落差不宜大于 4m。

溢流堰式跌水井的主要尺寸（包括井长、跌水水头高度）及跌水方式等均应通过水力计算求得。这种跌水井也可用阶梯形跌水方式代替。

（四）出水口

防汛排水管网排入水体的出水口的位置和形式，应根据下游用水情况、水体的水位变化幅度、水流方向、波浪情况、地形变迁和主导风向等因素确定。出水口与水体岸边连接处应采取防冲、加固等措施，一般用浆砌块石做护墙和铺底，在受冻胀影响的地区，出水口应考虑用耐冻胀材料砌筑，其基础必须设置在冰冻线以下。

出水口可以采用非淹没式，其底标高最好在水体最局水位以上，一般在常水位以上，以免水体倒灌。当出口标高比水体水面高出太多时，应考虑设置单级或多级跌水。通常采用一字式出水口和八字式出水口等，如图 4-11 和图 4-12 所示。

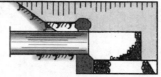

图 4-11　一字式出水口

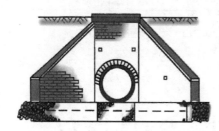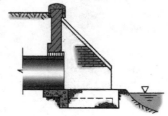

图 4-12　八字式出水口

第五章　变电站基础和防洪墙设计

雨水对变电站构筑物地基或基础造成的危害主要是：雨水浸泡地基会导致土体含水率增大或饱和，雨水流动或渗透将细小土颗粒带走，地基里面的土颗粒发生错位或产生移动的现象，降低了地基的抗剪强度和有效重度，使得地基的承载力下降或破坏，导致地基上基础的沉降量增大，使构筑物下沉或开裂，情况严重时会导致构筑物滑移、倾斜直至倒塌。

地基是指支承基础的岩土或土体，即地基指建筑物下方的承受建筑物的荷载并维持建筑物稳定的岩土体，如图 5-1 所示。不需处理而直接利用的地基称为天然地基。经过人工处理而达到设计要求的地基称为人工地基。基础通常指建筑物最下端与地基直接接触并经过了特殊处理的结构部件。基础下面的第一层土称为持力层，持力层以下的土层称为下卧层。强度低于持力层的下卧层，称为软弱下卧层，在设计时需进行强度、变形验算。

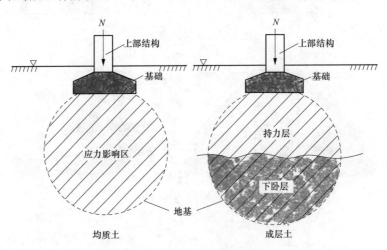

图 5-1　地基和基础示意图

第一节　设计依据及主要内容

变电站地基处理或基础设计是依据地基的承载能力和上部结构的分布方式、设计等级、荷载效应等因素综合确定。如果地基的承载能力足够，则基础的分布方式可与上部结构的分布方式相同。一般限于土体承载较小或上部荷载较大的情况，通常需要放大基础面积以减小基底压力，如条形基础、筏形基础。无论何种基础形式，基础的作用都是将上部结构的荷载分散到地基中去，以满足地基承载能力的要求。因此，墙体可以选择支撑在沿墙长度方向的条形基础上，柱子可以选择支撑在放大的方形基础上。当建筑物较高、荷载较大时，需要把墙下的条形基础和柱下的方形基础结合使用，使基底承受较小的压力，也可以把独立的单独基础用基础梁连接起来形成筏形基础，用以抵抗更大的荷载或地震力。

如果地基承载力不足，就可以判定为软弱地基，就必须对软弱地基进行处理，软弱地基主要指由淤泥、淤泥质土、杂填土或其他高压缩性土层构成的地基。在建筑物地基的局部范围内有高压缩性土层时，应按局部软弱土层考虑。建筑物施工时，应查明软弱土层的均匀性、组成、分布范围和土质情况，并采用合适的地基处理方法进行处理。

一、变电站基础设计主要规范

（1）GB 50007—2011《建筑地基基础设计规范》。

（2）GB 50009—2012《建筑结构荷载规范》。

（3）GB 50010—2010《混凝土结构设计规范》。

（4）GB 50011—2010《建筑抗震设计规范》。

（5）GB 50068—2001《建筑结构可靠度设计统一标准》。

（6）GB 50202—2002《建筑结地基基础工程施工质量验收规范》。

（7）JGJ 79—2012《建筑地基处理技术规范》。

（8）JGJ 120—2012《建筑基坑支护技术规程》。

（9）GB 50203—2011《砌体结构工程施工质量验收规范》。

（10）GB 50330—2013《建筑边坡工程技术规范》。

二、变电站地基基础设计的主要内容

地基设计的计算内容主要包括防止地基强度破坏的承载力极限状态、控制地基变形的正常使用极限状态、地基稳定性验算 3 个部分，通过计算确定地基是否满足承载、变形要求，若不满足应进行地基处理和加固。

基础设计的主要内容如下：

（1）基础的选型：独立基础、条形基础、筏形基础等。

（2）确定基础的埋深和几何尺寸：依据地基承载能力、土体条件和上部结构荷载，确定基础埋深和平面尺寸。

（3）地基承载、变形验算：软弱下卧层强度、变形稳定性、抗滑验算，确定地基满足要求。

（4）基础结构设计：基础的剖面尺寸、配筋计算。

（5）编制施工说明，绘制施工图，如图 5-2 所示。

三、变电站防洪设计要求

（1）变电站的站区场地设计标高应根据变电站的电压等级确定，见表 2-1。

（2）220kV 变电站及以上电压等级的变电站，站区场地设计标高应高于频率为 1%（重现期指大于或等于该值的暴雨强度可能出现一次的平均间隔时间，重现期与频率成反比）的洪水水位或历史最高内涝水位；其他电压等级的变电站站区场地设计标高应高于频率为 2% 的洪水水位或历史最高内涝水位。

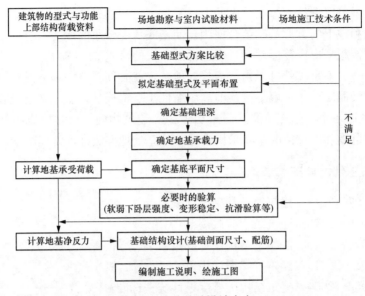

图 5-2　地基基础设计内容

（3）当站区场地设计标高不能满足上述要求时，可区别不同的情况分别采取以下 4 种不同的措施：

1）对场地标高采取措施时，场地设计标高应不低于洪水水位或历史最高内涝水位。

2）对站区采取防洪或防涝措施时，防洪或防涝设施标高应高于上述洪水水位或历史最高内涝水位标高 0.5m。

3）采取可靠措施，使主要设备底座、室外端子箱、控制箱和生产建筑物室内地坪标高不低于上述高水位。

4）变电站站内场地设计标高宜高于或局部高于站外自然地面，以满足站区场地排水要求。

沿江、河、湖、海等受风浪影响的变电站，防洪设施标高还应考虑频率为 2% 的风浪高和 0.5m 的安全超高。

第二节　地　基　处　理

一、地基概述

（一）土质地基

在漫长的地质年代中，岩石经历风化、剥蚀、搬运、沉积生成土。按地质年代划分为"第四纪沉积物"，根据成因的类型分为残积物、坡积物和洪积物、平原河谷冲积物、山区河谷冲积物等。粗大的土粒是岩石经物理风化作用形成的碎屑，或是岩石中未产生化学变化的矿物颗粒，如石英和长石等；而细小土料主要是化学风化作用形成的次生矿物和生成过程中混入的有机物质。粗大土粒其形状呈块状或粒状，而细小土粒其形状主要呈片状。土按颗料级配或塑性指数可划分为碎石土、砂土、粉土和黏性土。

土质地基处于地壳的表层，施工方便，基础工程造价较经济，是房屋建筑，中、小型桥梁，涵洞，水库，水坝等构筑物基础经常选用的持力层。

（二）岩石地基

岩石根据其成因不同，分为岩浆岩、沉积岩、变质岩。它们具有足够的抗压强度，颗粒间有较强的连接，除全风化、强风化岩石外均属于连续介质。它较土粒堆积而成的多孔介质的力学性能优越许多。硬质岩石的饱和单轴极限抗压强度可高达 60MPa 以上，软质岩石的数值也在 5MPa 不等。其数量级与土质地基的 kPa 单位相比，可认为扩大 10 倍以上，当岩层埋深浅，施工方便时，它应是首选的天然地基持力层，而建筑物荷载在岩层中引起的压、剪应力分布的深度范围内，往往不是一种单一的岩石，而是由若干种不同强度的岩石组成。同时由于地质构造运动引起地壳岩石变形和变位，形成岩层中有多个不同方向的软弱结构面，或有断层存在。长期风化作用（昼夜、季节温差，大气及地下水中的侵蚀性化学成分的渗浸等）使岩体受风化程度加深，导致岩层的承载能力降低，变形量增大。根据风化程度岩石分为未风化、微风化、中等风化、强风化、全风化。不等的风化等级对应不同的承载能力。实际工程中岩体中产生的剪应力没有达到岩体的抗剪强度时，由于岩体中存在一些纵横交错的结构面，在剪应力作用下该软弱结构面产生错动，使得岩石的抗剪强度降低，导致岩体的承载能力降低。所以当岩体中存在延展较大的各类结构面，特别是倾角较陡的结构面时，岩体的承载能力可能受该结构面的控制。

目前，国际、国内的有关规范均以围岩的强度应力比（抗压强度与压应力比）、岩体完整程度、结构面状态、地下水和主要结构面产状 5 项因素评定围岩的稳定性，同时采用围岩的强度应力比对稳定性进行分级。围岩强度与压应力比是反映围岩应力大小与围岩强度相对关系的定量指标。

（三）特殊土地基

我国地域辽阔，工程地质条件复杂。在不同的区域由于气候条件、地形条件、季风作用在成壤过程中形成具有独特物理力学性质的区域土概称为特殊土。我国特殊土地基通常有湿陷性黄土地基、膨胀土地基、冻土地基、红黏土地基等。

1. 湿陷性黄土地基

湿陷性黄土是指在一定压力下受水浸湿，土结构迅速破坏，并发生显著附加下沉的黄土。

2. 膨胀土地基

土中黏粒成分主要由亲水性矿物组成，同时具有显著的吸水膨胀和失水收缩两种变形特性的黏性土称为膨胀土。

3. 冻土地基

含有冰的土（岩）称为冻土。冻结状态持续两年或两年以上的土（岩）称为多年冻土。地表层冬季冻结，夏季全部融化的土称为季节冻土。冻土中易溶盐的含量超过规定的限值时称为盐渍化冻土。

4. 红黏土地基

碳酸盐岩系的岩石经红土化作用（岩石在长期的化学风化作用下的成土过程）形成的高塑性黏土称为红黏土。红黏土的含水量虽高，但土体一般为硬塑或坚硬状态，具有较高的强度和较低的压缩性，颜色呈褐红、棕红、紫红及黄褐色。红黏土是原岩化学风化剥蚀后的产物，因此其分布厚度主要受地形与下卧基岩面的起伏程度控制。地形平坦，下卧基岩起伏小，厚度变化不大；反之，在小范围内厚度变化较大，而引起地基不均匀沉降。勘察阶段应查清岩面起伏状况，并进行必要的处理。

5. 软土地基

主要由没泥、淤泥员土冲填土、杂填土或其他高压缩性土层构成的地基称为软土地基。软土具有强度低、压缩性较高和透水性较差等特性，因此在软土地基上修建建筑物时，必须重视地基的变形和稳定问题。软土地基承载力常为 $50\sim80kPa$，如果不作任何处理，一般不能承受较大的建筑物荷载，否则就有可能出现局部剪切乃至整体剪切破坏的危险。

6. 人工地基

地基土体中具有强度低、压缩性高、透水性差、流变性明显和灵敏度高的软土，普遍承载能力较低，需进行人工处理。当建筑物荷载在基础底部产生的基底压力大于软黏土层的承载能力或基础的沉降变形数据超过建筑物正常使用的允许值时，土质地基必须通过置换、夯实、挤密、排水、胶结、加筋和化学处理等方法对软土地基进行处理与加固，使其性能得以改善，满足承载能力或沉降的要求，此时地基称为人工地基。人工地基一般是在基础工程施工以前，根据地基土的类别、加固深度、上部结构要求、周围环境条件、材料来源、施工工期、施工技术与设备条件进行地基处理方案选择、设计，力求达到方法先进、经济合理的目的。

二、常用地基处理方法

地基处理方法众多，工程中常用的处理方法有置换法、拌入法、振密和挤密法、灌浆法等。

（一）置换法

置换法是用砂、碎石、矿渣或其他合适的材料置换地基中的软弱或不良土层，夯压密实后作为基底垫层，或用上述材料填筑成一根根桩体，由桩群和桩间土组成复合地基，从而达到处理目的。置换法包括开挖置换法（或称换土垫层法）和振冲置换法，常用于处理软弱地基，前者也可用于处理湿陷黄土地基和膨胀土地基。从经济合理考虑，开挖置换法一般适用于处理浅层地基（深度通常不超过 3m）。

（二）拌入法

拌入法是在土中掺入水泥浆或能固化的其他浆液，或者直接掺入水泥、石灰等能固化的材料，经拌和固化后，在地基中形成一根根柱状固化体，并与周围土体组成复合地基而达到处理目的。拌入法主要包括高压喷射注浆法、深层喷浆搅拌法、深层喷粉搅拌法等，可适用于软弱黏性土、冲填土、砂土及砂砾石等多种地基。

（三）振密或挤密法

振密或挤密法是借助于机械、夯锤或爆破产生的振动和冲击使土的孔隙比减小，或在地基内打砂桩、碎石桩、土桩或灰土桩，挤密桩间土体而达到处理目的。振密或挤密法主要有重锤夯实法、强夯法、振冲挤密法以及砂桩、土桩或灰土桩挤密法等，可用于处理无黏性土、杂填土、非饱和黏性土及湿陷性黄土等地基，但振冲挤密法的适用范围一般只限于砂土和黏粒含量较低的黏性土。

（四）灌浆法

灌浆法是靠压力传送或利用电渗原理，把含有胶结物质并能固化的浆液灌入土层，使其渗入土的孔隙或充填土岩中的裂缝和洞穴中，或者把很稠的浆体压入事先打好的钻孔中，借助于浆体传递的压力挤密土体并使其上抬，达到加固或处理目的，其适用性与灌浆方法和浆液性能有关，一般可用于处理砂土、砂砾石、湿陷性黄土及黏性土等地基。

第三节　场　地　回　填

随着变电站选址征地越来越困难，变电站建设逐步向山地、低洼地带延伸，当备选站址地形复杂，距离河道堤防近，标高低于堤防标高，且位于堤防保护范围内时，变电站防汛难以满足规范要求。而变电站的防洪标准较高，如 220kV 变电站防洪标准为 100 年一遇，堤防自身的防洪等级较低，就存在河道洪水危及变电站安全的问题，如果堤防的防洪标准或防洪能力能够抵御河流 100 年一遇的洪水，那么变电站可不考虑河道百年一遇洪水的影响，站址标高可不用加高，但若堤防的防洪标准或防洪能力不能抵御河流 100 年一遇的洪水，当河道发生百年一遇洪水时，就要考虑堤防溃堤的影响，进而考虑河道洪水对变电站站址的影响，需要采取场址填高、设置防洪墙等其他防洪措施来保障变电站的防洪安全。

一、场地回填的目的

1. 提高地基土的抗剪强度

地基的剪切破坏表现为建筑物的地基承载力不够；由于偏心荷载及侧向土压力的作用使结构物失稳；由于填土或建筑物荷载，使邻近地基产生隆起；土方开挖时边坡失稳；基坑开挖时坑底隆起。地基的剪切破坏反映在地基土的抗剪强度不足。因此，为了防止剪切破坏，就需要采取一定措施以增加地基土的抗剪强度。

2. 降低地基土的压缩性

地基土的压缩性表现为建筑物的沉降和差异沉降大；由于有填土或建筑物荷载，使地基产生固结沉降；作用于建筑物基础的负摩擦力引起建筑物的沉降；大范围地基的沉降和不均匀沉降；基坑开挖引起邻近地面沉降；由于人工降水地基产生固结沉降。地基的压缩性反映在地基土的压缩模量指标的大小。因此，需要采取措施以提高地基土的压缩模量，借以减少地基的沉降或不均匀沉降，或将沉降保持在规范允许的范围内。

3. 改善地基土的透水特性

地基土的透水性表现在堤坝等基础产生的地基渗漏；基坑开挖工程中，因土层内夹薄层粉砂或粉土而产生流砂和管涌，以上都是在地下水的运动中所出现的问题。为此，必须采取措施使地基土降低透水性或减少其水压力，避免基础整体或部分上浮。

4. 改善地基土的动力特性

地基土的动力特性表现在地震时饱和松散粉细砂（包括部分粉土）将产生液化；由于交通荷载或打桩等原因，使邻近地基产生振动下沉。为此，需要采取措施防止地基液化，并改善其振动特性以提高地基的抗震性能。

5. 提高场地标高

满足排水和防洪要求。在江河附近用地，其设计标高应高出设计洪水水位 0.5m 以上。场地平整的表面，应有 0.5% 的坡度，以保证排出雨水，室内外地面高差应大于 15cm。尽量减少土石方工程量和基础工程量。在一般情况下，如地形起伏变化不大的地方，应使设计标高尽量接近自然地形标高。在丘陵山区地形起伏变化较大，应充分利用地形，尽量避免大填大挖。宜采用半挖半填方式，一般挖方可稍大于填方，以减少基础埋没深度。

二、土方回填控制措施

1. 土料选择

选择土料时，需注意以下几点：①保证填方强度，如果没有设计中没有具体的土料选择要求，可选择粒径小于土层厚度 2/3 的砂土、碎石类土、爆破石渣等物质作为填方下表层的填筑材料；②对于各层次可用的填筑材料，必须选择含水率达标的粘性土。通常情况下，含水率只要符合具体的压实要求即可达标；③设计如无要求填土土料含水量的大小，直接影响到夯实（碾压）质量，在夯实（碾压）前应先试验，以得到符合密实度要求条件下的最优含水量和最少夯实（或碾压）遍数。变电站施工如用粘土进行回填，黏性土料施工含水量与最优含水量之差可控制在 $-4\%\sim+2\%$ 范围内（使用振动碾时，可控制在 $-6\%\sim+2\%$ 范围内）。

一般情况下，无论何种层面的填筑材料，都不能选择淤泥质土和有机质土。只有在特殊情况下，如经过固定的技术处理后，其指标符合实际压实要求的，才能将其用于土方工程的次要部位；对于碎块草皮或是含有有机质大于 5% 的土，可以在没有压实要求的填方上进行应用；对于冻土以及膨胀性土，严禁用作填方土料使用。

2. 土方回填方法和质量控制

（1）人工回填。这种方法是针对土地面积较小的土方进行的。由于土方面积问题，机械无法起到回填压实作用，故需要人工进行辅助回填，从而有效避免机械操作的不足。在具体的土方施工中，常常会有部分大型机械无法作用的地方，可以先利用小型机具如蛙式打夯机进行初步的土方整顿和夯实，使其土料全面覆盖且均匀分布。然后再利用人力对土方进行局部打夯，避免遗漏。在人工打夯时，需要格外注意打夯线路，最优线路是从四周稳步向中间推进，而在管沟的回填过程中，应该先夯实管子周围的土，再夯实远离管子的土。

（2）机械回填。在不破坏管道或条件适应的情况下，可利用机械进行土方回填。为了充分保证土方回填的均匀性、密实度以及碾压效率，需要在碾压机械作业之前，先用轻型推土机对土方进行推整，将碎石土压实，然后才进行机械振压。在碾压机械对填方进行压实时，应该合理控制机械的行驶速度和碾压遍数，避免挤压基础或压坏管道。例如，利用平碾压路机进行土方回填时，其回填方法应为"薄填、慢驶、多次"的方法，碾压遍数应为 6～8 遍，碾轮的重叠宽度应为 15～25cm。对于边角、边坡等机械无法作业的部位，应该人工辅助或小型机具辅助回填压实。

3. 土方压实。

（1）振动法。这种方法应用的机械是振动压实机，利用其自身作用力，使得土粒紧实排列。这种方法最适合对砂性土方进行压实。

（2）夯实法。这种方法主要通过夯锤在下落过程中产生的自然冲击进行土壤夯实，从而使得土粒紧密严实排列，既简单又方便，且效果较好。这种方法比较适合对碎石类土方和湿陷性黄土进行压实。

（3）碾压法。这种方法主要通过机械滚轮的自然压力进行土壤夯实，使得土粒紧实排列，从而达到施工要求的土方密实度。其中，平碾属于自行式的压路机，其动力为内燃机，而羊足碾属于单位面积内压力较大的压路机，适用于黏性土，不适合碾压砂性土。在具体的压实填方中，碾压机械都应该缓慢行驶，平碾的碾压速度应该小于 2km/h；羊足碾的碾压速度应该小于 3km/h。

4. 填土压实的质量检验

(1) 填土压实施工中的注意事项。在填土压实的施工过程中，应当严格遵照国家相关施工操作的标准和要求，及时对排水措施和每层填筑厚度进行检查，为后续的施工工序奠定可靠的基础。对土体的含水量进行合理的控制，掌握好压实的程度，从而有效地保证土方填筑与压实的施工质量。在填土的过程中，应当遵照填筑的顺序进行规范的操作，进行分层的铺填碾压或压实，对施工的实际质量进行科学的控制，尤其应当注意，应当尽量采用同一类型的土质进行土方填筑。

(2) 填土质量检验。填土压实质量的有效控制，需要掌握好填土压实的密实度，以设计规定的压实系数为标准进行科学合理的质量控制。在实际施工过程中，压实系数往往与工程结构和土体性质存在密切的联系，并且填土压实后的干密度应当最大程度地符合设计的要求，并呈现分散性趋势。

5. 土方回填常见问题处理

(1) 场地积水情况。场地积水的情况是目前土方回填压实施工中最为明显的问题，而导致积水的主要原因有：土方施工面积较大、平整不到位、填土深度过深、土层之间夯实工作不到位；排水坡度不合理；排水方法不科学，过于粗放式等。针对这些问题需要采用科学的土方回填方法给予解决，如：对积水进行合理排出，建设合理的排水坡、排水沟等排水设施，或者利用建筑周边的地下水管道进行有效排出，做好应急处理措施。相关施工单位针对积水排出制定两种方案：①明沟排水法，实施周边排水沟开挖，其排水沟数量要以实际施工情况而定，利用集水井将各排水沟进行贯通连接，再利用机械水泵对排水沟中的积水进行抽出，排放，对于面积较大的土方，为确保人员安全、排水到位，通常要在施工现场的 6～30m 范围内建设一条排水沟，宜为土方中积水排出后储存之地；②暗沟排水法，利用现有的地下排水管道，在施工现场的合适位置进行明沟、暗沟开挖，有效将深沟内的积水引入地下水管道中，沿顺管道方向排出。暗沟排水法相比明沟排水法更节约成本，并且排水效果也非常好，目前已经成为建筑工程土方回填压实施工中普遍应用的积水排出方法。

(2) 橡皮土。针对橡皮土，一般可以进行如下操作，从而达到预防橡皮土产生的目的：①充分做好土方回填的准备工作，在土方回填施工开展之前，对施工现场的基坑进行处理，将基坑或基槽内的积水、淤泥等各种杂物清除完全，尽可能使其干净且土壤含水量适宜；②积极做好土料鉴定工作，针对施工现场使用的土料，进行科学合理鉴别，使其充分满足"手握成团、落地开花"的施工要求；③在土料不满足施工要求时，需要经过相应的处理如砂石添加、减水剂添加等，才能最终用于现场施工。

(3) 密实度不达标。在很多时候，土方受自身密实度或地面荷载的影响，其地基可能会出现不同程度的变形，使其稳定性也相应降低。针对这种情况，必须严格选择土方回填土料，使其性质切实符合施工设计的具体要求，以预防土方密实度不达标引起地基变形的情况发生。同时，针对施工设计有特殊要求的，还必须保证土料含水率在施工设计的实际标准范围内。

（4）过湿回填土地基工程的处理。

1）开挖排水沟、翻耕晾晒回填土。根据施工现场反复试验，翻耕时土层含水量最好小于28%，以免土壤过湿成团而不易破碎，晾晒回填土含水量符合压实最佳含水量时再进行压实。翻晒法最为简单实用，但耗时较长，对于工期紧的工程不适用。

2）掺加生石灰。掺加生石灰的主要作用：①吸水蒸发作用，石灰消解作用可吸收土的水分，释放热量促使水分蒸发，使回填土的晾晒时间减短；②固结隔水作用，生石灰遇水能解离出二价钙离子 Ca^{2+}，并同黏土矿物颗粒表面吸附的 Na^+ 和 H^+ 发生离子交换作用，从而减薄结合水膜的厚度，促使土颗粒凝聚，形成团粒结构，降低土的分散、湿涨性和压实性。此外，消石灰 $Ca(OH)_2$ 与黏土矿物中的活性氧化物相互作用，产生胶结反应，利用石灰这种无机胶结材料，填充土的空隙，与土发生结硬反应，从而使土容易固结，能提高土的强度及抗扰动性，可截断土的毛细管，以阻隔毛细水的上升。施工时生石灰的剂量不宜过多，以免石灰在土的空隙中以自由灰存在，反而导致强度下降。用于处理湿软路基、降低土的塑性、改善土的压实性能且不需要提高很大的强度时，仅需 4%～6% 的石灰用量就已足够，并非掺量越多越好。

3）注浆加固法。注浆加固法是利用气压、液压或电化学的原理，通过在土体孔隙或者岩石裂隙之中注入某些能固化的浆液的方法，将原来较松散的土体颗粒或裂隙胶合为整体，能够显著改善土壤性能以进行加固。经过注浆处理后的填土地基，很大程度地提高了土体的密实度和强度，缩减了渗透性和压缩性，可以较好地控制地面和建筑物的沉降，同时还能改善水土环境，可以获得经济效益和社会效益的双收。

第四节 基 础 设 计

一、基础概述

基础是连接工业与民用建筑上部结构或桥梁墩台与地基之间的过渡结构。它的作用是将上部结构承受的各种荷载安全传递至地基，并使地基在建筑物允许的沉降变形值内正常工作，从而保证建筑物的正常使用。因此，基础工程的设计必须根据上部结构传力体系的特点、建筑物对地下空间使用功能的要求、地基土质的物理力学性质，结合施工设备能力，考虑经济造价等各方面要求，合理选择地基基础设计方案。

进行基础工程设计时，应将地基、基础视为一个整体，在基础底面处满足变形协调条件及静力平衡条件（基础底面的压力分布与地基反力大小相等，方向相反）。作为支撑建筑物的地基如为天然状态则为天然地基，若经过人工处理则为人工地基。基础一般按埋置深度分为浅基础与深基础。荷载相对传至浅部受力层，采用普通基坑开挖和敞坑排水施工方法的浅埋基础称为浅基础，如砖混结构的墙下条形基础、柱下独立基础、柱下条形基础、十字交叉基础、筏形基础以及高层结构的箱形基础等。采用较复杂的施工方法，埋置于深层地基中的基础称为深基础，如桩基础、沉井基础、地下连续墙深基础等。本章将介绍各种地基、基础类型及基础工程设计的有关基本原则和改造要求，供变电站技术管理人员参考。

二、基础设计

任何建筑物都建造在一定的地层（土层或岩层）上，因此，建筑物的全部荷载都由它下面的地层来承担。通常把直接承受建筑物荷载影响的地层称为地基；建筑物向地基传递荷载的下部结构称为基础。地基基础是保证建筑物安全和满足使用要求的关键之一。

工程中所有建（构）筑物的全部荷载最终必将通过基础传给地基。在建筑物的设计和施工中，地基和基础占有很重要的地位，它对建筑物的安全使用和工程造价有着很大影响，因此，正确选择地基及基础的类型十分重要。天然地基上的浅基础施工方便、造价较低，因此设计时应优先考虑采用。

天然土层未经人工改良，直接作为建（构）筑物的地基使用时称为天然地基。在天然地基上设置的基础按其埋置的深浅，可分为浅基础和深基础。从施工方法来看，在天然地基上埋置深度小于 5m 的一般基础（柱基和墙基）以及埋置深度虽超过 5m，但小于基础宽度的大尺寸的基础（如筏形基础、箱形基础）都可称为浅基础；而采用桩基、地下连续墙、墩基和沉井等用某些特殊施工方法修建的基础则称为深基础。

基础设计主要内容主要包括：选择基础的材料、类型，进行基础平面布置；确定地基持力层和基础埋置深度；确定地基承载力；确定基础的底面尺寸，必要时进行地基变形与稳定性验算；进行基础结构设计（对基础进行内力分析、截面计算并满足构造要求）；绘制基础施工图，提出施工说明。

（一）浅基础的类型

1. 按基础刚度分类

（1）无筋基础。无筋基础是指抗压性能较好，而抗拉、抗剪性能较差的材料建造的基础。过去习惯称为刚性基础。设计时用构造要求，即宽高比控制。无筋基础多见于墙下条形基础及柱下独立基础，一般适用于多层民用建筑和轻型厂房。无筋基础材料要求为：混凝土：C7.5，C10；毛石混凝土：C7.5～C10 砖：不低于 M7.5，砂浆 M2.5～M5；毛石：M1，M2.5，M5 砂浆；灰土：石灰/土＝3/7（体积）或＝2/8（重量）；三合土：石灰/砂/碎砖＝1/2/4 或 1/3/6。

（2）扩展基础。扩展基础是指柱下钢筋混凝土独立基础和墙下钢筋混凝土条形基础。当基础荷载较大、地质条件较差时，应考虑采用扩展基础。相对于刚性基础而言，也有人称其为柔性基础。

2. 按基础结构形式分类

按基础结构形式可分为独立基础、条形基础、十字交叉基础、筏形基础、箱型基础、壳体基础等。现仅对独立基础和条形基础进行简要介绍。

（1）独立基础。按支承的上部结构形式，独立基础可分为柱下独立基础和墙下独立基础。

（2）条形基础。条形基础是指基础长度远大于其宽度的一种基础形式，可分为墙下条形基础和柱下条形基础。

1）墙下条形基础。墙下条形基础是承重墙基础的主要形式。当上部结构荷载大而土质较差时，可采用"宽基浅埋"的钢筋混凝土条形基础。墙下钢筋混凝土条形基础一般做成板式（或称无肋式），如图 5-3（a）所示。但当基础延伸方向的墙上荷载及地基土的压缩性不均匀时，常常采用带肋的墙下钢筋混凝土条形基础，如图 5-3（b）所示。

2）柱下条形基础。如果柱子的荷载较大而土层的承载力又较低，采用单独基础需要很大的面积，因而互相接近甚至重叠。为增加基础的整体性并方便施工，在这种情况下，常将同一排的柱基础连通。

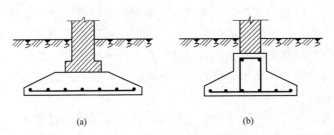

图 5-3　墙下钢筋混凝土条形基础

（a）无肋式；（b）有肋式

3．按基础材料分类

基础常见材料有砖、石、灰土、三合土、混凝土、毛石混凝土和钢筋混凝土。

（二）无筋扩展基础的构造要求

无筋扩展基础的抗拉和抗剪强度较低，因此必须控制基础内的拉应力和剪应力。结构设计时可以通过控制材料强度等级和台阶宽高比（台阶的宽度与其高度之比）来确定基础的截面尺寸，而无需进行内力分析和截面强度计算。无筋扩展基础的构造示意图如图 5-4 所示，要求基础每个台阶的宽高比（$b_2 : h$）都不得超过表 5-1 所列的台阶宽高比的允许值（可用土中角度 α 的正切 $\tan\alpha$ 表示）。

表 5-1　　　　　　　　　无筋扩展基础台阶宽高比的允许值

基础材料	质量要求	台阶宽高比的允许值		
		$p_k \leqslant 100$	$100 < p_k \leqslant 200$	$200 < p_k \leqslant 300$
混凝土基础	C15 混凝土	1：1.00	1：1.00	1：1.25
毛石混凝土基础	C15 混凝土	1：1.00	1：1.25	1：1.50
砖基础	砖不低于 MU10、砂浆不低于 M5	1：1.50	1：1.50	1：1.50
毛石基础	砂浆不低于 M5	1：1.25	1：1.50	—
灰土基础	体积比为 3：7 或 2：8 的灰土，其最小干密度：粉土 1550kg/m³；粉质黏土 1500kg/m³；黏土 1450kg/m³	1：1.25	1：1.50	—
三合土基础	体积比 1：2：4～1：3：6（石灰：砂：骨料），每层约虚铺 220mm，夯至 150mm	1：1.50	1：2.00	—

注　1．p_k 为作用标准组合时的基础底面处的平均压力值（kPa）；

2．阶梯形毛石基础的每阶伸出宽度，不宜大于 200mm；

3．当基础由不同材料叠合组成时，应对接触部分作抗压验算；

4．混凝土基础单侧扩展范围内基础底面处的平均压力值超过 300kPa 时，尚应进行抗剪验算；对基底反力集中于立柱附近的岩石地基，应进行局部受压承载力验算。

设计时一般先选择适当的基础埋深和基础底面尺寸，设基底宽度为 b，则按上述要求，基础高度应满足下列条件：

$$h \geq \frac{b - b_0}{2\tan\alpha}$$

式中 b_0——基础顶面处的墙体宽度或柱脚宽度，m；

     α——基础的刚性角，°。

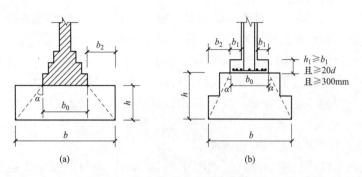

图 5-4 无筋扩展基础构造示意图

由于台阶宽高比的限制，无筋扩展基础的高度一般都较大，但不应大于基础埋深，否则，应加大基础埋深或选择刚性角较大的基础类型（如混凝土基础），如仍不满足，可采用钢筋混凝土基础。

为节约材料和施工方便，基础常做成阶梯形。分阶时，每一台阶除应满足台阶宽高比的要求外，还需符合相关的构造规定。

砖基础俗称"大放脚"，其各部分的尺寸应符合砖的模数。砌筑方式有两皮一收和二一间隔收（又称两皮一收与一皮一收相间）两种，如图 5-5 所示。两皮一收是每砌两皮砖，即120mm，收进 1/4 砖长，即 60mm；二一间隔收是从底层开始，先砌两皮砖，收进 1/4 砖长，再砌一皮砖，收进 1/4 砖长，如此反复。在基底宽度相同的情况下，二一间隔砌法可减小基础高度，并节省用砖量。另外，为保证基础材料有足够的强度和耐久性，根据地基的潮湿程度和地区的气候条件不同，砖、石、砂浆材料的最低强度等级应符合表 5-1 的要求。

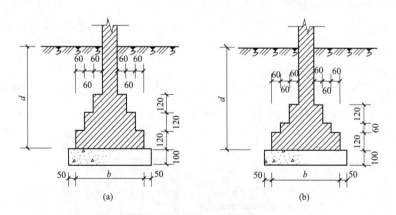

图 5-5 砖基础剖面图

（a）两皮一收砌法；（b）二一间隔收砌法

毛石基础的每阶伸出宽度不宜大于 200mm，每阶高度通常取 400～600mm，并由两层毛石错缝砌成。混凝土基础每阶高度不应小于 200mm，毛石混凝土接触每阶高度不应小于 300mm。

灰土基础施工时每层虚铺灰土 220～250mm，夯实至 150mm，称为"一步灰土"。根据需要可设计成二步灰土或三步灰土，即厚度为 300mm 或 450mm，三合土基础厚度不应小于 300mm。

（三）钢筋混凝土扩展基础的构造要求

墙下钢筋混凝土条形基础和柱下钢筋混凝土独立基础，统称为钢筋混凝土扩展基础。钢筋混凝土扩展基础的抗弯和抗剪性能良好，可在竖向荷载较大、地基承载力不高等情况下使用。该类基础的高度不受台阶宽高比的限制，其高度比刚性基础小，适宜于需要"宽基浅埋"的情况。例如有些建筑场地浅层土承载力较高，即表层具有一定厚度的所谓"硬壳层"，而在该硬壳层下土层的承载力较低，在拟利用该硬壳层作为持力层时，此类基础形式更具优势。

1. 墙下钢筋混凝土扩展基础的构造要求

（1）梯形截面基础的边缘高度，一般不小于 200mm；基础高度小于或等于 250mm 时，可做成等厚度板。

（2）基础下的垫层厚度一般为 100mm，每边伸出基础 50～100mm，垫层混凝土强度等级应为 C10。

（3）底板受力钢筋的最小直径不宜小于 10mm，间距不宜大于 200mm 和小于 100mm。当有垫层时，混凝土的保护层净厚度不应小于 40mm，无垫层时则不应小于 70mm。纵向分布筋直径不小于 8mm，间距不大于 300mm，每延米分布钢筋的面积应不小于受力钢筋面积的 1/10。

（4）混凝土强度等级不应低于 C20。

（5）当基础宽度大于或等于 2.5m 时，底板受力钢筋的长度可取基础宽度的 0.9 倍，并交错布置，如图 5-6 所示。

（6）基础底板在 T 形及十字形交接处，底板横向受力钢筋仅沿一个主要受力方向通长布置，另一方向的横向受力钢筋可布置到主要受力方向底板宽度 1/4 处。在拐角处底板横向受力钢筋应沿两个方向布置，如图 5-5 所示。

（7）当地基软弱时，为了减少不均匀沉降的影响，基础截面可采用带肋的板，肋的纵向钢筋按经验确定。

2. 柱下钢筋混凝土独立基础

柱下钢筋混凝土独立基础，除应满足上述墙下钢筋混凝土条形基础的要求外，尚应满足其他一些要求，如图 5-6 所示。采用锥形基础时，其边缘高度不宜小于 200mm，顶部每边应

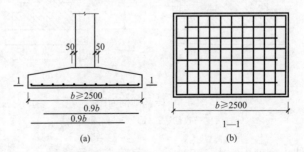

图 5-6　墙下条形基础或柱下独立基础底板受力钢筋布置

（a）受力钢筋布置图；（b）1-1 剖面图

沿柱边放出 50mm。阶梯形基础每阶高度一般为 300～500mm，当基础高度大于或等于 600mm 而小于 900mm 时，阶梯形基础分二级；当基础高度大于或等于 900mm 时，则分三级。

基础下垫层厚度不宜小于 70mm，垫层混凝土强度等级不宜低于 C10，每边伸出基础边缘 100mm。基础混凝土强度等级不宜低于 C20。

对单独基础底板受力钢筋通常采用 HPB300 级钢筋，直径不宜小于 10mm，间距不宜大于 200mm，也不宜小于 100mm。当设有垫层时钢筋保护层厚度不宜小于 40mm，无垫层时不宜小于 70mm。当基础底面边长大于或等于 2.5m 时，该方向钢筋长度可减少 10%，并均匀交错布置。

柱下钢筋混凝土基础的受力筋应双向配置。现浇柱的纵向钢筋可通过插筋锚入基础中。插筋的数量、直径以及钢筋种类应与柱内纵向钢筋相同。插入基础的钢筋，上下至少应有两道箍筋固定。插筋与柱的纵向受力钢筋的连接方法，应按现行的 GB 50010—2011《混凝土结构设计规范》规定执行。插筋的下端宜做成直钩放在基础底板钢筋网上，如图 5-7 所示。

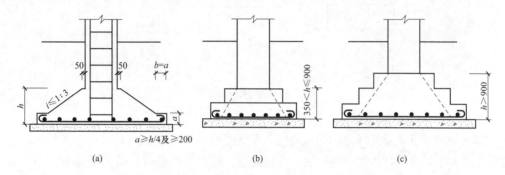

图 5-7　柱下钢筋混凝土独立基础的构造

(a) 锥形基础；(b) 两阶基础；(c) 三阶基础

当符合下列条件之一时，可仅将四角的插筋伸至底板钢筋网上，其余插筋锚固在基础顶面下 l_a 或 l_{aE}（有抗震设防要求）处，如图 5-8 所示。

(1) 柱为轴心受压或小偏心受压，基础高度大于或等于 1200mm。

(2) 柱为大偏心受压，基础高度大于或等于 1400mm。

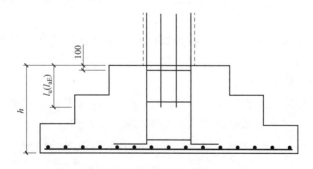

图 5-8　现浇柱的基础中插筋构造示意图

（四）基础埋置深度的选择

基础埋置深度一般是指室外设计地面到基础底面的距离。基础埋置深度的选择关系到地基的稳定性、施工的难易、工期的长短以及造价的高低，是地基基础设计中的重要环节。

基础埋置深度的合理确定必须考虑与建筑物有关的条件，工程地质条件，水文地质条件，相邻建筑物基础埋深的影响，地基冻融条件等因素的影响，综合加以确定。确定浅基础埋深的基本原则是，在满足地基稳定和变形要求及有关条件的前提下，基础应尽量浅埋。考虑到地表一定深度内，由于气温变化、雨水侵蚀、动植物生长及人为活动的影响，除岩石地基外，基础的最小埋置深度不宜小于 0.5m，基础顶面应低于设计地面 0.1m 以上，以避免基础外露，如图 5-9 所示。

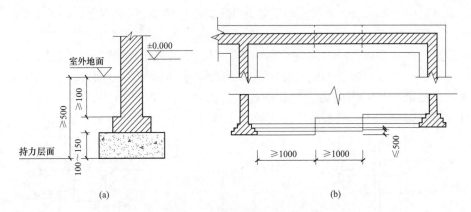

图 5-9　基础埋深示意图
（a）基础的最小埋置深度；（b）墙基础埋深变化时台阶

选择基础埋深也就是选择合理的持力层。在满足地基稳定和变形要求的前提下，当上层地基的承载力大于下层土时，宜利用上层土作持力层。除岩石地基外，基础埋深不宜小于 0.5m。合理确定基础埋置深度是基础设计工作中的重要环节。基础的埋置深度，应按下列条件确定：

（1）建筑物的用途，有无地下室、设备基础和地下设施，基础的形式和构造。在抗震设防区，除岩石地基外，天然地基上的箱形和筏形基础，其埋置深度不宜小于建筑物高度的 1/15；桩箱或桩筏基础的埋置深度（不计桩长）不宜小于建筑物高度的 1/18。

（2）作用在地基上的荷载大小和性质。

（3）工程地质和水文地质条件。基础宜埋置在地下水位以上，当必须埋在地下水位以下时，应采取地基土在施工时不受扰动的措施。当基础埋置在易风化的岩层上，施工时应在基坑开挖后立即铺筑垫层。

（4）相邻建筑物的基础埋深。当存在相邻建筑物时，新建建筑物的基础埋深不宜大于原有建筑基础。当埋深大于原有建筑基础时，两基础间应保持一定净距，其数值应根据建筑荷载大小、基础形式和土质情况确定。

（5）地基土冻胀和融陷的影响。季节性冻土地区基础埋置深度宜大于场地冻结深度。对于深厚季节冻土地区，当建筑基础底面土层为不冻胀、弱冻胀、冻胀土时，基础埋置深度可以小于场地冻结深度，基底允许冻土层最大厚度应根据当地经验确定。此时，基础最小埋深 d_{min} 可按下式计算：

$$d_{min} = z_d - h_{max}$$

式中：z_d——场地冻结深度，m；

h_{max}——基础底面下允许冻土层的最大厚度，m。

（五）地基承载力的确定

地基承载力是指地基承受荷载的能力，地基基础设计首先必须保证荷载作用下地基应具有足够的安全度。在保证地基稳定的条件下，使建筑物的沉降量不超过允许值的地基承载力称为地基承载力特征值。地基承载力特征值的确定方法可归纳为四类：①按土的抗剪强度指标确定；②按地基载荷试验确定；③按规范承载力表格确定；④按建筑经验确定。

（1）按土的抗剪强度指标确定。

1）地基极限承载力理论公式。

根据地基极限承载力计算地基承载力特征值的公式如下：

$$f_a = p_u/K$$

式中　p_u——地基极限承载力；

　　　K——安全系数，其取值与地基基础设计等级、荷载的性质、土的抗剪强度指标的可靠程度以及地基条件等因素有关，承载力一般取 $K=2\sim3$。

确定地基极限承载力的理论公式有多种，如斯肯普顿公式、太沙基公式、魏锡克公式和汉森公式等，其中魏锡克公式（或汉森公式）可以考虑的影响因素最多，如基础底面的形状、偏心和倾斜荷载、基础两侧覆盖层的抗剪强度、基底和地面倾斜、土的压缩性影响等。

2）规范推荐的理论公式。

当偏心距 e 小于或等于 0.033 倍基础底面宽度时，根据土的抗剪强度指标确定地基承载力特征值可按下式计算，并应满足变形要求：

$$f_a = M_b\gamma b + M_d\gamma_m d + M_c c_k$$

式中　　　f_a——由土的抗剪强度指标确定的地基承载力特征值，kPa；

M_b、M_d、M_c——承载力系数，按有关规范确定；

　　　　γ——基底以下土的重度，地下水位以下取有效重度，kN/m³；

　　　　b——基础底面宽度，m，大于 6m 时按 6m 取值，对于砂土小于 3m 时按 3m 取值；

　　　γ_m——基础底面以上土的加权平均重度，地下水位以下取有效重度，kN/m³；

　φ_k、c_k——基底下一倍短边宽度的深度范围内土的内摩擦角、黏聚力标准值单位分别为°和 kPa。

上式与 $p_{1/4}$ 公式稍有差别。根据砂土地基的载荷试验资料，按 $p_{1/4}$ 公式计算的结果偏小较多，所以对砂土地基，当 b 小于 3m 时按 3m 计算，此外，当 $\varphi_k\geqslant24°$ 时，采用比 M_b 的理论值大的经验值。

若建筑物施工速度较快，而地基持力层的透水性和排水条件不良时（例如厚度较大的饱和软黏土），地基土可能在施工期间或施工完工后不久因未充分排水固结而破坏，此时应采用土的不排水抗剪强度计算短期承载力。取不排水内摩擦角 $\varphi_u=0$，查表可知 $M_b=0$，$M_d=1$，$M_c=3.14$，将 c_k 改为 c_u（c_u 为土的不排水抗剪强度），短期承载力计算公式为：

$$f_a = 3.14c_u + \gamma_m d$$

式中　d——基础埋深，m。

（2）按地基载荷试验确定。地基土载荷试验是工程地质勘察工作中的一项原位测试，静载荷试验装置如图 5-10 所示。载荷试验包括浅层平板载荷试验、深层平板试验及螺旋板载荷

图 5-10　静载荷试验装置

试验。前者适用于浅层地基，后两者适用于深层地基。

载荷试验的优点是压力的影响深度可达 $1.5\sim2$ 倍承压板宽度，故能较好地反映天然土体的压缩性。对于成份或结构很不均匀的土层，如杂填土、裂隙土、风化岩等，载荷试验显现出用别的方法难以代替的作用，其缺点是试验工作量和费用较大，时间较长。

（3）按规范承载力表格确定。我国各地区规范给出了按野外鉴别结果、室内物理、力学指标，或现场动力触探试验锤击数查取地基承载力特征值 f_{ak} 的表格，这些表格是将各地区载荷试验资料经回归分析并结合经验编制的。表 5-2 给出的是砂土按标准贯入试验锤击数 N 查取承载力特征值的表格。

表 5-2   砂土承载力特征值 f_{ak}（kPa）

土类	标准贯入试验锤击数 N			
	10	15	30	50
中砂、粗砂	180	250	340	500
粉砂、细砂	140	180	250	340

（4）按建筑经验确定。在拟建场地附近，常有不同时期建造的各类建筑物。调查这些建筑物的结构类型、基础形式、地基条件和使用现状，对于确定拟建场地的地基承载力具有一定的参考价值。

在按建筑经验确定承载力时，需要了解拟建场地是否存在人工填土、暗浜或暗沟、土洞、软弱夹层等不利情况。对于地基持力层，可以通过现场开挖，根据土的名称和所处的状态估计地基承载力。这些工作还需在基坑开挖验槽时进行验证。

第五节　防洪墙设计

汛期的防洪防涝是变电站需要加强的救灾应急工作，尤其近年暴雨频发，降水量和降雨强度也趋于增长。2018 年 8 月 17 日台风"温比亚"导致豫东地区出现严重内涝灾害，商丘站降水量突破自 1953 年有气象记录以来的极值，山东寿光县城遭受特大洪涝灾害，弥河沿岸多个村庄遭遇河水倒灌，大量民居、农田、大棚及养殖场等损失惨重。

一般情况下，变电站防洪可采取 3 类措施：围墙堵水、填土提升地面标高、电气设备基础高于最高洪水位。由于填土提高地形标高的方式涉及买土、运输、填方施工等环节，填土较高时导致建设成本较高，尤其是城市变电站买土困难，该方式通常不可行，而多数采用围墙封堵和建筑设备高基础的方式，围墙封堵防洪技术使用更为普遍。

按照当地水文资料确定防洪墙的高度，一般墙顶高于最高洪水位 0.5m，依据洪水的发生频率和洪水位高度，选取实体砖砌墙、混凝土结构防洪墙等不同的堵水方式。发生洪涝灾害时，封堵围墙下排水出口和大门，关闭所有排水通道，防止洪水倒灌，另外也需辅助布设集水井或集水池，采用水泵集中外排。

一、砌体结构防洪墙

通常情况下，砖砌围墙基础采用 MU20 毛石（未经加工的石料）或钢筋混凝土基础。墙厚不宜小于 400mm，抗冻性能较好，在北方地区广为应用，可用于 7 层及 7 层以下的民用建筑，毛石基础剖面形状有阶梯形和梯形。每阶高度一般为 300～400mm，块石应竖砌、错缝，缝内砂浆应饱满。

变电站围墙采用实心砖墙，MU10 机砖，高度不低于 2.3m，墙宽度 240mm，墙顶设钢筋混凝土压顶，每隔 4m 设一砖垛和厚 370mm 厚砖柱 1 道。围墙伸缩缝间距不宜大于 30m，伸缩缝宽为 25mm，伸缩缝填以沥青、麻丝，并可在地形适当位置设置沉降缝。围墙表面刷 1：2.5 水泥砂浆，围墙施工时注意预留排水管洞口及电缆沟出口，并设置防回灌措施。

围墙基础下的地基处理应依据地质情况进行开挖换填、浇筑混凝土垫层等处理，基础持力层一定选取原状土层，地基承载力较好时，一般达到 120kPa 以上，可以在开挖好的基槽底部夯实，再施工 100mm 厚的中粗砂垫层，如持力层承载力稍差，一般达到 80～120kPa，可采用 C20 素混凝土垫层，厚 100～300mm，持力层承载力低于 80kPa 时，则需要进行地基加固处理或采用桩基础，以保证围墙满足沉降变形和稳定性要求，如图 5-11～图 5-13 所示。

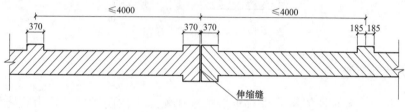

图 5-11　围墙大样图

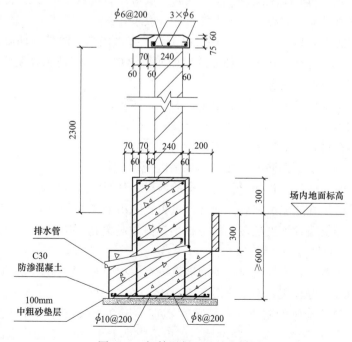

图 5-12　钢筋混凝土基础大样图

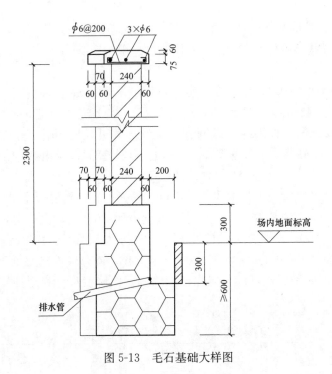

图 5-13   毛石基础大样图

二、重力式防洪墙

重力式防洪墙，指的是依靠墙身自重抵抗土体侧压力的防洪墙。重力式防洪墙可用块石、片石、混凝土预制块作为砌体，或采用片石混凝土、混凝土进行整体浇筑。半重力式防洪墙可采用混凝土或少筋混凝土浇筑。重力式防洪墙可用石砌或混凝土建成，一般都做成简单的梯形。它的优点是就地取材，施工方便，经济效果好。

常见的重力式防洪墙高度一般在 5～6m 以下，大多采用结构简单的梯形截面形式，重力式防洪墙有半重力式、衡重力式等多种形式，如何科学地、合理地选择防洪墙的结构形式，是防洪墙技术中的一项重要内容。

由于重力式防洪墙靠自重维持平衡稳定，因此，体积、重量都大，在软弱地基上修建往往受到承载力的限制。如果墙太高，耗费材料多，也不经济。当地基较好，防洪墙高度不大，本地又有可用石料时，应当首先选用重力式防洪墙。

重力式防洪墙一般不配钢筋或只在局部范围内配以少量的钢筋，墙高在 6m 以下，地层稳定、开挖土石方时不会危及相邻建筑物安全的地段，其经济效益明显。

重力式防洪墙的尺寸随墙型和墙高而变。重力式防洪墙墙面胸坡和墙背的背坡一般选用 1∶0.2～1∶0.3，仰斜墙背坡度越缓，压力越小，但为避免施工困难及本身的稳定，墙背坡不小于 1∶0.25，墙面尽量与墙背平行。

对于垂直墙，当地面坡度较陡时，墙面坡度可有 1∶0.05～1∶0.2，对于中、高防洪墙，地形平坦时，墙面坡度可较缓，但不宜缓于 1∶0.4。

采用混凝土块和石砌体的防洪墙，墙顶宽不宜小于 0.4m；整体灌注的混凝土防洪墙，墙顶宽不应小于 0.2m；钢筋混凝土防洪墙，墙顶不应小于 0.2m。设防洪墙高 H，通常顶宽约为 $H/12$，而墙底宽约为 $(0.5～0.7)H$，应根据计算最后决定墙底宽。

　　当墙身高度超过一定限度时，基底压应力往往是控制截面尺寸的重要因素。为了使地基压应力不超过地基承载力，可在墙底加设墙趾台阶。加设墙趾台阶时对于防洪墙抗倾覆稳定也有利。墙趾的高度与宽度比，应按圬工（砌体）的刚性角确定，要求墙趾台阶连线与竖直线之间的夹角 θ，对于石砌圬工不大于 $35°$，对于混凝土圬工不大于 $45°$。一般墙趾的宽度不大于墙高的 $1/20$，也不应小于 $0.1m$。墙趾高应按刚性角定，但不宜小于 $0.4m$。

　　墙体材料：防洪墙墙身及基础，采用混凝土不低于 C15，采用砌石、石料的抗压强度一般不小于 MU30，寒冷及地震区，石料的重度不小于 $20kN/m^3$，经 25 次冻融循环，应无明显破损。防洪墙高小于 6m 砂浆采用 M5；超过 6m 高时宜采用 M7.5，在寒冷及地震地区应选用 M10。

　　（一）常见重力式防洪墙的墙背与墙正面结构形态

　　1. 防洪墙墙背结构形态

　　重力式防洪墙可按墙背的坡度分为仰斜式、垂直式与俯斜式 3 种形式，如图 5-14 所示。防洪墙水压力计算是一个复杂的课题，目前工程上应用较多的有库伦理论和朗肯理论，但郎肯理论假定墙背和填土间没有摩擦力，即设墙摩擦角 $d=0$，计算得出的主动水压力偏大，设计偏于保守，可以认为朗肯理论是库伦理论中的一种特例。库伦理论揭示了挡墙内各种受力因素的规律，即墙摩擦角、墙背仰斜角及填土表面倾角越小，产生的主动压力越小；反之，主动压力就越大。据此可知仰斜式墙背所产生的主动压力最小，俯斜式最大，垂直式介于两者之间。当然，不能单凭主动压力的大小来选择挡墙形式，需要结合工程实际情况来综合考虑。如防洪墙建造时需要挖方，因仰斜式墙背可与开挖临时边坡结合，施工方便，而俯斜式须在墙背回填土，因此仰斜式比较合理；反之，如墙背需回填土则宜采用俯斜式和垂直式，使填土易于夯实。

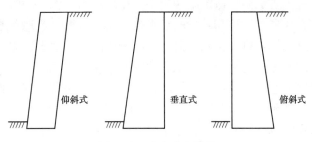

图 5-14　重力式防洪墙

　　在水利工程中，由于有一些特定条件（如水流等）的限制，实际运用中常采用俯斜式挡墙，并且一般把防洪墙的下部做成底板形式，底板有利于其稳定性，从而可相应减小防洪墙的结构尺寸，达到经济、适用的目的。

　　2. 防洪墙的正面结构形态

　　防洪墙就正面形态而言可分为挡墙外墙垂直与仰斜两种。在同等条件下，采用外墙面垂直的挡墙基底压力大，稳定性较差，而外墙面仰斜的则要好些。因此在公路防洪墙中普遍采用的是外墙面仰斜的防洪墙。但是用于城市市政建设中的防洪墙是以外墙面垂直居多，这是因为：①墙面垂直形式防洪墙占地面积小，节约宝贵的城市用地，相对来讲更经济；②外墙面垂直的挡墙在外观上与周围城市建筑物更显得和谐统一；③在水闸、船闸闸室岸墙以及其他一些水利工程中，由于设置闸门或水流等条件的限制，防洪墙外墙面必须做成垂直形式。

（二）超高重力式防洪墙的结构形式及其适用性

重力式防洪墙主要有半重力式防洪墙、衡重式防洪墙和带卸荷板的重力式防洪墙等形式，根据其不同的结构形式，其适用性也存在不同。

1. 半重式防洪墙

半重力式防洪墙墙身截面较小，常用混凝土建造，并在强度不够的地方配置钢筋，可进一步提高防洪墙的高度，但其底板需要有足够的宽度来满足稳定性，其耗钢量比较大、造价较高，而且其墙体均为立模现浇，装模难度大，施工不易，因此工程实际中较少使用。

2. 衡重式防洪墙

衡重式防洪墙的最大优点是可利用衡重平台上的填土重迫使墙身整体重心后移，使基底应力趋于均衡，增加了墙身的稳定性，这样可适当提高防洪的高度，但从另一方面来讲，衡重式挡墙的构造形式又限制了其基底不可能做得很大，因此就扩散挡墙基底应力而言，衡重式防洪墙反而不如其他形式的防洪墙，其提高防洪的高度也是比较有限的。

3. 带卸荷板的重力式防洪墙

带卸荷板的重力式防洪墙，既可以利用卸荷板上的填土重来迫使墙整体重心后移使基底压力趋于均衡，又在很大程度上减小了土体对挡墙的主动土压力，如能科学地、合理地使用，可大大地提升挡墙的高度，因此在港口工程中此种防洪墙得到广泛的应用。可以说在墙背为填方的超高防洪墙中，这是一种非常经济和适用的防洪墙。

（三）重力式防洪墙的构造措施

防洪墙的构造措施对其质量有举足轻重的影响，绝对不可掉以轻心，现实中有些防洪墙的计算方法并无差错，砌筑方法又遵规守法，可是一旦雨季来后，就出现防洪墙失稳，甚至崩塌事故，原因是忽视了防洪墙构造措施的规定。在防洪墙前无水的时候，为了降低防洪墙墙后的水压力，通常在墙身布置适当数量的泄水孔，使墙后积水或地下水易于排出，墙后泄水孔进口位置要求做反滤体，以免淤塞。另外，由于墙高、墙后土压力以及地基压缩性的差异必须设置沉降缝，同时为避免因混凝土及砖石砌体的收缩与温度变化等作用引起的破裂，需要设置伸缩缝。通常将这两种缝结合在一起，每隔 15～25m 设一道，缝宽约 20mm，内填沥青油毛毡或嵌入沥青砂板等材料用以防止墙后填料流失。对高度较高或特别重要的防洪墙，施工时要慎重选定回填土容量、内摩擦角以及回填土的含水量。为了防止墙后积水渗入基础，应在最低泄水孔下部设黏土层并夯实，同样为了防止墙前积水渗入基础，应将墙前回填土分层夯实。在靠近防洪墙处不宜采用大型机械碾压，可用人工分层夯实，以免机械碾压时对墙体产生不利影响。只有这样，才能确保防洪墙的工程质量。

（四）重力式防洪墙的一般形式及常用结构尺寸

重力式防洪墙主要依靠墙体自重来保持墙体在土压力作用下的稳定。因体积和自重较大，不宜修筑太高，一般不超过 5m 为宜。根据墙背的坡度分成仰斜式、垂直式及俯斜式。这 3 种形式中，仰斜式及垂直式受力条件较好，但实际应用要根据具体条件拟定。比如墙背要与开挖的临时边坡相结合，宜采用仰斜式防洪墙；若墙背需填土，用地紧张，宜采用俯斜式较好。

（1）俯斜式防洪墙，墙底宽约为墙高的 1/2 左右。墙预宽度按构造确定，一般为 30～50cm。

（2）垂直式防洪墙，墙面坡度可采用 20∶1～5∶1。

（3）仰斜式防洪墙，墙背坡度越缓，土压力越小，但墙背不宜缓于 4∶1，墙面与墙背应保持平行。

（4）防洪墙基础，墙基伸入地面下 80～100cm，这样对平面滑移及防冲有一定保障。

（五）假定断面法基本设计理论

从重力式防洪墙的受力分析看，如图 5-15 所示，防洪墙设计主要考虑下列 3 种情况需要满足：

（1）基础满足基上压应力，合力作用点不超出底宽中心 1/3。重力式防洪墙一般属于偏心受压，故截面强度应按偏心受压构件进行验算，通常选择一两个控制性断面进行墙身应力和偏心距验算，如墙身底部、1/2 墙高和断面形状突变处。当墙身断面出现拉应力时，应考虑裂缝对受剪面积的折减。一般情况下，由于墙身截面的切应力远小于其容许值，可不进行这方面的验算。

（2）满足倾倒安全性，如防洪墙的倾斜，以绕 A 点可能性为最大，土压力 E 对 A 点的力矩为主动旋转力矩 M_E，所有垂直力（$G_1 G_2$ 为挡墙自重，G_3 为墙背竖直上方堆土重量）对 A 点的力矩总和 $\sum M_G$ 为反抗旋转力矩，只要反抗旋转力矩 $\sum M_G$ 大于主动旋转力矩 M_E，则墙不致倾倒。

当挡土墙的抗倾覆稳定性不足时，可考虑采用下列措施，以增强抗抗倾覆稳定性：

①加宽墙趾，即在墙趾处加宽基础，以增大力臂。但当墙趾前地面横坡较陡时，会因加宽墙趾而使墙高增加。②减缓墙面坡度，以增加力臂。③改陡墙背坡度，以减小土压力。④墙背设置恒重台，增加抗倾覆力矩。

（3）满足滑移安全性，如图 5-17 所示。水平力 E 的作用，可使墙滑移，只要所有垂直力 $\sum G$ 对基础底面产生的摩擦阻力 R 大于 E，则墙不致滑移。

（六）假定断面的简易验算方法

假定断面的简易验算公式如下：

（1）地基土压应力 $\delta = \dfrac{6N}{d^2}\left(\dfrac{d}{6} \pm e\right)$ 小于基础的安全载重。

式中　N——垂直总力 $\sum G$，km；

$\quad\quad d$——墙底宽度，m。

合力作用点与底脚中心线的偏心距 $e < \dfrac{d}{6}$（即作用点要在核心 3 分点内）。

（2）倾倒安全率 $\sum M_G/M_E > 1.5$（通常取 1.5 可以，取 2.0 足够）。

（3）滑移安全率 $R/E > 1.5$。

（七）重力式防洪墙应用假定断面设计的一般步骤

综上所述，重力式防洪墙断面设计的一般步骤为：

（1）根据施工现场的实际情况，比如墙背的坡度以及实际用地与施工难度等，选定防洪墙形式。

（2）根据现场实地测量数据，参照选定形式所常用的结构尺寸，拟订断面尺寸。

（3）验算抗倾覆抗滑稳定性及地基承载力。

（4）根据验算结果，调整断面尺寸或采取措施，如稳定验算达不到完全系数，可采用以下措施：加宽墙的底板，增加底板上的填土，将底将下面做成锯齿形，提高抗滑能力；增加墙后的排水措施，减少对墙身的侧向水压力，墙后填充松散或容重较小的填料。另外，当天然地基承载力不足时，应采用人工地基。

（5）根据调整后的断面尺寸，重新验算直到断面合格。

三、悬臂式钢筋混凝土防洪墙

沿海发达地区，地势普遍较低，采用场地填高的方式防洪并不现实，为确保变电站汛期安全运行，依据 DL/T 5056—2007《变电站总布局设计技术规程》的规定，220kV 枢纽变电站及 220kV 以上电压等级的变电站，站区场地设计标高应高于频率为 1%（重现期）的洪水位或历史最高内涝水位；其他电压等级的变电站站区设计标高应高于频率 2% 的洪水位或历史最高内涝水位。如此，可采用重力式挡墙或钢筋混凝土挡墙防洪，而重力式防洪墙因成本较高而不适宜围墙，故采用钢筋混凝土防洪墙，并且满足墙顶标高高于百年一遇的洪水位 0.5m。

变电站悬臂式钢筋混凝土防洪墙多用于地势较低、多雨的地区，以防站区内涝，为防止站外洪水倒灌，悬臂式钢筋混凝土防洪墙不设排水孔，而是在站区内设排水沟和集水井等强排方式进行排水。

变电站围墙所用悬臂式钢筋混凝土防洪墙与土体边坡轻型支挡结构悬臂式防洪墙原理相同，区别仅在于墙后所受载荷是土体与水的差异。悬臂式钢筋混凝土防洪墙主要是依靠墙身的重量及底板以上的墙体重量（包括表面超载）来维持平衡，是一种轻型支挡结构物，可以较好地发挥材料的强度性能，能适应承载力较低的地基。

（一）悬臂式钢筋混凝土防洪墙的构造特点

一般情况下，悬臂式钢筋混凝土防洪墙高在 6m 以内，如图 5-15 所示，总体由立壁和底板两部分组成。立板内侧竖直，外侧可呈 1∶0.02～1∶0.05 的斜坡，墙顶采用 200～250mm 的厚度。为了节约混凝土材料，墙身常做成上小下大的变截面，墙底板由墙踵板和墙趾板组成，一般水平设置。自底板顶面至与立板连接处向两侧倾斜。墙踵板长度由抗滑稳定性确定。厚度为墙高的 1/12～1/10，且不小于 200～300mm。墙趾板长度由倾覆稳定性、基底应力和偏心距的条件确定，一般可取 (0.15～0.3)B，其厚度与墙踵相同。底板宽度 B 由墙的整体稳定性确定，一般可取墙高 H 的 0.6～0.8 倍。为提高防洪墙的抗滑稳定性，底板可设置抗滑键。

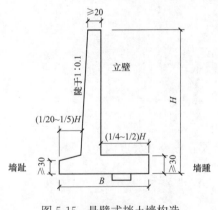

图 5-15 悬臂式挡土墙构造

该种形式的悬臂结构防洪墙用于变电站，既发挥围墙功能又用于防洪，其结构构造相类似，只是承受荷载由土体更改为高水位，当站区地势较低时，防洪墙不设排水孔，以免墙外洪水回灌。下面以承受土体荷载为例说明悬臂式钢筋混凝土防洪墙的结构受力特点。

（二）悬臂式钢筋混凝土防洪墙的计算方法

悬臂式钢筋混凝土防洪墙的计算，包括确定侧压力、墙身（立壁）的内力及配筋计算，地基承载力验算，基础板的内力及配筋计算，抗倾覆稳定验算，抗滑移稳定验算等。

1. 确定侧压力

（1）无地下水时，侧压力计算如图 5-16（b）所示。

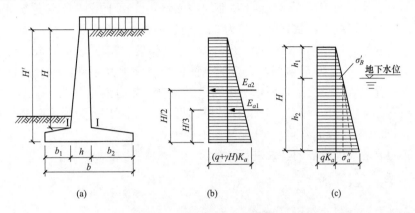

图 5-16　侧压力计算

（a）含均布荷载情况；（b）无地下水情况；（c）有地下水情况

主动土压力 $E_a = E_{a1} + E_{a2}$。当墙背直立、光滑、填土面水平时：

$$E_{a1} = \frac{1}{2}\gamma H^2 \tan^2\left(45° - \frac{\varphi}{2}\right)$$

$$E_{a2} = qH\tan^2\left(45° - \frac{\varphi}{2}\right)$$

式中　E_{a1}——由墙后土体产生的土压力，kN/m；

　　　E_{a2}——由填土面上均布荷载 q 产生的土压力，kN/m。

而对于防洪墙而言，不存在墙后均布外荷载和土体，只有暴雨时墙前、后的水压力，则：

$$E_a = \frac{1}{2}\gamma_w H^2$$

（2）有地下水时，侧压力计算如图 5-17（c）所示。

地下水位处：

$$\sigma_a = \gamma h_1 \tan^2\left(45° - \frac{\varphi}{2}\right)$$

地下水位以下：

$$\sigma_a = \left[\gamma h_1 + (\gamma_{sat} - \gamma_w)h_2\right]\tan^2\left(45° - \frac{\varphi}{2}\right) + \gamma_w h_2$$

式中　σ_a——主动土压力，kPa；

　　　γ——土重度，kN/m³；

　　　h_1——地下水位埋深，m；

　　　γ_{sat}——饱和土重度，kN/m³；

　　　φ——土的内摩擦角，°。

2. 墙身内力及配筋计算

防洪墙的墙身按下端嵌固在基础板中的悬臂板进行计算，每延米的设计弯矩值为图 5-20（a）所示。

$$M = \gamma_0 \left(\gamma_G E_{a1} \cdot \frac{H}{3} + \gamma_Q E_{a2} \cdot \frac{H}{2} \right)$$

根据上述公式计算的弯矩 M 为墙身底部的嵌固弯矩。由于沿墙身高度方向的弯矩从底部（嵌固弯）向上逐渐变小，其顶部弯矩为 0，故墙身厚度和配筋可以沿墙高由上到下逐渐减少。增身面坡度可采用 1∶0.02～1∶0.05，墙身顶部最小宽度为 200mm。配筋方法：一般可将底部钢筋 1/3～1/2 伸至顶部，其余的钢筋可交替在墙高中部的一处或两处切断。受力钢筋应垂直配置于墙背受拉边，而水平分布钢筋则应与受力钢筋绑扎在一起形成一个钢筋网片：分布钢筋可采用 Φ10@300。若墙身较厚。可在墙外侧面（受压的一侧）配置构造钢筋网片 Φ10@300（纵横两个方向），其配筋率不少于 0.2%。

受力钢筋的数量，可按下列公式进行计算：

$$A_s = \frac{M}{\gamma_s f_y h_0}$$

式中　A_s——受力钢筋截面面积，mm^2；

γ_s——系数（与受压区相对高度有关）；

f_y——受力钢筋设计强度，kPa；

h_0——截面有效高度，mm。

3. 地基承载力验算

墙身截面尺寸及配筋确定后，可假定基础底板截面尺寸，设底板宽度为 b，墙趾宽度为 b_1，墙纵板宽度为 b_2（如图 5-17 所示）及底板厚度为 h，并没墙身自重 G_1、基础板自重 G_2、墙踵板在宽度 b_2 内的土重 G_3、墙面的活荷载 G_4、土的侧压力 E_{a1} 及 E_{a2}，合力的偏心距值计算公式为：

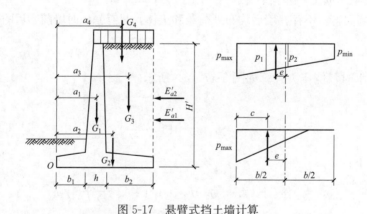

图 5-17　悬臂式挡土墙计算

$$e = \frac{b}{2} - \frac{(G_1 a_1 + G_1 a_1 + G_1 a_1 + G_1 a_1) - E_{a1} \frac{H}{3} - E_{a2} \frac{H'}{2}}{G_1 + G_2 + G_3 + G_4}$$

当 $e \leqslant \frac{b}{6}$ 时，截面全部受压，$p_{\min}^{\max} = \frac{\sum G}{b} \left(1 \pm \frac{6e}{b} \right)$；

当 $e > \frac{b}{6}$ 时，截面部分受压，$p_{\min}^{\max} = \frac{2 \sum G}{3c}$。

式中　$\sum G$——G_1、G_2、G_3、G_4 之和，kN；

c——合力作用点至 O 点的距离。

要求满足条件：$p_{min}^{max} \leqslant 1.2 f_a$，$\dfrac{p_{max} + p_{min}}{2} \leqslant f_a$。

式中　f_a——修正后的地基承载力特征值。

4. 基础板的内力及配筋计算

突出的墙趾：作用在墙趾上的力有基底反力、突出墙趾部分的自重及其上土体重量，墙趾截面上的弯矩 M 可由下式算出：

$$M_1 = \frac{p_1 b_1^2}{2} + \frac{(p_{max} - p_1) b_1}{2} \cdot \frac{2b_1}{3} - M_a$$
$$= \frac{1}{6}(2p_{max} + p_1) b_1^2 - M_a$$

式中　M_a——墙趾板自重及其上土体重量作用下产生的弯矩。

由于墙趾板自重很小，其上土体重量在使用过程中有可能移走，因而一般可忽略这两项的作用，即 $M_a = 0$。上式可写为：

$$M_1 = \frac{1}{6}(2p_{max} + p_1) b_1^2$$

上式所计算钢筋数量应配置在墙趾的下部。

突出的墙踵：作用在墙踵（墙身后的基础板）上的力由墙踵部分的自重（即 G_2 的一部分，见图 5-20）及其上土体重量 G_3、均布活荷载 G_4、基底反力，在这些力的共同作用下，使突出的墙踵向下弯曲，产生弯矩 M_2 可由下式算得：

$$M_2 = \frac{q_1 \cdot b_2^2}{2} - \frac{p_{min} \cdot b_2^2}{2} - \frac{(p_2 - p_{min}) b_1^2}{3 \times 2}$$
$$= \frac{1}{6}[2(q_1 - p_{min}) + (q_1 - p_2)] b_2^2$$

式中　q_1——墙踵自重及 G_3、G_4 产生的均布荷载。

根据弯矩 M_2 计算求得的钢筋应配置在基础板的上部。

5. 稳定性验算

（1）抗倾覆稳定验算：

$$K_t = \frac{G_1 a_1 + G_2 a_2 + G_3 a_3}{E_{a1} \cdot \dfrac{H'}{3} + E_{a2} \cdot \dfrac{H'}{2}} \geqslant 1.6$$

式中　G_1、G_2——墙身自重及基础板自重；

G_3——墙踵上填土重。

（2）抗滑移稳定验算：

$$K_s = \frac{(G_1 + G_2 + G_3)\mu}{E_{a1} + E_{a2}} \geqslant 1.3$$

上式不考虑活荷载 G_4。当有地下水浮力 Q 时，$(G_1 + G_2 + G_3)$ 中要减去 Q 值。当稳定性不够时，应采取相应措施。提高稳定性的常用措施有以下几种：

1）减少土的侧压力。墙后填土换成块石，增强内摩擦角值，这样可以减少侧压力。或在防洪墙立壁中部没减压平台，平台宜伸出土体滑裂面以外，以提高减压效果，常用于扶壁式防洪墙。

2）增强墙踵的悬臂长度。在原基础底板墙踵后面加设抗滑施板，如图 5-18（a）所示，抗滑拖板与墙踵铰接连接。在原基础底板墙踵部分加长，如图 5-18（b）所示。墙背后面堆土重增加，使抗倾覆和抗滑能力得到提高。

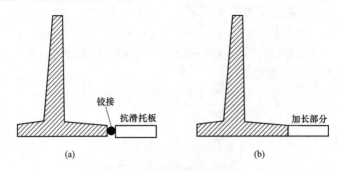

图 5-18　增加墙踵的悬臂长度

3）提高基础抗滑能力。

① 基础底板做成倾斜面，如图 5-19 所示。倾斜角 $\alpha_0 \leqslant 10°$

$$N = \sum G\cos\alpha_0 + E_a\sin\alpha_0$$

抗滑移力为：

$$\mu N = \mu\left[\sum G\cos\alpha_0 + E_a\sin\alpha_0\right]$$

滑移力为：

$$E_a\cos\alpha_0 - \sum G\sin\alpha_0$$

式中　μ——摩擦系数。

② 设置滑移键。如图 5-20 所示，防滑键设置于基础底板下端，键的高度 h_j 与键离墙趾端部 A 点的距离 a_j 的比例宜满足下列条件：

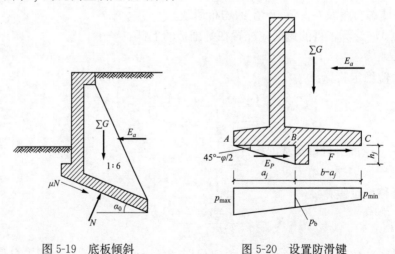

图 5-19　底板倾斜　　　　　图 5-20　设置防滑键

$$\frac{h_j}{a_j} = \tan\left(45° - \frac{\varphi}{2}\right)$$

被动土压力 E_p 值为：

$$E_p = \frac{p_{\max} + p_b}{2} \times \tan^2\left(45° + \frac{\varphi}{2}\right)h_j$$

当键的位置满足式（5-30）时，被动土压力 E_p 最大。键后面土与底板间的摩擦力 F 为：

$$F = \frac{p_{\min} + p_b}{2}(b - a_j)\mu$$

应满足条件

$$\frac{\psi_p E_p + F}{E_a} \geqslant 1.3$$

式中的 ψ_p 值是考虑被动土压力 E_p 不能充分发挥一个影响系数，一般可取 $\psi_p = 0.5$。

③ 在基础底板地面夯填 $300\sim500$mm 厚的碎石，以增加摩擦系数 μ 值，提高防洪墙抗滑移力。

第六章 变电站防汛设施施工

变电站防汛设施是变电站防汛的有效载体，其优良的工程施工质量是变电站防汛能力的重要保障，是变电站有效抵御洪涝灾害的关键因素。变电站技术管理人员熟悉工程施工工艺，了解施工工艺及其质量控制和检查技术，对工程施工质量控制和后期变电站防汛预案的制定具有重要意义。本章主要从砌体施工、混凝土工程施工、防水工程施工、防洪墙施工、排水系统施工等方面，分别阐述其施工工艺和施工质量管理，为变电站防汛设施的施工和质量检查提供参考。

第一节 砌 体 施 工

砌体（砖混结构）是由块体和砂浆砌筑而成的墙或柱，包括砖砌体、石砌体、砌块砌体和墙板砌体，在一般的工程建筑中，砌体的工程量约占整个建筑物自重的 1/2，用工量和造价约各占 1/3，是建筑工程的重要组成部分。

由砖和砂浆砌筑而成的砌体称为砖砌体。防洪设施的防洪墙、排水系统施工均包含砖砌体的施工内容，本节主要介绍常见的砖砌体施工工艺。

一、砌筑砂浆配合比

砌筑砂浆应通过试配确定配合比。当砌筑砂浆的组成材料有变更时，其配合比应重新确定。根据 JGJ/T 98—2010《砌筑砂浆配合比设计规程》的规定，砂浆的配合比以质量比表示。

（一）砌筑砂浆配合比基本要求

（1）砂浆拌合物的和易性应满足施工要求，拌合物的体积密度：水泥砂浆≥1900kg/m³；水泥混合砂浆、预拌砌筑砂浆≥1800kg/m³。其中：和易性是指新拌混凝土易于各工序施工操作（搅拌、运输、浇注、捣实等）并能获得质量均匀、成型密实的性能，其含义包含流动性、黏聚性及保水性，也称混凝土的工作性。

（2）砌筑砂浆的强度、耐久性应满足设计要求。

（3）经济上应合理，水泥及掺合料的用量应较少。

（二）砌筑砂浆配合比的试验、调整与确定

试配时应采用工程中实际采用的材料，并采用机械搅拌。搅拌时间，应自投料结束算起，对水泥砂浆和水泥混合砂浆，不得少于 120s，对掺用粉煤灰和外加剂的砂浆不得少于 180s。

按计算或查表所得的配合比进行试拌时，应测定砂浆拌合物的稠度和分层度，当不能满足要求时，应调整材料用量，直到符合要求为止，然后确定为试配时的砂浆基准配合比。

试配时至少应采用3个不同的配合比，其中一个为基准配合比，其他配合比的水泥用量应按基准配合比分别增加及减少10%，在保证稠度、分层度合格的条件下，可将用水量或掺合料用量做相应调整。三组配合比分别进行成型、养护，然后测定28天砂浆强度，由此确定符合试配强度要求且水泥用量最低的配合比作为砂浆配合比（砂浆配合比确定后，当原材料有变更时，其配合比必须重新通过试验确定）。

二、砌筑砂浆拌制

砂浆的作用是把块材黏结成整体，并均匀传递块材之间的压力，同时，改善砌体的透气性、保温隔热性、防水和抗冻性。

砂浆按组成可分为以下4类：

（1）水泥砂浆：由水泥与砂加水拌和而成的砂浆称为水泥砂浆。这种砂浆具有较高的强度和较好的耐久性，但和易性和保水性较差，适用于砂浆强度要求较高的砌体和潮湿环境中的砌体。

（2）混合砂浆：由水泥、石灰与砂加水拌和而成的砂浆称为混合砂浆。这种砂浆具有一定的强度和耐久性，而且和易性和保水性较好，在一般墙体中广泛应用，但不宜用于潮湿环境中的砌体。

（3）非水泥砂浆（石灰砂浆、黏土砂浆）：由石灰（黏土）与砂加水拌和而成的砂浆称为非水泥砂浆。这种砂浆保水性好，流动性好，但强度低，耐久性差，适用于低层建筑和不受潮的地面以上砌体中。

（4）混凝土砌块砌筑砂浆：由水泥、砂、掺合料、外加剂加水拌和而成的砂浆称为混凝土砌块砌筑砂浆。其强度等级用 Mb 表示。

砌筑砂浆的强度用强度等级来表示。砂浆的强度等级是按标准方法制作的 70.7mm 的立方体试块（一组6块），在标准条件下养护28天，按抗压试验所测得的抗压强度的平均值来划分。砌筑砂浆的强度等级分为 M20、M15、M10、M7.5、M5、M2.5 六个等级。一般情况下，多层建筑物墙体选用 M2.5～M15 的砌筑砂浆；砖石基础、检查井、雨水井等砌体，选用 M5 砂浆；工业厂房、变电站、地下室等砌体选用 M2.5～M10 的砌筑砂浆；二层以下建筑常用 M2.5 砂浆；修建排水沟选用 M7.5 的砌筑砂浆。

三、砖砌体工程施工

（一）施工准备

施工准备包括技术准备、材料准备、施工机具准备、作业条件准备和施工组织及人员准备。

1. 技术准备

技术准备主要包括图纸会审，编制工程材料、机具、劳动力的需求计划，完成进场材料的见证取样复检及砌筑砂浆的试配工作，对施工操作人员进行技术交底。

2. 材料准备

（1）机砖：砖的品种、强度等级等符合设计要求，有出厂合格证及试验报告。砖应进行强度复试。使用前提前2天浇水湿润。

（2）水泥：一般采用强度等级为 32.5 级或 42.5 级普通硅酸盐或矿渣硅酸盐水泥；水泥按 GB 175—2007《通用硅酸盐水泥》检验合格后方可使用；如果在使用中对水泥质量有怀疑或水泥出厂超过 3 个月，应复查试验合格后方可使用。

（3）砂：一般采用中砂，用 5mm 筛孔过筛。砂的含泥量不超过 5％。

（4）水：使用自来水或天然洁净可供饮用的水。

（5）钢筋：砌体中的拉结钢筋应符合设计要求。

3. 施工机具准备

施工机具准备包括施工机械、工具用具和检测设备等。

4. 作业条件准备

（1）基础垫层已竣工，并验收合格。

（2）设置轴线桩，标出基础、墙身及柱身轴线和标高。

（3）常温施工时，砌砖前 2d 应将砖浇水湿润。

（4）制作皮数杆。

（5）基槽安全防护已完成，并通过了安全员的验收。

（6）脚手架应随砌随搭设；运输通道通畅；各类机具应准备就绪。

5. 施工组织及人员准备

（1）健全现场各项管理制度，专业技术人员持证上岗。

（2）班组已进场并进行了技术、安全交底。

（二）砖基础砌筑

1. 砖基础砌筑工艺流程

砖基础砌筑工艺流程图如图 6-1 所示。

2. 砖基础砌筑操作要求

（1）抄平、放线。

抄平：当第一层砖的水平灰缝厚度大于 20mm 时，应用 C15 细石混凝土找平。

放线：根据轴线桩及图纸上标注的基础尺寸，在混凝土垫层上用墨线弹出轴线和基础边线。砌筑基础前，应校核放线尺寸的允许偏差，见表 6-1。

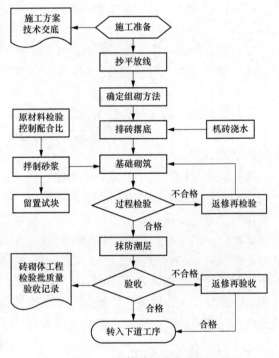

图 6-1 砌体施工工艺流程

表 6-1　　　　　放线尺寸的允许偏差

长度 L、宽度 B(m)	允许偏差（mm）	长度 L、宽度 B(m)	允许偏差（mm）
L(或 B)≤30	±5	60<L(或 B)≤90	±15
30<L(或 B)≤60	±10	L(或 B)>90	±20

（2）确定组砌方法。

为提高砌体的整体性、稳定性和承载力，砖块排列应遵循里外咬槎，上下错缝的原则，避免垂直通缝出现，错缝或搭砌长度一般不小于 60mm。实心墙体的组砌方法有"一顺一丁（满丁满条）""三顺一丁""梅花丁"等方法。其中"一顺一丁"质量功效最好，"梅花丁"质量最好功效稍低，"三顺一丁"砌筑功效最高。在操作时，常采用"三一"砌砖法（即一铲灰，一块砖，一挤揉），如图 6-2 所示。

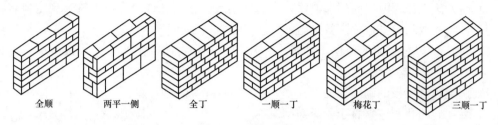

全顺　　　两平一侧　　　全丁　　　一顺一丁　　　梅花丁　　　三顺一丁

图 6-2　砌体施工方法

（3）排砖摞底。

1）基础大放脚的摞底尺寸及收退方法必须符合设计图纸规定，如一层一退，里外均应砌丁砖；如二层一退，第一层为条砖，第二层砌丁砖。

2）大放脚的转角处、交接处，为错缝需要加砌七分头，其数量为一砖半厚墙放三块，二砖墙放四块，以此类推。

（4）基础砌筑。

1）砌筑前，砖应提前 1～2 天浇水湿润，基础垫层表面应清扫干净，洒水湿润。

2）砌筑时，先基础盘角，每次盘角高度不应超过 5 层砖，随盘随靠平、吊直。

3）砌至大放脚上部时，要拉线检查轴线及边线，保证基础墙身位置正确。同时，还要对照皮数杆的砖层及标高，如有偏差时，应在基础墙水平灰缝中逐渐调整，使墙的层数与皮数杆一致。

4）砌基础墙应挂线，240mm 墙反手挂线，370mm 以上墙应双面挂线；竖向灰缝不得出现透明缝、瞎缝和假缝。

5）基础墙全部砌到设计标高，并在室内回填土已完成时，铺抹防潮层。

（三）砖墙砌筑

1. 砖墙砌筑工艺

砖墙的砌筑操作要求与砖基础砌筑操作要求基本相同，不再赘述。

2. 砖墙的组砌一般规定

（1）砖的品种、强度等级必须符合设计要求，砖应提前 1 天浇水湿润，避免砖过多吸收砂浆中的水分而影响黏结力，烧结普通砖、空心砖含水率宜为 10%～15%，灰砂砖、粉煤灰砖含水率宜为 5%～8%（现场用"断砖法"检查，砖截面四周浸水深度 15～20mm 时为符合要求的含水率）。

（2）在有冻胀环境的地区，地面或防潮层以下不宜采用多孔砖。

（3）在墙上留置临时洞口，其侧边离交接处墙面不应小于 500mm，洞口净宽不应超过 1m。

（4）不允许留设脚手眼的墙体或部位：

1）120mm 厚的墙体、独立柱。

2) 宽度小于 1m 的窗间墙。

3) 门窗洞口两侧 200mm 和转角处 450mm 范围内。

4) 梁或梁下及其左右 500mm 范围内。

5) 过梁上与过梁成 60°角的三角形范围及过梁净跨度 1/2 的高度范围内。

（5）尚未施工楼板或屋面的墙或柱，当遇到大风时，其允许自由高度符合规定要求，超过限值时，应采取临时支撑等有效措施。

（6）240mm 厚承重墙的每层墙的最上一皮砖、砖砌台阶的上水平面及挑出层，应整砖丁砌。

（7）搁置预制梁板的砌体顶面应找平，安装时应坐浆。

（8）多孔砖的孔洞应垂直于受压面砌筑。

（9）墙厚 370mm 及以上的砌体宜双面挂线砌筑。

（10）竖向灰缝不得出现透明缝、瞎缝和假缝。

（11）框架梁的填充墙砌至梁底应预留 18～20cm，间隔一周左右时间后再用实心砖斜砌挤紧，砂浆饱满，如图 6-3 所示。间隔一周是让新砌砌体完成墙体自身沉缩，斜砌可减少灰缝收缩，以防止梁底由于墙体沉缩造成开裂。

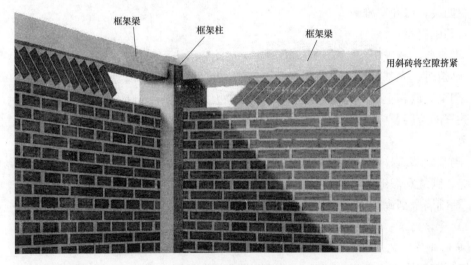

图 6-3 填充墙砌体施工

四、砖砌体工程施工质量验收

1. 一般规定

砌筑工程质量的基本要求是：横平竖直、砂浆饱满、灰缝均匀、上下错缝、内外搭砌、接槎牢固。

横平竖直、砂浆饱满是指灰缝要横平竖直，实心砖砌体水平灰缝的砂浆饱满度不得低于80％。水平缝厚度和竖缝宽度规定为 10mm±2mm。

上下错缝是指砖砌体上下两皮砖的竖缝应当错开，以避免上下通缝。

接槎是指相邻砌体不能同时砌筑而设置的临时间断，它可便于先砌砌体与后砌砌体之间的接合。

（1）水平灰缝的砂浆饱满度不得小于80％，用百格网检查砖底面与砂浆的黏结痕迹面积，每检验批抽查不少于5处，每处检测3块，取其平均值。

（2）砖砌体的转角处和纵横墙交接处应同时砌筑，严禁无可靠措施的内外墙分砌施工，对不能同时砌筑而又必须留置的临时间断处应砌成斜槎，斜槎水平投影长度不小于高度的2/3，如图6-4所示。

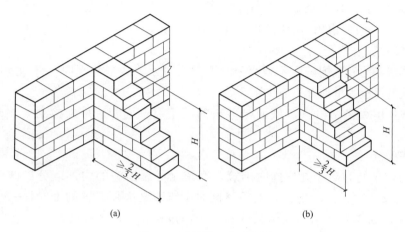

(a)   (b)

图6-4 砌体施工留置斜槎

（a）方形砖；（b）矩形砖

（3）非抗震设防及抗震设防烈度为6度、7度地区的临时间断处，当不能留斜槎时，除转角处外，可留直槎，但直槎必须做成凸槎，并加设拉结钢筋。

拉结钢筋沿墙高每500mm留设一道，数量为每120mm墙厚放置1Φ6拉结钢筋（120mm厚墙放置2Φ6）；埋入长度从留槎处算起，每边均不应小于500mm，抗震设防烈度6度、7度的地区，不应小于1000mm；末端应有90°弯钩，如图6-5所示。

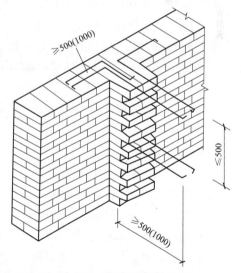

图6-5 砌体施工留置直槎（单位：mm）

（4）砖砌体轴线位置偏移不得大于10mm；砖砌体的垂直度允许偏差，每层楼为5mm，建筑物全高≤10m时为10mm，全高＞10m时为20mm。

（5）砖砌体组砌方法应上下错缝、内外搭砌，砖柱不得采用"包心砌法"。要求清水墙、窗间墙无通缝，混水墙大于或等于300mm的通缝每间房不超过3处，且不得位于同一面墙上。

（6）砖砌体的灰缝应横平竖直、厚薄均匀，水平灰缝厚度宜为10mm，但不应小于8mm，也不应大于12mm。一个步架的砖砌体，每20m抽查一处，用尺量10皮砖砌体高度折算。

2. 主控项目

(1) 砖和砂浆的强度检查。

抽检数量：每一生产厂家，烧结普通砖、混凝土实心砖每 15 万块，烧结多孔砖、混凝土多孔砖、蒸压灰砂砖及蒸压粉煤灰砖每 10 万块各为一验收批，不足上述数量时按一批计，抽检数量为 1 组。砂浆试块的抽检数量，每一检验批且不超过 250m³ 砌体的各种类型及强度等级的砌筑砂浆，每台搅拌机应至少抽检一次。

检验方法：检查砖和砂浆试块试验报告。

(2) 砌筑砂浆。

砌体水平灰缝的砂浆饱满度不得小于 80%。砖柱水平灰缝和竖向灰缝饱满度不得低于 90%，抽检数量每检验批抽查不应少于 5 处。

检验方法：用百格网检查砖底面与砂浆的粘结痕迹面积。每处检测 3 块砖，取其平均值。

(3) 斜槎砌筑。

砖砌体的转角处和交接处应同时砌筑，严禁无可靠措施的内外墙分砌施工，在抗震设防烈度 8 度及 8 度以上的地区，对不能同时砌筑而又必须留置的临时性间断处应砌筑斜接槎，普通砖砌体斜槎水平投影长度不小于高度的 2/3，多孔砖砌体斜槎长高比不应少于 1/2。

抽检数量：每检验批抽查不应少于 5 处。

检验方法：观察检查。

(4) 砌筑拉结钢筋。

非抗震设防及抗震设防烈度为 6 度、7 度地区的临时间断处，当不能留斜槎时，除转角处外，可留直槎，但直槎必须做成凸槎，且应加设拉结钢筋，拉结钢筋应符合规范要求。

抽检数量：每检验批抽查不应少于 5 处。

检验方法：观察和尺量检查。

3. 一般项目

(1) 砖砌体组砌方法应正确，内外搭砌，上、下错缝。清水墙、窗间墙无通缝；混水墙中不得有长度大于 300mm 的通缝，长度为 200～300mm 的通缝每间不超过 3 处，且不得位于同一面墙体上。砖柱不得采用包心砌法。

抽检数量：每检验批抽查不应少于 5 处。

检验方法：观察检查。砌体组砌方法抽检每处应为 3～5m。

(2) 砖砌体的灰缝应横平竖直，厚薄均匀。水平灰缝厚度及竖向灰缝宽度宜为 10mm，但不应小于 8mm，也不应大于 12mm。

抽检数量：每检验批抽查不应少于 5 处。

检验方法：水平灰缝厚度用尺量 10 皮砖砌体高度折算。竖向灰缝宽度用尺量 2m 砌体长度折算。

(3) 砖砌体的一般尺寸、位置的允许偏差及检验应符合表 6-2 的规定。

表 6-2   砖砌体尺寸和位置允许偏差及检验

项次	项目			允许偏差（mm）	检验方法	抽检数量
1	轴线位移			10	用经纬仪和尺或用其他测量仪器检查	承重墙、柱全数检查
2	基础、墙、柱顶面标高			±15	用水准仪和尺检查	不应小于 5 处
3	墙面垂直度	每层		5	用 2m 托线板检查	不应小于 5 处
		全高	≤10m	10	用经纬仪、吊线和尺或其他测量仪器检查	外墙全部阳角
			>10m	20		
4	表面平整度	清水墙、柱		5	用 2m 靠尺和楔形塞尺检查	不应小于 5 处
		混水墙、柱		8		
5	水平灰缝平直度	清水墙		7	拉 5m 线和尺检查	不应小于 5 处
		混水墙		10		
6	门窗洞口高、宽（后塞口）			±10	用尺检查	不应小于 5 处
7	外墙下窗口偏移			20	以底层窗口为准，用经纬仪或吊线检查	不应小于 5 处
8	清水墙游丁走缝			20	以每层第一皮砖为准，用吊线和尺检查	不应小于 5 处

第二节　混凝土工程施工

混凝土，简称为"砼"，是指由胶凝材料将骨料胶结成整体的工程复合材料的统称。它通常是指用水泥做胶凝材料，砂、石作骨料，与水（可含外加剂和掺和料）按一定比例配合，经搅拌而得的水泥混凝土，也称普通混凝土，为改善混凝土的某些性能，还常加入适量的外加剂和掺合料。混凝土广泛应用于土木工程。

一、混凝土配制强度的确定

强度是混凝土硬化后的最重要的力学性能，是指混凝土抵抗压、拉、弯、剪等应力的能力。水灰比、水泥品种和用量、集料的品种和用量以及搅拌、成型、养护，都直接影响混凝土的强度。

混凝土按标准抗压强度划分的强度等级，称为标号。即以边长为 150mm 的立方体为标准试件，在标准养护条件下养护 28 天，按照标准试验方法测得的具有 95％保证率的立方体抗压强度，按照 GB 50010—2010《混凝土结构设计规范》规定，普通混凝土划分 14 个强度等级，即：C15、C20、C25、C30、C35、C40、C45、C50、C55、C60、C65、C70、C75 和 C80。混凝土的抗拉强度仅为其抗压强度的 1/10～1/20。提高混凝土抗拉、抗压强度的比值是混凝土改性的重要方面。

在配制混凝土时，除应保证结构设计对混凝土强度等级的要求外，还应保证施工对混凝土和易性的要求，并应遵循合理使用材料、节约胶凝材料的原则，必要时还应满足抗冻性、抗渗性等性能的要求。

为了使混凝土的强度保证率达到 95％的要求，在进行配合比设计时，必须使混凝土的配制强度 $f_{cu,0}$ 高于设计强度 $f_{cu,k}$。JGJ 55—2011《普通混凝土配合比设计规程》要求，混凝土配制强度 $f_{cu,0}$ 按下列规定确定。

当混凝土的设计强度等级小于 C60 时，配制强度计算公式：

$$f_{cu,0} \geqslant f_{cu,k} + 1.645\sigma$$

式中　$f_{cu,0}$——混凝土配制强度，MPa；

　　　$f_{cu,k}$——混凝土设计强度等级值，MPa；

　　　σ——混凝土强度标准差，MPa。

混凝土强度标准差 σ 的确定方法如下。

当具有近 1~3 个月的同一品种、同一强度等级混凝土的强度资料时，σ 按计算公式：

$$\sigma = \sqrt{\frac{\sum_{i=0}^{n} f_{cu,i}^2 - nm_{fcu}^2}{n-1}}$$

式中　n——试件组数，$\geqslant 30$；

　　　$f_{cu,i}$——第 i 组试件的抗压强度，MPa；

　　　m_{fcu}——n 组试件抗压强度的算术平均值，MPa。

对于强度等级不大于 C30 的混凝土：当 σ 计算值不小于 3.0MPa 时，应按计算结果取值；当 σ 计算值小于 3.0MPa 时，应取 3.0MPa。对于强度等级大于 C30 且小于 C60 的混凝土：当 σ 计算值不小于 4.0MPa 时，应按计算结果取值；当 σ 计算值小于 4.0MPa 时，σ 应取 4.0MPa。

当没有近期的同一品种、同一强度等级混凝土的强度资料时，σ 按表 6-3 取用。

表 6-3 混 凝 土 强 度 标 准 差

混凝土强度等级	≤C20	C25~C45	C50~C55
σ(MPa)	4.0	5.0	6.0

当混凝土的设计强度等级不小于 C60 时，配制强度计算公式：

$$f_{cu,0} \geqslant 1.15 f_{cu,k}$$

二、混凝土的施工配料

1. 混凝土施工配合比

混凝土的配合比是根据混凝土的配制强度经过试验室试配和调整而确定的，称为试验室配合比。混凝土施工配合比是根据施工现场集料含水的情况，对以干燥集料为基准的"设计配合比"进行修正后得出的配合比。

试验室配合比所用的粗、细集料都是不含水分的，而施工现场的粗、细集料都有一定的含水率，且含水率随温度等条件不断变化。为保证混凝土的质量，施工中应按粗、细集料的实际含水率对原配合比进行调整。

施工配料是确定每拌一次所需的各种原材料数量，它根据施工配合比和搅拌机的出料容量计算。

2. 材料称量

施工配合比确定以后，就需对材料进行称量，称量是否准确将直接影响混凝土的强度。为严格控制混凝土的配合比，搅拌混凝土时，应根据计算出的各组成材料的一次投料量，采用重量准确投料。其重量偏差不得超过以下规定：胶凝材料、外掺混合材料为±2%；粗、细集料为±3%；水、外加剂溶液为±2%。各种衡量器应定期校验，以保持准确，集料含水率应经常测定，雨天施工时，应增加测定次数。

三、混凝土的浇筑

1. 混凝土浇筑前的准备

混凝土浇筑前，应对模板、钢筋、支架和预埋件进行检查。检查模板的位置、标高尺寸、强度和刚度是否符合要求，接缝是否严密，预埋件位置和数量是否符合图纸要求。

检查钢筋的规格、数量、位置、接头和保护层厚度是否正确；清理模板上的垃圾和钢筋上的油污，并浇水湿润木模板；最后填写隐蔽工程记录。

2. 混凝土的浇筑

混凝土浇筑前不应发生离析或初凝现象，如已发生，应重新搅拌。混凝土运至现场后，其坍落度应满足现行规范要求。

混凝土自高处倾落时，其自由倾落高度不宜超过 2m；若混凝土自由下落高度超过 2m，应设溜槽、串筒或振动串筒等。

混凝土的浇筑工作，应尽可能连续进行。混凝土的浇筑应分段、分层连续进行，随浇随捣。混凝土浇筑层的厚度应符合相关规定。在竖向结构中浇筑混凝土时，不得发生离析现象。

3. 施工缝的留设与处理

如果由于技术或施工组织上的原因，不能对混凝土结构一次连续浇筑完毕，而必须停歇较长的时间，其停歇时间已超过混凝土的初凝时间，致使混凝土已初凝，当继续浇混凝土时，形成了接缝，即为施工缝。

(1) 施工缝的留设位置。

施工缝设置的原则，一般宜留在结构受力（剪力）较小且便于施工的部位。柱子的施工缝宜留在基础与柱子交接处的水平面上。

高度较大的柱、墙、梁以及厚度较大的基础可根据施工需要在其中部留设水平施工缝，必要时，可对配筋进行调整，并应征得设计单位认可。

墙的垂直施工缝宜设置在门洞口过梁跨中 1/3 范围内，也可留在纵横交接处。

(2) 施工缝的处理。

施工缝处继续浇筑混凝土时，应待混凝土的抗压强度不小于 1.2MPa 方可进行。施工缝浇筑混凝土之前，应除去施工缝表面的水泥薄膜、松动石子和软弱的混凝土层，并加以充分湿润和冲洗干净，不得有积水。浇筑时，施工缝处宜先铺水泥浆（水泥：水＝1：0.4），或与混凝土成分相同的水泥砂浆一层，厚度为 30～50mm，以保证接缝的质量。浇筑过程中，施工缝应细致捣实，使其紧密结合。

4. 混凝土的浇筑方法

(1) 单独基础浇筑。

1) 台阶式基础施工，可按台阶分层一次浇筑完毕（预制柱的高杯口基础的高台部分应另行分层），不允许留设施工缝。每层混凝土要一次灌足，顺序是先边角后中间，务必使混凝土充满模板。

2) 浇筑台阶式柱基时，为防止垂直交角处可能出现吊脚现象，可采取如下措施：

在第一级混凝土捣固下沉 2～3cm 后暂不填平，继续浇筑第二级，先用铁锹沿第二级模板底圈做成内外坡，然后再分层浇筑。外圈边坡的混凝土于第二级振捣过程中自动摊平，待第二级混凝土浇筑后，再将第一级混凝土齐模板顶边拍实抹平。

捣完第一级后拍平表面，在第二级模板外先压以 200mm×100mm 的压角混凝土并加以捣实后，再继续浇筑第二级。

3）锥式基础施工，应注意斜坡部位混凝土的捣固质量，在振捣器振捣完毕后，人工将斜坡表面抹平，使其符合设计要求。

（2）条形基础浇筑。

根据基础深度分段分层连续浇筑，一般不留施工缝。各段层间应相互衔接，每段间浇筑长度控制在 2000～3000mm 距离，做到逐段逐层呈阶梯形向前推进。

（3）设备基础浇筑。

一般应分层浇筑，并保证上下层之间不留施工缝，每层混凝土的厚度为 200～300mm。每层浇筑顺序应从低处开始，沿长边方向自一端向另一端浇筑，也可采取中间向两端或两端向中间浇筑的顺序。

（4）大体积钢筋混凝土结构的浇筑。

大体积钢筋混凝土结构多为工业建筑中的设备基础及高层建筑中厚大的桩基承台或基础底板等，其特点是混凝土浇筑面和浇筑体量大，整体性要求高，不能留施工缝，浇筑后水泥的水化热量大且聚集在构件内部，形成较大的内外温差，易造成混凝土表面产生收缩裂缝等。

为保证混凝土浇筑工作连续进行，不留施工缝，应在下一层混凝土初凝之前，将上一层混凝土浇筑完毕。

大体积钢筋混凝土结构的浇筑方案，一般分为全面分层、分段分层和斜面分层三种，如图 6-6 所示。

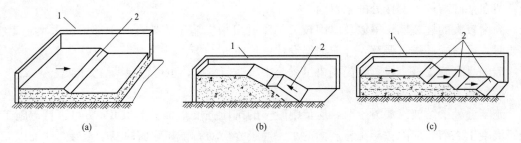

图 6-6 大体积混凝土浇筑方案
（a）全面分层；（b）分段分层；（c）斜面分层
1—模板；2—新浇筑的混凝土

1）全面分层。在第一层浇筑完毕后，再回头浇筑第二层，如此逐层浇筑，直至完工为止。

2）分段分层。混凝土从底层开始浇筑，进行 2～3m 后再回头浇第二层，同样依次浇筑各层。

3）斜面分层。要求斜坡坡度不大于 1/3，适用于结构长度大大超过厚度 3 倍的情况。

四、混凝土施工质量验收

1. 一般规定

（1）混凝土结构施工宜采用预拌混凝土，预拌混凝土应符合现行国家标准 GB/T 14902—

2012《预拌混凝土》的有关规定。混凝土宜采用搅拌运输车运输，运输过程中应保证混凝土拌合物的均匀性和工作性，并应满足现场施工的需要。

（2）混凝土所用原材料进场复检应符合规定，即对水泥的强度、安定性、凝结时间及其他必要指标进行检验。同一生产厂家、同品种、同一等级且连续进场的水泥，袋装不超过200t 为一检验批，散装不超过 500t 为检验批；对粗骨料、细骨料指标进行检验；对水泥的细度（比表面积）、需水量比（流动度比）、活性指数（抗压强度比）、烧失量指标进行检验。粉煤灰、矿渣粉、沸石粉不超过 200t 为一检验批，硅灰不超过 30t 为一检验批；对外加剂产品指标进行检验；对混凝土用水进行检验（其中当采用饮用水时，可不检验；采用中水、搅拌站清洗水或施工现场循环水等其他来源水时，应对其成分进行检验；未经处理的海水严禁用于钢筋混凝土和预应力应力混凝土的拌制和养护）。

（3）采用预拌混凝土时，供方应提供混凝土配合比通知单、混凝土抗压强度报告、混凝土质量合格证和混凝土运输单。预拌混凝土质量控制资料的保存期限应满足工程质量追溯的要求。

（4）预应力混凝土结构、钢筋混凝土结构中，严禁使用含氯化物的水泥。预应力混凝土结构中严禁使用含氯化物的外加剂。钢筋混凝土结构中，当使用含有氯化物的外加剂时，混凝土中氯化物的总含量必须符合现行国家标准的规定。

（5）混凝土浇筑前应先检查验收下列工作：

1）隐蔽工程验收和技术复核。

2）对操作人员进行技术交底。

3）根据施工方案中的技术要求，检查并确认施工现场具备实施条件。

4）应填报浇筑申请单，并经监理工程师签认。

（6）浇筑前应检查混凝土运输单，核对混凝土配合比，确认混凝土强度等级，检查混凝土运输时间，测定混凝土塌落度，必要时还应测定混凝土扩展度，在确认无误后再进行混凝土浇筑。

（7）混凝土拌合物入模温度不应低于 5℃，且不应高于 35℃。

（8）混凝土运输、输送、浇筑过程中严禁加水；混凝土运输、输送、浇筑过程中散落的混凝土严禁用于结构浇筑。

（9）柱、墙混凝土设计强度等级高于梁、板混凝土设计强度等级时，混凝土浇筑应符合下列规定：

1）柱、墙混凝土设计强度比梁、板混凝土设计强度高一个等级时，柱、墙位置梁、板高度范围内的混凝土经设计单位同意，可采用与梁、板混凝土设计强度等级相同的混凝土进行浇筑。

2）柱、墙混凝土设计强度比梁、板混凝土设计强度高两个等级及以上时，应在交界区域采取分隔措施。分隔位置应在低强度等级的构件中，且距高强度等级构件边缘不应小于500mm。

3）宜先浇筑高强度等级混凝土，后浇筑低强度等级混凝土。

（10）混凝土振捣应能使模板内各个部位混凝土密实、均匀，不应漏振、欠振、过振。为保证特殊部位的混凝土成型质量，还应采取加强振捣措施。

（11）在已绕筑的混凝土强度未达到 $1.2N/mm^2$ 以前，不得在其上踩踏、堆放荷载或安装模板及支架。

2. 主控项目

混凝土的强度等级必须符合设计要求。用于检验混凝土强度的试件应在浇筑地点随机抽取。

检查数量：对同一配合比的混凝土，取样与试件留置应符合下列规定：

（1）每拌制 100 盘且不超过 100m³ 时，取样不得少于一次。

（2）每工作班拌制不足 100 盘时，取样不得少于一次。

（3）连续浇筑超过 1000m³ 时，每 200m³ 取样不得少于一次。

（4）每一楼层取样不得少于一次。

（5）每次取样应至少留置一组试件。

检验方法：检查施工记录及混凝土强度试验报告。

3. 一般项目

（1）后浇带的留设位置应符合设计要求。后浇带和施工缝的留设及处理方法应符合施工方案要求。

检查数量：全部检查。

检验方法：观察。

（2）混凝土浇筑完毕后应及时进行养护，养护时间以及养护方法应符合施工方案要求。

检查数量：全部检查。

检验方法：观察，检查混凝土养护记录。

第三节 防 水 工 程 施 工

为保证变电站结构不受水的侵袭、内部空间不受水的危害，需要实施防水工程。变电站防水工程在变电站工程中占有重要的地位。变电站防水工程涉及地下电缆层、墙地面、墙身、屋顶等诸多部位，其功能是使变电站建筑物或构筑物在设计耐久年限内，防止雨水及生产、生活用水的渗漏和地下水的侵蚀，保证变电站安全运行。

一、屋面防水工程施工

（一）屋面防水等级和设防要求

屋面防水工程应根据建筑物的类别、重要程度、使用功能要求确定防水等级，并应按相应等级进行防水设防。对防水有特殊要求的建筑屋面，应进行专项防水设计。屋面防水等级和设防要求应符合表 6-4 的规定。

表 6-4　　　　　　　　　屋面防水等级和设防要求

防水等级	建筑类别	设防要求
Ⅰ级	重要建筑和高层建筑	两道防水设防
Ⅱ级	一般建筑	一道防水设防

（二）屋面防水基本要求

（1）屋面防水应以防为主，以排为辅。在完善设防的基础上，应选择正确的排水坡度，将水迅速排走，以减少渗水的机会。

混凝土结构层宜采用结构找坡，坡度不应小于 3％；当采用材料找坡时，宜采用质量轻、吸水率低且具有一定强度的材料，坡度宜为 2％。找坡应按屋面排水方向和设计坡度要求进行，找坡层最薄处厚度不宜小于 20mm。

（2）保温层上的找平层应在水泥初凝前压实抹平，并应留设分格缝，缝宽宜为 5～20mm，纵横缝的间距不宜大于 6m。水泥终凝前完成收水后应二次压光，并应及时取出分格条。养护时间不得少于 7 天。卷材防水层的基层与突出屋面结构的交接处，以及基层的转角处，找平层均应做成圆弧形，且应整齐平顺。

（3）严寒和寒冷地区屋面热桥部位，应按设计要求采取节能保温等隔断热桥措施。

（4）找平层设置的分格缝可兼作排气道，排气道的宽度宜为 40mm；排气道应纵横贯通，并应与大气连通的排气孔相通，排气孔可设在檐口下或纵横排气道的交叉处；排气道纵横间距宜为 6m，屋面面积每 36m 宜设置一个排气孔，排气孔应作防水处理；在保温层下也可铺设带支点的塑料板。

（5）涂膜防水层的胎体增强材料宜采用聚酯无纺布或化纤无纺布；胎体增强材料长边搭接宽度不应小于 50mm，短边搭接宽度不应小于 70mm；上下层胎体增强材料的长边搭接缝应错开，且不得小于幅宽的 1/3；上下层胎体增强材料不得相互垂直铺设。

（三）卷材防水层屋面施工

（1）卷材防水层铺贴顺序和方向应符合下列规定：

1）卷材防水层施工时，应先进行细部构造处理，然后由屋面最低标高处向上铺贴。

2）檐沟、天沟卷材施工时，宜顺檐沟、天沟方向铺贴，搭接缝应顺流水方向。

3）卷材宜平行屋脊铺贴，上下层卷材不得相互垂直铺贴。

（2）立面或大坡面铺贴卷材时，应采用满粘法，并宜减少卷材短边搭接。

（3）卷材搭接缝应符合下列规定：

1）平行屋脊的搭接缝应顺流水方向，搭接缝宽度应符合 GB 50207—2012《屋面工程质量验收规范》的规定。

2）同一层相邻两幅卷材短边搭接缝错开不应小于 500mm。

3）上下层卷材长边搭接缝应错开，且不应小于幅宽的 1/3。

（4）合成高分子卷材搭接部位采用胶黏带黏结时，黏合面应清理干净，必要时可涂刷与卷材及胶黏带材性相容的基层胶黏剂，撕去胶黏带隔离纸后应及时黏合接缝部位的卷材、并应辊压粘贴牢固；低温施工时，宜采用热风加热。搭接缝口用密封材料封严。

（5）热粘法铺贴卷材应符合下列规定：

1）熔化热熔型改性沥青胶结料时，宜采用专用导热油炉加热，加热温度不应高于 200℃，使用温度不宜低于 180℃。

2）粘贴卷材的热熔型改性沥青胶结料厚度宜为 1.0～1.5mm。

3）采用热熔型改性沥青胶结料铺贴卷材时，应随刮随滚铺，并应展平压实。

（6）厚度小于 3mm 的高聚物改性沥青防水卷材，严禁采用热熔法施工。搭接缝部位宜以溢出热熔的改性沥青胶结料为度，溢出的改性沥青胶结料宽度宜为 8mm，并宜均匀顺直。当接缝处的卷材上有矿物粒或片料时，应用火焰烘烤及清除干净后再进行热熔和接缝处理。

（7）机械固定法铺贴卷材应符合下列规定：

1）固定件应与结构层连接牢固。

2）固定件间距应根据抗风试验和当地的使用环境与条件确定，并不宜大于 600mm。

3）卷材防水层周边 800mm 范围内应满粘，卷材收头应采用金属压条钉压固定和密封处理。

（四）涂膜防水层屋面施工

（1）涂膜防水层的基层应坚实、平整、干净，应无孔隙、起砂和裂缝。基层的干燥程度应根据所选用的防水涂料特性确定；当采用溶剂型、热熔型和反应固化型防水涂料时，基层应干燥。

（2）涂膜防水层施工应符合下列规定：

1）防水涂料应多遍均匀涂布，涂膜总厚度应符合设计要求。

2）涂层间夹铺胎体增强材料时，宜边涂布边铺胎体；胎体应铺贴平整，应排除气泡，并应与涂料黏结牢固。在胎体上涂布涂料时，应使涂料浸透胎体，并应覆盖完全，不得有胎体外露现象。最上面的涂膜厚度不应小于 1.0mm。

3）涂膜施工应先做好细部处理，再进行大面积涂布。

4）屋面转角及立面的涂层，应薄涂多遍，不得流淌和堆积。

（3）涂膜防水层施工工艺应符合下列规定：

1）水乳型及溶剂型防水涂料宜选用滚涂或喷涂施工。

2）反应固化型防水涂料宜选用刮涂或喷涂施工。

3）热熔型防水涂料宜选用刮涂施工。

4）聚合物水泥防水涂料宜选用刮涂法施工。

5）所有防水涂料用于细部构造时，宜选用刷涂或喷涂施工。

（五）保护层和隔离层施工

（1）施工完的防水层应进行雨后观察、淋水或蓄水试验，并应在检测合格后再进行保护层和隔离层的施工。

（2）块体材料、水泥砂浆、细石混凝土保护层表面的坡度应符合设计要求，不得有积水现象。块体材料保护层铺设应符合下列规定：

1）在砂结合层上铺设块体时，砂结合层应平整，块体间应预留 10mm 的缝隙，缝内应填砂、并应用 1：2 水泥砂浆勾缝。

2）在水泥砂浆结合层上铺设块体时，应先在防水层上做隔离层，块体间应预留 10mm 的缝隙，缝内应用 1：2 水泥砂浆勾缝。

3）块体表面应洁净、色泽一致，应无裂纹、掉角和缺棱等缺陷。

（3）水泥砂浆及细石混凝土保护层铺设应符合下列规定：

1）水泥砂浆及细石混凝土保护层铺设前，应在防水层上做隔离层。

2）细石混凝土铺设不宜留施工缝；当施工间隙超过时间规定时，应对接搓进行处理。

3）水泥砂浆及细石混凝土表面应抹平压光，不得有裂纹、脱皮、麻面、起砂等缺陷。

（六）檐口、檐沟、天沟、水落口等细部的施工

（1）卷材防水屋面檐口 800mm 范围内的卷材应满粘，卷材收头应采用金属压条钉压，并应用密封材料封严。檐口下端应做鹰嘴和滴水槽。

（2）檐沟和天沟的防水层下应增设附加层，附加层伸入屋面的宽度不应小于 250mm；檐沟防水层和附加层应由沟底翻上至外侧顶部，卷材收头应用金属压条钉压，并应用密封材料

封严，涂膜收头应用防水涂料多遍涂刷。女儿墙泛水处的防水层下应增设附加层，附加层在平面和立面的宽度均不应小于250mm。

（3）水落口杯应牢固地固定在承重结构上，水落口周围直径500mm范围内坡度不应小于5%，防水层下应增设涂膜附加层；防水层和附加层伸入水落口杯内不应小于50mm，并应粘结牢固。

二、室内防水工程施工

（一）施工流程

施工流程为：防水材料进场复查测试→技术交底→清理基层→结合层→细部附加层→防水层→试水试验。

（二）防水混凝土施工

（1）防水混凝土必须按配合比准确配料。当拌合物出现离析现象时，必须进行二次搅拌后使用。当坍落度损失后不能满足施工要求时，应加入原水胶比的水泥浆或二次掺加减水剂进行搅拌，严禁直接加水。

（2）防水混凝土应采用高频机械分层振捣密实，振捣时间宜为10～30s。当采用自密实混凝土时，可不进行机械振捣。

（3）防水混凝土应连接浇筑，少留施工缝。当留设施工缝时，宜留置在受剪力较小、便于施工的部位。墙体水平施工缝应留在高出楼板表面不小于300mm的墙体上。

（4）防水混凝土终凝后应立即进行养护，养护时间不得少于14天。

（5）防水混凝土冬期施工时，其入模温度不应低于5℃。

（三）防水水泥砂浆施工

（1）基层表面应平整、坚实、清洁，并应充分湿润，无积水。

（2）防水砂浆应采用抹压法施工，分遍成层。各层应紧密结合，每层宜连续施工。当需留槎时，上下层接槎位置应错开100mm以上，离转角200mm内不得留接槎。

（3）防水砂浆施工环境温度不应低于5℃。终凝后应及时进行养护，养护温度不应低于5℃，养护时间不应小于14天。

（4）聚合物水泥防水砂浆未达到硬化状态时，不得浇水养护或直接受水冲刷、硬化后应采用干湿交替的养护方法。潮湿环境中可在自然条件下养护。

（四）涂膜防水层施工

（1）基层应平整牢固，表面不得出现孔洞、蜂窝麻面、缝隙等缺陷；基面必须干净，无浮浆，基层干燥度应符合产品要求。

（2）施工环境温度：水乳型涂料宜为5～35℃。

（3）涂料施工时应先对阴阳角、预埋件、穿墙（楼板）管等部位进行加强或密封处理。

（4）涂膜防水层应多遍成活，后一遍涂料施工应待前一遍涂层干后再进行，涂层应均匀，不得漏涂、堆积。

（5）铺贴胎体增强材料时应充分浸透防水涂料，不得露胎及褶皱。胎体材料长边搭接不应小于50mm，短边搭接宽度不应小于70mm。

（6）防水层施工完毕验收合格后，应及时做保护层。

（五）卷材防水层施工

（1）基层应平整牢固，表面不得出现孔洞、蜂窝麻面、缝隙等缺陷；基面必须干净、无浮浆，基层干燥度应符合产品要求。采用水泥基胶粘剂的基层应先充分湿润，但不得有明水。

（2）卷材铺贴施工环境温度：采用冷粘法施工不应低于5℃，热熔法施工不应低于−10℃。低于规定要求时应采取技术措施。

（3）以粘贴法施工的防水卷材，其与基层应采用满粘法铺贴。

（4）各种卷材最小搭接宽度应符合要求。

（5）卷材接缝必须粘贴严密。接缝部位应进行密封处理，密封宽度不应小于10mm。搭接缝位置距阴阳角应大于300mm。

（6）防水卷材施工宜先铺立面，后铺平面。防水层施工完毕验收合格后，方可进行其他层面的施工。

三、地下防水工程施工

（一）地下防水工程的一般要求

（1）地下工程的防水等级分为4级。防水混凝土的环境温度不得高于80℃。

（2）地下防水工程施工前，施工单位应进行图纸会审、掌握工程主体及细部构造的防水技术要求，编制防水工程施工方案。

（3）地下防水工程必须由有相应资质的专业防水施工队伍进行施工，主要施工人员应持有建设行政主管部门或其指定单位颁发的执业资格证书。

（二）防水混凝土施工

（1）防水混凝土可通过调整配合比，或掺加外加剂、掺合料等措施配制而成，其抗渗等级不得小于P6，其试配混凝土的抗渗等级应比设计要求提高0.2MPa。

（2）用于防水混凝土的水泥品种宜采用硅酸盐水泥、普通硅酸盐水泥，采用其他品种水泥时应经试验确定。宜选用坚固耐久、粒形良好的洁净石子，其最大粒径不宜大于40mm。砂宜选用坚硬、抗风化性强、洁净的中粗砂，不宜使用海砂。用于拌制混凝土的水，应符合相关标准规定。

（3）防水混凝土胶凝材料总用量不宜小于320kg/m³。在满足混凝土抗渗等级、强度等级和耐久性条件下，水泥用量不宜小于260kg/m³。防水混凝土宜采用预拌商品混凝土，其入泵坍落度宜控制在120～160mm，坍落度每小时损失值不应大于20mm，总损失值不应大于40mm；掺引气剂或引气型减水剂时，混凝土含气量应控制在3%～5%；预拌混凝土的初凝时间宜为6～8h。

（4）防水混凝土拌合物应采用机械搅拌，搅拌时间不宜小于2min。

（5）防水混凝土应分层连续浇筑，分层厚度不得大于500mm，并应采用机械振捣，避免漏振、欠振和超振。

（6）防水混凝土应连续浇筑，宜少留施工缝。当留设施工缝时，应符合下列规定：

1）墙体水平施工缝不应留在剪力最大处或底板与侧墙的交接处，应留在高出底板表面不小于300mm的墙体上。拱（板）墙结合的水平施工缝，宜留在拱（板）墙接缝线以下150～300mm处。墙体有预留孔洞时，施工缝距孔洞边缘不应小于300mm。

2）垂直施工缝应避开地下水和裂隙水较多的地段，并宜与变形缝相结合。

（7）施工缝应按设计及规范要求做好施工缝防水构造。施工缝的施工应符合如下规定：

1）水平施工缝浇筑混凝土前，应将其表面浮浆和杂物清除，然后铺设净浆或涂刷混凝土界面处理剂、水泥基渗透结晶型防水涂料等材料，再铺 30～50mm 厚的 1∶1 水泥砂浆，并应及时浇筑混凝土。

2）垂直施工缝浇筑混凝土前，应将其表面清理干净，再涂刷混凝土界面处理剂或水泥基渗透结晶型防水涂料，并应及时浇筑混凝土。

3）遇水膨胀止水条（胶）应与接缝表面密贴，选用的遇水膨胀止水条（胶）应具有缓胀性能，净膨胀率不宜大于最终膨胀率的 60%，最终膨胀率宜大于 220%。

4）采用中埋式止水带或预埋式注浆管时，应定位准确、固定牢靠。

（8）大体积防水混凝土宜选用水化热低和凝结时间长的水泥，宜掺入减水剂、缓凝剂等外加剂和粉煤灰、磨细矿渣粉等掺合料。在设计许可的情况下，掺粉煤灰混凝土设计强度等级的龄期宜为 60 天或 90 天。炎热季节施工时，入模温度不宜大于 30℃。混凝土内部预埋管道、宜进行水冷散热。大体积防水混凝土应采取保温保湿养护，混凝土中心温度与表面温度的差值不应大于 25℃，表面温度与大气温度的差值不应大于 20℃，养护时间不得少于 14 天。

（9）地下室外墙穿墙管必须采取止水措施，单独埋设的管道可采用套管式穿墙防水。当管道集中多管时，可采用穿墙群管的防水方法。

（三）水泥砂浆防水层施工

（1）水泥砂浆的品种和配合比设计应根据防水工程要求确定。

（2）水泥砂浆防水层可用于地下工程主体结构的迎水面或背水面，不应用于受持续振动或温度高于 80℃ 的地下工程防水。

（3）聚合物水泥防水砂浆厚度，单层施工宜为 6～8mm，双层施工宜为 10～12mm；掺外加剂或掺合料的水泥防水砂浆厚度宜为 18～20mm。

（4）水泥砂浆应使用硅酸盐水泥、普通硅酸盐水泥或特种水泥。砂宜采用中砂，含泥量不应大于 1%。拌制用水、聚合物乳液、外加剂等的质量要求应符合现行标准的规定。

（5）水泥砂浆防水层施工的基层表面应平整、坚实、清洁，并应充分湿润、无明水。基层表面的孔洞、缝隙，应采用与防水层相同的防水砂浆堵塞并抹平。

（6）水泥砂浆防水层应在基础垫层、初期支护、围护结构及内衬结构验收合格后施工。施工前应将预埋件、穿墙管预留凹槽内嵌填密封材料后，再施工水泥砂浆防水层。

（7）防水砂浆宜采用多层抹压法施工。应分层铺抹或喷射，铺抹时应压实、抹平，最后一层表面应提浆压光。

（8）水泥砂浆防水层各层应紧密粘合，每层宜连续施工；必须留设施工缝时，应采用阶梯坡形槎，但离阴阳角处的距离不得小于 200mm。

（9）水泥砂浆防水层不得在雨天、五级及以上大风中施工。冬期施工时，气温不应低于 5℃。夏季不宜在 30℃ 以上或烈日照射下施工。

（10）水泥砂浆防水层终凝后，应及时进行养护，养护温度不宜低于 5℃，并应保持砂浆表面湿润，养护时间不得少于 14d。

（11）聚合物水泥防水砂浆拌合后应在规定时间内用完，施工中不得任意加水。聚合物水泥防水砂浆未达到硬化状态时，不得浇水养护或直接受雨水冲刷，硬化后应采用干湿交替的养护方法。潮湿环境中，可在自然条件下养护。

（四）卷材防水层施工

（1）卷材防水层宜用于经常处于地下水环境，且受侵蚀介质作用或受振动作用的地下工程。

（2）铺贴卷材严禁在雨天、雪天、五级及以上大风中施工；冷粘法、自粘法施工的环境气温不宜低于5℃、热熔法、焊接法施工的环境气温不宜低于−10℃。施工过程中下雨或下雪时，应做好已铺卷材的防护工作。

（3）卷材防水层应铺设在混凝土结构的迎水面上。用于建筑地下室时，应铺设在结构底板垫层至墙体防水设防高度的结构基面上；用于单建式的地下工程时，应从结构底板垫层铺设至顶板基面，并应在外围形成封闭的防水层。

（4）卷材防水层的基面应坚实、平整、清洁、干燥，阳角处应做成圆弧或45°坡角、其尺寸应根据卷材品种确定，并应涂刷基层处理剂；当基面潮湿时，应涂刷湿固化型胶粘剂或潮湿界面隔离剂。

（5）如设计无要求时，阴阳角等特殊部位铺设的卷材加强层宽度不应小于500mm。

（6）结构底板垫层混凝土部位的卷材可采用空铺法或点粘法施工，侧墙采用外防外贴法的卷材及顶板部位的卷材应采用满粘法施工。铺贴立面卷材防水层时，应采取防止卷材下滑的措施。

（7）铺贴双层卷材时，上下两层和相邻两幅卷材的接缝应错开1/3～1/2幅宽，且两层卷材不得相互垂直铺贴。

（8）弹性体改性沥青防水卷材和改性沥青聚乙烯胎防水卷材采用热熔法施工应加热均匀，不得加热不足或烧穿卷材，搭接缝部位应溢出热熔的改性沥青。

（9）采用外防外贴法铺贴卷材防水层时，应符合下列规定：

1）先铺平面，后铺立面，交接处应交叉搭接。

2）临时性保护墙宜采用石灰砂浆砌筑，内表面宜做找平层。

3）从底面折向立面的卷材与永久性保护墙的接触部位，应采用空铺法施工；卷材与临时性保护墙或围护结构模板的接触部位，应将卷材临时贴附在该墙上或模板上，并应将顶端临时固定。当不设保护墙时，从底面折向立面的卷材接槎部位应采取可靠保护措施。

4）混凝土结构完成，铺贴立面卷材时，应先将接槎部位的各层卷材揭开，并将其表面清理干净，如卷材有损坏应及时修补。卷材接槎的搭接长度，高聚物改性沥青类卷材应为150mm，合成高分子类卷材应为100mm；当使用两层卷材时，卷材应错槎接缝，上层卷材应盖过下层卷材。

（10）采用外防内贴法铺贴卷材防水层时，应符合下列规定：

1）混凝土结构的保护墙内表面应抹厚度为20mm的1∶3水泥砂浆找平层，然后铺贴卷材。

2）卷材宜先铺立面，后铺平面；铺贴立面时，应先铺转角，后铺大面。

（11）卷材防水层经检查合格后，应及时做保护层。顶板卷材防水层上的细石混凝土保护层采用人工回填土时厚度不宜小于50mm，采用机械碾压回填土时厚度不宜小于70mm，防水层与保护层之间宜设隔离层。底板卷材防水层上细石混凝土保护层厚度不应小于50mm。侧墙卷材防水层宜采用软质保护材料或铺抹20mm厚1∶2.5水泥砂浆层。

（五）涂料防水层施工

（1）无机防水涂料宜用于结构主体的背水面或迎水面，有机防水涂料宜用于地下工程主体结构的迎水面，用于背水面的有机防水涂料应具有较高的抗渗性，且与基层有较好的粘结性。

（2）涂料防水层严禁在雨天、雾天、五级及以上大风时施工，不得在施工环境温度低于5℃及高于35℃或烈日暴晒时施工。涂膜固化前如有降雨可能时，应及时做好已完涂层的保护工作。

（3）有机防水涂料基层表面应基本干燥，不应有气孔、凹凸不平、蜂窝麻布等缺陷。涂料施工前，基层阴阳角应做成圆弧形，阴角直径宜大于50mm，阳角直径宜大于10mm，在底板转角部位应增加胎体增强材料，并应增涂防水涂料。铺贴胎体增强材料时，应使胎体层充分浸透防水涂料，不得有露槎及褶皱。

（4）防水料应分层刷涂或喷涂，涂层应均匀，不得漏刷漏涂。涂刷应待前遍涂层干燥成膜后进行，每遍涂刷时应交替改变涂层的涂刷方向，同层涂膜的先后搭压宽度宜为30～50mm。甩槎处接缝宽度不应小于100mm，接涂前应将其甩槎表面处理干净。

（5）采用有机防水涂料时。基层阴阳角处应做成圆弧；在转角处、变形缝、施工缝、穿墙管等部位应增加胎体增强材料和增涂防水涂料，宽度不应小于500mm。胎体增强材料的搭接宽度不应小于100mm，上下两层和相邻两幅胎体的接缝应错开1/3幅宽，且上下两层胎体不得相互垂直铺贴。

（6）涂料防水层完工并经验收合格后应及时做保护层。底板宜采用1∶2.5水泥砂浆层和50～70mm厚的细石混凝土保护层；顶板采用细石混凝土保护层，机械回填时不宜小于70mm，人工回填时不宜小于50mm。防水层与保护层之间宜设置隔离层。侧墙保护层宜选用软质保护材料或20mm厚1∶2.5水泥砂浆。

第四节　防洪墙施工

防洪墙宜采用钢筋混凝土结构，当高度不大时，可采用混凝土或浆砌石结构。防洪墙的结构形式有重力式、悬臂式、扶臂式、加筋式、空箱式等，其主要施工工艺包括土方工程、砌体工程、混凝土工程等。

防洪墙的工艺流程：施工准备、定位放线→基础土方开挖→砂石垫层→混凝土垫层→钢筋绑扎→支模板→清理→混凝土搅拌→混凝土浇筑、混凝土振捣→混凝土找平→混凝土养护→模板拆除。

一、防洪墙施工技术要点

（1）地基验槽完成后，清除表层浮土及挠动土，不得积水。垫层混凝土在基坑验槽后应立即灌注，以免地基土被扰动。

（2）垫层达到一定强度后，在其上画线、支模、铺放钢筋网片。上下部垂直钢筋应绑扎牢固，并注意将钢筋弯钩朝上，连接柱的插筋，下端要用直弯钩与基础钢筋绑扎牢固，按轴线位置校核后用方木架成井字形，将插筋固定在基础外模板上，底部钢筋网片应用与混凝土保护层同厚度的水泥砂浆垫塞，以保证位置正确。

（3）在灌注混凝土前，模板和钢筋上垃圾、泥土和钢筋上的油污等杂物，应清除干净。模板应浇水加以湿润。

（4）浇筑独立基础时，应特别注意柱子插筋位置的正确，防止造成位移和倾斜，在浇灌开始时，应满铺一层5～10cm厚的混凝土，并捣实使柱子插筋下段和钢筋网片的位置基本固定，然后再对称浇筑。

（5）基础混凝土宜分层连续浇灌完成。

（6）对于锥形基础，应注意保持锥体斜面坡度的正确，斜面部分的模板应随混凝土浇捣分段支设并顶压紧，以防止模板上浮变形。边角处的混凝土必须注意捣实，严禁斜面部分不支模、用铁锹拍实。基础上部的柱子后续施工时，可在上部水平面留设施工缝。施工缝的处理应按有关规定执行。

（7）基础上有插筋时，要加以固定保证插筋位置的正确，防止浇捣混凝土时发生移位。

（8）混凝土浇灌完毕后，外露表面应覆盖浇水养护。

二、防洪墙施工质量控制

（一）钢筋工程

1. 钢筋加工

主控项目主要包括：

1）钢筋弯折的弯弧直径应符合下列规定：①光圆钢筋的弧内直径不应小于钢筋直径的2.5倍。②335MPa级、400MPa级带肋钢筋，不应小于钢筋直径的4倍。③500MPa级带肋钢筋，当直径为28mm以下时，不应小于钢筋直径的6倍，当直径为28mm及以上时，不应小于钢筋直径的7倍。④箍筋弯折处不应小于纵向受力钢筋的直径。

2）纵向受力钢筋弯折后的平直段长度应符合设计要求。光圆钢筋末端做180°弯钩时，弯钩的平直段长度不应小于钢筋直径的3倍。

3）箍筋、拉筋的末端应按设计要求做弯钩，并符合下列规定：①对一般结构构件，箍筋弯钩的弯折角度不应小于90°，弯折后平直段长度不应小于箍筋直径的5倍；对有抗震设防要求或设计有专门要求的结构构件，钢筋弯钩的弯折角度不应小于135°，弯折后平直段长度不应小于筋直径的10倍。②圆形筋的搭接长度不应小于其受拉锚固长度，且两末端弯钩的弯折角度不应小于135°，弯折后平直段长度对一般结构构件不应小于箍筋直径的5倍，对有抗震设防要求的结构构件不应小于锚筋直径的10倍。③梁、柱复合筋中的单肢箍筋两端弯钩的弯折角度均不应小于135°，弯折后平直段长度应符合第①条对箍筋的有关规定。

4）盘卷钢筋调直后应进行力学性能和重量偏差检验，其强度应符合国家现行有关标准的规定，其断后伸长率、重量偏差应符合规定。

2. 钢筋连接

（1）主控项目。

1）钢筋的连接方式应符合设计要求。

2）钢筋采用机械连接或焊接连接时，钢筋机械连接接头、焊接连接接头的力学性能、弯曲性能应符合国家现行有关标准的规定。接头试件应从工程实体中截取。

3）钢筋采用机械连接时，螺纹接头应检验拧紧扭转值，挤压接头应量测压痕直径检验结果应符合现行行业标准JGJ 107—2016《钢筋机械连接技术规程》的相关规定。

（2）一般项目。

1）钢筋接头的位置应符合设计和施工方案要求。有抗震设防要求的结构中，梁端、柱端箍筋加密区范围内不应进行钢筋搭接。接头末端至钢筋弯起点的距离不应小于钢筋直径的10倍。

2）钢筋机械连接结构、焊接接头的外观质量应符合现行行业标准JGJ 107—2016《钢筋机械连接技术规程》、JGJ 18—2012《钢筋焊接及验收规程》的规定。

3）当受纵向力钢筋采用机械连接接头或焊接接头时，同一连接区段内纵向受力钢筋的接头面积百分率应符合设计要。当设计无具体要求时，应符合下列规定：①受拉接头，不宜大于50％；受压接头，可不受限制。②直接承受动力荷载的结构构件中，不宜采用焊接；当采用机械连接时，不应大于50％。

4）当纵向受力钢筋采用绑扎搭接接头时，接头的设置应符合下列规定：①接头的横向净间距不应小于钢筋直径，且不应小于25mm。②同一连接区段内，纵向受拉钢筋的接头面积百分率应符合设计要求。当设计无具体要求时，应符合规定包括：梁类、板类及墙类构件，不宜超过25％，基础筏板，不宜超过50％；柱类构件，不宜超过50％；当工程中确有必要增大接头面积百分率时，对梁类构件，不应大于50％。

5）梁、柱类构件的纵向受力钢筋搭接长度范围内，应按设计要求配置筋。当设计无具体要求时，应符合下列规定：①箍筋直径不应小于搭接钢筋较大直径的1/4。②受拉搭接区段的箍筋间距不应大于搭接钢筋较小直径的5倍，且不应大于100mm。③受压搭接区段的箍筋间距不应大于搭接钢筋较小直径的10倍，且不应大于200mm。④当柱中纵向受力钢筋直径大于25mm时，应在搭接接头两个端面外100mm范围内各设置两道箍筋，其间距宜为50mm。

3. 钢筋安装

（1）主控项目。

1）钢筋安装时，受力钢筋的牌号、规格和数量必须符合设计要求。

2）钢筋应安装牢固。受力钢筋的安装位置、锚固方式应符合设计要求。

（2）一般项目。

钢筋安装偏差应符合规定。

（二）混凝土工程

参见本章第二节。

三、防洪墙施工竣工验收

1. 防洪墙工程竣工验收应具备的基本条件

（1）工程已按合同文件、设计图纸的要求基本完成，质量符合合同文件规定的标准。

（2）现场已清理。

（3）工程缺陷处理也已基本完成，剩余尾工和缺陷处理工作已明确由施工单位在质量保证期内完成。

（4）施工原始资料和竣工图纸齐全，并已整编，满足归档要求。

（5）生产使用单位已作好接收、运行准备工作。

（6）有关验收的文件、资料齐全。

2.钢筋混凝土独立基础竣工验收资料

(1)水泥的出厂证明及复验证明。

(2)钢筋的出厂证明或合格证以及钢筋试验报告。

(3)混凝土试配申请表和试验室签发的配合比通知单。

(4)钢筋隐蔽验收记录。

(5)模板验收记录。

(6)混凝土施工记录。

(7)混凝土试验28天标准养护抗压强度试验报告。

(8)混凝土基础隐蔽验收记录。

(9)商品混凝土的出厂合格证。

3.防洪墙工程竣工验收的主要工作

(1)听取并研究工程建设、工程设计、施工、监理、质量监督报告。

(2)通过现场检查和审查文件资料,确认是否具备验收条件。

(3)对存在问题提出处理意见。

(4)提出工程竣工验收鉴定书。

第五节 排水系统施工

变电站排水系统是变电站的组成部分之一,包括生活排水、站内雨水排水和特殊排水。其中站内雨水排水原则上采用有组织的排放方式,雨水通过收集后汇入站内雨水泵池,经雨水泵加压后排入站外的排放点,有市政管网的地区可就近接入。

排水系统施工应依据变电站排水系统总平面布置图、周边环境和交通运输情况等综合确定。施工前应熟悉变电站建设规模、场地环境、排水布置形式等内容,掌握室外给排水及污水系统建(构)筑物、室外排水管道和集水井、污水池等施工资料,熟悉管线布置位置,标高,走向以及材料,工程量,规格等内容。

排水系统施工的重点是排水管道施工。排水管道的施工工艺包括施工准备、定位放线、开挖沟槽、测量放线、管道基础、下管稳管、接口安装、附件安装、砌筑检查井、质量验收、土方回填等。下面分别介绍各个工序及检查井的砌筑工艺。

一、施工准备与定位放线

(一)施工准备

1.施工材料准备

水泥,一般采用普通硅酸盐水泥。

砂石料,如中砂和碎石(20~40mm),砌块、砖等。

排水管道,常采用钢筋混凝土管及UPVC管。选用的管材必须有权威部门批准的生产许可证和准销证,质保书、合格证必须齐全。

2.技术准备

(1)图纸会审:建设单位在收到施工图审查合格的施工图设计文件后,应组织设计单位、监理单位、施工单位等相关单位,严格按照要求做好图纸会审工作,并整理成会审问题清单，由建设单位在设计交底前约定的时间提交设计单位。

（2）技术交底：由项目技术负责人向承担施工的负责人或分包人进行书面技术交底，技术交底资料应办理签字手续并归档保存。

3.场地平整

站区场地平整、建（构）筑物基础及地下设施基槽余土、站内外道路、防洪设施的土石方量保持基本平衡。检查地表土质有机质含量，若小于5％，可进行碾压（夯）密实后进行回填，若地表有机质含量大于5％，应先挖除再进行回填，挖除的土体用作地表绿化或造田。场地平整填料按规范要求分层填筑，分层填筑厚度控制在300mm，压实系数控制在0.94。

4.施工平面布置

熟悉施工现场的状况，制定施工组织，按规范要求布置施工平面功能分区，编制施工进度计划图，组织施工机械、材料、人员的进场工作。查找施工所需规范、工艺标准，做好技术交底。确认集水井、污水池的施工位置、工艺等资源配置。

5.劳动力配置

确定各施工阶段用工量，并根据施工进度计划确定各施工阶段劳动力配置计划。

6.施工机具配置

根据施工部署和施工进度计划确定，包括各施工阶段所需主要周转材料、施工机具的种类和数量。所使用的机具在施工人员进场之后，施工之前运入现场，检查各机具运转情况，并按施工平面布置图定位。各类管道按类别、用途分开集中堆放，布置施工用水、电和施工用地面的处理。

（二）定位放线

根据站内排水及站内道路布置图定出排水管道开挖中心线，根据设计要求和施工规范确定挖槽深度和宽度。依据设计图纸给定坐标点，根据整个实际场区测控网，建立给排水管道控制线，并确定基础的基准轴线，测定各角点中心控制桩，放线验线合格后方可正式开挖。

二、排水系统施工

（一）开挖沟槽

沟槽断面形式有直槽、梯形槽、混合槽等，此外还有两条或多条管道埋设同一槽内的联合槽。沟槽用什么样的断面形式应从土的性质、地下水情况，施工现场大小、支撑条件、管道断面尺寸，管节长度及管道埋深等情况来综合考虑。

1.沟槽放线

在所有中心桩处设置龙门板，并依据开挖宽度 M 画出开挖沟槽的边线，具体方法为：过中心桩做管道中心线的垂直交线，沿此线在中心桩两侧各量出 M/2 加 0.7m 的长度，分别打上木桩，打桩深度为 0.7m，地面上留 0.2m 高。将一块高 150mm、厚 25～30mm 的木板（龙门板）钉在两边桩上，板顶应水平，如图 6-7 所示。然后把中心桩上的中心钉引到龙门板上，用水准仪测出每块龙门板上中心钉的绝对标高，并用红油漆标写在龙门板上表示标高的红三角旁边。根据中心钉标高计算出该点距沟底的下返距离，也写在龙门板上，以便挖沟人员掌握。

下返距离＝板顶中心钉绝对标高－管底绝对标高

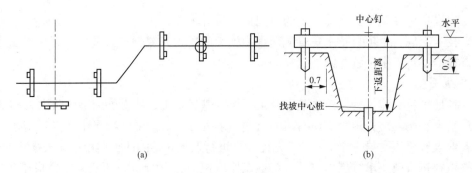

图 6-7　沟槽放线

(a) 管道定线；(b) 沟槽龙门板

最后在龙门板上以中心对称量出开槽宽度，在龙门板间拉绳，并沿绳在地面上撒上白灰线，随后即可依次此线开挖管沟。

2. 沟槽开挖

沟槽开挖有人工开挖和机械开挖两种。机械开挖广泛采用单斗挖土机。

在管道铺设的施工现场，依据管线总平面图上标定的管道位置坐标或管道中心线距永久性建筑物的设计距离，使用花杆、钢卷尺、经纬仪等仪器测定出管道的中心线，在管道的分支点、变坡点、转弯和检查井等的中心处打上中心桩，并在桩面上钉上中心钉。变电站沟槽开挖依据其埋置深度，可分为直槽开挖和放坡开挖。

由于管道直接坐落在土壤上，沟底管基的处理极为重要。原土层沟底，如果土质坚实可直接座管，如土质较松软，应进行夯实。砾石沟底，应挖出 200mm 用好土回填并夯实。因雨或地下水位与沟底较近使沟底原土受到水浸时，一般铺 100～200mm 厚碎石，石上再铺 100～150mm 厚砂子。

3. 深沟槽的支撑

支撑是防止沟槽上壁坍塌的一种临时性挡土结构，由木材或钢材做成。支撑的荷载就是原土和地面荷载所产生的侧土压力。沟槽支撑与否应根据土质、地下水情况、槽深、宽、开挖方法、排水方法、地面荷载等因素确定。一般情况下，沟槽土质较差、深度较大而又挖成直槽时，或高地下水位砂性土质并采用表面排水措施时，均应支设支撑。支设支撑可以减少挖方量和施工占地面积、减少拆迁。但支撑加材料消耗，有时影响后续工序的操作。

(二) 管道基础

管道基础的作用是将集中的荷载均匀分布，以减少对地基单位面积上的作用力，同时减少对管壁的作用力，前者不使管子产生沉降，后者不致压坏管材。

管道的基础可分 3 部分：地基、基础和管座。地基是指沟槽底的土壤部分。它承受管子和基础的重量、管内水的重量、管上土压力和地面上的荷载。管座是在基础与管子下侧之间的部分。使管子和基础联成一体，以增加管子的刚度。管座的施工宜在管子接口，渗漏实验合格后再做，以免管座内部的接口质量不好，无法检修。

1. 弧形素土基础

弧形素土基础是在原土上挖成弧形管槽（弧度的中心角一般采用 90°），将管道安放在弧形管槽里。这种管道基础适合于以下情况的管道：①无地下水；②原土干燥且能挖成弧形；③管道直径小于 600mm 的混凝土管、钢筋混凝土管、陶土管；④管顶覆土厚度在 0.7～

2.0mm 之间的管道；⑤不在行车道下的次要管道以及临时性管道。

2. 砂垫层基础

砂垫层基础是在挖好的弧形素土管槽上，采用带棱角的粗砂填 100～150mm 厚的砂垫层，在砂垫层上放置管道。这种基础适用于无地下水的干燥土壤、岩石层、多石层、管道埋深在 1.5～3.0m 的排水管道。

3. 混凝土枕形基础

这种基础只设置在管道接口处，用 C10 混凝土做成枕状垫块，它适用于干燥土体的雨水管道及不太重要的污水支管。

4. 混凝土带（条）形基础

这种基础整体性强，抗弯抗震性能好，适用于各种潮湿土壤以及土质较差、地下水位较高和地质软硬不均的排水管道，基座按需要可做成 90°、135°和 180°包角。当管顶覆土厚度为 0.7～2.5m 时，采用 90°基座；管顶覆土厚度为 2.6～4.0m 时采用 135°基座；当管顶覆土厚度在 4.0～6.0m 时采用 180°基座。当无地下水时，在槽底铺 100～150mm 厚砂石整层，然后在上面浇铸混凝土形成混凝土带形基础图。

（三）下管与稳管

1. 下管

把管子从地面放到挖好的并已做基础的沟槽内叫作下管。按管子的大小，视具体情况，可以用人工下管或机械下管。在下管时，可沿沟槽分散放置或集中在某处下管后在沟槽内滚运到安放位置。

当管径较小，重量较轻时，可采用人工下管；对于大口径的管子，一般用机械下管，只在缺乏机械设备的条件下或现场无法使用机械时，才用人工下管。沿沟槽分散下管可减少在沟内的运输。如果沿沟槽两边堆了土，或沟槽设置支撑，则可在某几个点集中下管，然后在沟槽内运管，但应当避免沟内运管距离过长。

在平基混凝土表面采用经纬仪弹中心线或边线，在平基混凝土达到一定强度后，安装管道，在管身中心线上设一线坠、管口处设有中心刻度的水平尺，稳管时，移动管身，使线坠与水平尺的中心刻度对正。

2. 稳管

稳管是将管子按设计的平面位置和高程，稳定在地基或基础上。对距离较长的重力流管道工程，一般由下游向上游进行施工，以便使已安装的管道先期投入使用，同时也有利于地下水的排出。

稳管时，为了便于管内接口的操作或防止金属管材的热胀，一般在两管间顶留 1cm 的间隙。铺设承插式压力流管道时，承口应朝来水方向，以防管内水压力对接口材料的冲击。

稳管时，控制中心和高程是十分重要的，也是检查验收的主要项目。施工前，沿管线每 10～15m 埋设一坡度板，板上有中心钉和高程钉，便于在挖槽、浇筑混凝土基础及稳管时使用。

（1）位量控制。

位置控制即为管中心控制，为使之与设计要求一致，在施工中有以下方法：

1）中心线法：在连接两块坡度板的中心钉之间的中线上挂一垂球，当垂球线通过水平尺的中心线时，表示管子已对中。

2）边线法：即把坡度板上的中心钉移至一侧的相等距离，以控制管于水平直径处外皮与边线间的距离为一常数，则管道即处于中心位置，如图 6-8 所示。用边线法比中心线法速度快，但准确度稍差。

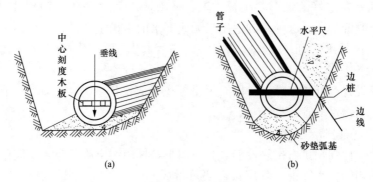

图 6-8　中心控制法

（a）中心线法；（b）边线法

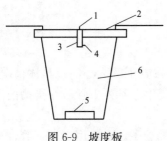

图 6-9　坡度板

1—中心钉；2—坡度板；3—立板；
4—高程钉；5—管道基础；6—沟槽

（2）高程控制。高程控制，就是控制管道的高程，使其与设计高程相同。具体进行时，控制两相邻检查井间管段的两端高程，使与设计高程相符，则管段各点高程必符合要求，误差小于 2~3mm 管道的高程控制是利用坡度板上的高程钉，如图 6-9 所示。两高程钉之间的连线即为管底。

坡度的平行线。该高程线任何一点到下部的垂直距离称下反数，利用高程尺上的不同下反数，控制其各步高程。

（四）排水管道接口

1. 排水管道的接口

排水管道是由若干管节连接而成的，管节之间的连接处称为管道接口，排水管道的不透水性和耐久性，在很大程度上取决于铺设管道接口的质量。因此，要求管道接口应具有足够的强度、不透水、能抵抗污水或地下水的浸蚀，并具有一定的弹性。根据接口的弹性，一般分为柔性、刚性及半柔半刚性接口。

（1）柔性接口。

柔性接口要求在管道不渗漏的前提下，允许管道纵向轴线交错 3~5mm 或交错一个较小的角度，常用的柔性接口有 2 种：

1）石棉沥青卷材接口如图 6-10 所示，这种接口一般用于无地下水、地基软硬不均、有可能沿管道纵向发生不均匀沉降的地区。

2）橡胶圈接口如图 6-11 所示。这种接口结构简单，施工方便，在土质较差、地基硬度不均匀或地震地区采用，具有独特的优越性。

（2）刚性接口。刚性接口不允许管道之间有轴向的交错。由于钢性接口较柔性接口施工简单，造价低，因而使用广泛。常用的刚性接口有 2 种：

1）水泥砂浆抹带接口。这种接口形式对平口管、企口管和承插口管均适用，并且造价低，一般用于地基土质较好的雨水管道，或地下水位以上的污水支管，在土质较差的地区可与管道枕形基础和混凝土带形基础结合使用。

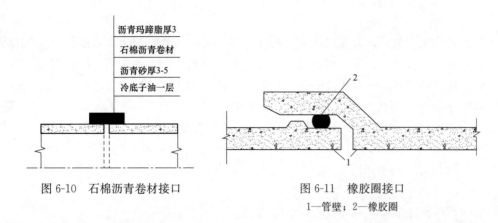

图 6-10　石棉沥青卷材接口　　　　图 6-11　橡胶圈接口
1—管壁；2—橡胶圈

2）钢丝网水泥砂浆抹带接口。在抹带范围（宽 200mm）管壁凿毛，抹 1∶2.5 或 1∶3 水泥砂浆一层，厚 15mm，铺 20 号 10mm×10m 铁丝网一层，两端插入基础混凝土中固定，上面再抹厚 10mm 砂浆一层。这种接口形式适用于地基土质好、具有带形基础的雨水管道、污水管道上。

（3）半柔半刚性接口。半柔半刚性接口介于上述两种接口形式之间，常用的是预制套环石棉水泥（沥青砂浆）接口。在预制套环与管子之间缝隙中，用质量比为 1∶3∶7（水∶石棉∶水泥）的石棉水泥或 1∶0.67∶0.67（沥青∶石棉∶砂）的沥青砂浆打实。这种接口适用于地基虽经处理但管道也可能产生不均匀沉降，且位于地下水位以下、内压低于 10m 水柱的管道上。

（五）雨水井、检查井施工

检查井底基础与管道基础应同时浇筑，井壁墙体砌筑每次收进不大于 30mm。井内的流槽应在井壁砌至管顶以上时进行施工。井壁塑钢踏步应随砌随安，位置准确。井管道顶部采用砖拱。检查井井盖安装时采用经纬仪测点统一安装，井盖标高采用水准仪测设水准点安装。井内壁和流槽按需要制作弧形模板粉刷成形，管与井壁接触处用砂浆灌满，不得漏水，雨水口支管管口与井口墙面相齐，井圈高程应比路面底 10cm 为宜。

（六）检验试验

1. 灌水试验

室内隐蔽或埋地的排水管道在隐蔽前必须做灌水试验。灌水高度应不低于底层卫生器具的上边缘或底层地面高度。灌水到满水 15min，水面下降后再灌满观察 5min，液面不降，管道及接口无渗漏为合格。

室外排水管网按排水检查井分段试验，试验水头应以试验段上游管顶加 1m，时间不少于 30min，逐段观察，管接口无渗漏为合格。

室内雨水管应根据管材和建筑物高度选择整段方式或分段方式进行灌水试验，整段试验的灌水高度应达到立管上部的雨水斗，当灌水达到稳定水面后观察 1h，管道无渗漏为合格。

2. 通球试验

排水管道主立管及水平干管安装结束后均应作通球试验。通球球径不小于排水管径的 2/3，通球率必须达到 100%。

3. 通水试验

排水系统安装完毕，排水管道、雨水管道应分系统进行通水试验，以流水通畅、不漏为合格。

如有漏水情况，塑料管道维修可采用换管、套补粘接、玻璃钢法等方法修补。管材大面积损坏的需更换整段管道，可采用双承口连接更换管道的办法。此法施工时应将插入管端倒角以形成坡口，并且原有管段和替换管段的插入管端都要标刻插入长度标线。套补粘接主要是针对管道穿小孔和接头渗漏的情况。选用相同口径的管材长约20cm，将其纵向剖开，将套管内表面和被补管材外表面打毛，涂胶后套在漏水处贴紧即可。玻璃钢法是用环氧树脂加固化剂配成树脂溶液，用玻璃纤维布浸上树脂溶液后均匀地缠绕在管道或接头渗漏处，经固化后成为玻璃钢即可止水补漏。如在漏水点处加上不锈钢箍夹紧玻璃纤维布则效果更佳。

管道系统试验合格后，应进行管道系统清洗。

（七）土方回填

1. 回填土的要求

（1）沟底至管顶以上0.5m范围内，不得含有机物、冻土以及大于50mm的砖、石等硬物。在管道接口处，回填细粒土。

（2）采用砂、石灰土或其他非素土回填时，按设计要求回填。

（3）回填土的含水率宜为最佳含水率，便于夯实。

（4）回填土分层夯实，一般每300～400mm夯实一次，并取样试验。

2. 回填土施工要点

（1）管道两侧和管顶以上500mm范围内，应由沟槽两侧对称分层回填，采用人工回填人工夯实。

（2）沟槽内如有积水，应先排出后分层回填。

（3）回填高度超过管顶500mm以上时可采用机械填土，但也按分层摊铺和夯实的要求进行操作。

（4）检查井、雨水口及其他井室周围的回填，应与管道沟槽回填同时进行，井室周围回填土应对称夯实，不得漏夯。

三、管道施工技术要点和竣工验收

1. 配合土建工程预留、预埋

应在开展预留预埋工作之前认真熟悉图纸及规范要求，校核土建图纸与安装图纸的一致性，现场实际检查预埋件、预留孔的位置、样式及尺寸，配合土建施工及时做好各种孔洞的预留及预埋管、预埋件的埋设，确保埋设正确无遗漏。

2. 管道测绘放线

测量前应与建设单位（或监理单位）进行测量基准的交接，使用的测量仪器应经检定合格、在有效期内且符合测量精度要求。应根据施工图纸进行现场实地测量放线，以确定管道及其支吊架的标高和位置，避免管道之间出现碰撞现象。

3. 管道元件检验

管道元件包括管道组成件和管道支撑件，安装前应认真核对元件的规格型号、材质、外观质量和质量证明文件等，对于有复验要求的元件还应该进行复验，例如合金管道及元件应进行光谱检测等。

4. 管道加工预制

管道预制应根据测绘放线的实际尺寸，本着先预制先安装的原则来进行，预制加工的管段应进行分组编号，非安装现场预制的管道应考虑运输的方便，预制阶段应同时进行管道的检验和底漆的涂刷工作。

5. 管道安装

（1）管道安装一般应本着先主管后支管、先上部后下部、先里后外的原则进行安装，对于不同材质的管道应先安装钢质管道，后安装塑料管道。

（2）当管道穿过地下室侧墙时应在室内管道安装结束后再进行安装，安装过程应注意成品保护。

（3）干管安装的连接方式有螺纹连接、承插连接、法兰连接、粘接、焊接、热熔连接。

（4）冷热水管道上下平行安装时热水管通应在冷水管道上方、垂直安装时热水管道在冷水管道左侧。排水管道应严格控制坡度和坡向，当设计未注明安装坡度时，应按相应施工规范执行。

（5）室外排水管道的坡度必须符合设计要求，严禁无坡或倒坡。

（6）埋地管道、吊顶内的管道等在安装结束，隐蔽之前应进行隐蔽工程的验收，并做好记录。

6. 竣工验收

工程施工完成后，各施工责任方内部应进行安装工程的预验收，提交工程验收报告，总承包方经检查确认后，向建设单位提交工程验收报告。建设单位组织有关的施工方、设计方、监理方进行单位工程验收，经检查合格后，办理竣工验收手续及有关事宜。

第七章　变电站防汛改造及新技术应用

随着经济快速增长，城市发展进程的进一步加快，老旧变电站外部环境发生了巨大变化。城乡建筑密度增大，硬化路面面积剧增，地面下渗功能削弱，城市内部管网排涝能力不足，区域性内涝屡见不鲜。而城镇建筑设计标高的不断抬高，致使部分变电站场地地坪与周边地势无明显高差，甚至低于周围场地，沦为低洼地带。同时，近年来台风、暴雨等极端天气频发，江河湖泊的历史最高水位屡创新高，江水、湖水溢出后也将倒灌进入水域周边的变电站，此类情况无法满足变电站防汛标准要求，因此，老旧变电站的防汛改造工作势在必行。结合第二章的评价方法，开展变电站防汛能力评估，根据评价结果，对于存在站址隐患且防汛措施不完善的变电站，即评价为危急状态的变电站，应优先考虑对变电站进行防汛改造。本章重点介绍"堵"和"排"等防汛改造措施和防汛新技术的应用，进一步提高变电站的防汛能力，为电网安全运行提供保障。

第一节　变电站防汛设施改造原因

变电站外部环境的变化致使变电站防汛承受严峻考验，对于老旧变电站，其防汛设施、建设标准较低，且经长年累月运行，设备设施出现老化，其原有功能也将削弱甚至失效，极端条件下将发生场区、设备区的积水，形成变电站内涝。

一、电缆管沟倒灌

当前变电站内电缆进出线主要采用电缆沟及电缆埋管形式，站内电缆出围墙后通至电缆井或电缆沟。经调研，老旧变电站外电缆沟（井）很少设置排水设施，平时积水均通过渗流或者其他的方式消除，当极端天气来临时，变电站外部电缆沟（井）就成了蓄水池。目前电缆铺设后的通用做法是采用防火堵料封堵电缆与埋管的空隙，普通的防火堵料没有防水的作用，且极易老化。另外，电气建设工艺需有时间差，电缆在变电站投运后陆续接入，封堵工艺质量参差不齐，存在诸多防汛隐患，比如，当电缆沟（井）内水位超过预埋管的高度时，电缆埋管通道就变成了水流向变电站的通道。

二、围墙渗流

现行使用的围墙大部分采用浆砌块石的结构型式，如图7-1所示，其防汛防洪能力较弱，加之施工质量以及地基变形等原因，围墙上会产生裂缝，当极端天气来临，大暴雨侵袭时，低洼变电站墙体裂缝及围墙底部的排水管就变成了洪水倒灌通道，同时，变电站外洪水也会通过围墙底部渗透进入变电站。而且，普通围墙承压能力较弱，变电站内外积水超过一定高度时，还存在围墙倒塌的风险。

图 7-1　普通变电站围墙

三、大门倒灌

现行变电站大门一般设计为 6m 宽，2.3m 高封闭实体电动平推门（上开 1m 宽、2.1m 高平开小门），底部带滑轮，此类大门不具备阻水功能，如图 7-2 所示。也有一些老旧变电站大门为镂空结构，完全不具备阻水功能。当站场周围水位因暴雨洪水汇集抬升时，大门就成为洪水倒灌通道。

图 7-2　变电站常规大门

四、排水系统倒灌或排水能力不足

老旧变电站站区雨水排放多采用自流排水和有组织排水相结合的排水方式，部分地面雨水直接由场地四周围墙排水孔排至站外，对于那些建（构）筑物、道路、电缆沟等分割的地段，采用集水井汇集雨水，经地下排水暗管，排至市政雨水管网中，站内雨水管网与站外雨水管网采取直接连通的方式，这种排水方式在站区外部水位较高时存在倒灌风险。另外，因城市建设、周围环境变化等原因，导致早期建设的老旧变电站变成了局部低洼地带，当极端暴雨天气发生时，站内原有排水系统排水能力往往不能满足要求，需要维修改造。

第二节　变电站挡水措施改造

变电站防汛首先要考虑的就是挡水措施，当站场外部水位升高时，只有把外部水源阻隔在变电站之外，才能保障站内排水系统有效排放工作。目前，挡水改造措施主要涉及站场围墙加固、变电站大门及电缆管沟封堵改造。

一、围墙改造

变电站围墙主要起到防御和隔离的作用，变电站围墙可以有效地阻隔站外的积水倒灌。由于设计、施工等原因，老旧变电站围墙存在阻水功能较弱、墙体发生裂缝破损等问题，严重的会发生墙体倒塌事故。对于存在站址防汛隐患的围墙改造主要有以下三种方式。

（一）围墙重建

变电站围墙老旧导致结构整体稳定性差，墙体不具备修复维护价值以及不具备挡水功能的围墙，建议整体拆除重建，视站场防汛需求将围墙建设为砌体墙或钢筋混凝土防洪墙，具体设计及施工本章不再赘述，详见第五、六章。图 7-3 为某建设在河流旁的 110kV 变电站，原设计为镂空式围墙，汛期曾出现过积水进站，通过整体改造，重建为挡水围墙，有效提高了变电站的防汛能力。

图 7-3　变电站镂空围墙改造为实体挡水围墙

（二）加固改造

原有围墙经过加固能够达到站场防洪要求的，可以不拆除而是进行加固改造。目前，主要的加固改造方式有两种：①原有墙体具备阻水功能，但整体稳定性不足，难以承受洪水压力，可考虑通过增加侧向支护（板）墙的方式对墙体进行加固；②墙体结构整体性完好，但存在局部渗漏水现象，此类墙体可通过常规的裂缝封堵方式完成堵漏改造，对于渗漏严重无法达到有效堵水效果的墙体，可考虑在原有围墙的基础上，加宽墙体补建挡水层。

1. 增加支护墙

钢筋混凝土支护墙宜根据原有围墙情况，每间隔 3～5m 修建支护墙，增加围墙抗侧压力，确保外部压力过大时，围墙不发生倒塌。

支护墙的参考配置如下：

（1）梯形挡墙，尺寸为高 1.8m×宽 1.4m(0.4m)×厚 0.4m（内配 Φ14@150 双层双向钢筋），加固墙体与原有围墙之间通过植入 Φ14 钢筋进行连接。

（2）矩形挡墙，基础埋深 0.8m，采用石子及 0.1m 厚 C15 混凝土垫层、钢筋混凝土基础（长 1.8m×宽 0.6m×深 0.8m，内配 8Φ18＋Φ8@150 钢筋）。

（3）材料要求：C30 混凝土，如图 7-4 和图 7-5 所示。

图 7-4　加固墙基础　　　　　　　　　　图 7-5　加固墙植入钢筋

2. 修建挡水层

对于墙体裂缝较多，通过灌浆难以处理的，可考虑在原墙体内侧或外侧面，扩大原墙基础并修建一定高度的钢筋混凝土结构挡水层（墙），该方法施工简便，易于改造，对于围墙的抗渗漏、加固均具有良好的效果，如图 7-6 所示。

采用钢筋混凝土结构在原有围墙内侧或外侧修建挡水层时，改造的高度以高于站区历史最高水位为宜，挡水的同时，也确保外部洪水压力过大时，围墙不至发生倒塌、渗漏现象。

挡水层改造参考：

（1）墙体厚度不小于 300mm，加固墙体与原有围墙之间通过植入 Φ14 钢筋进行连接。

（2）基础埋深参照原围墙基础，采用碎石或 0.1m 厚 C15 混凝土垫层、钢筋混凝土基础。

（3）材料要求：C20、C30 混凝土。

（三）墙体结构缝处理

由于墙体材料干缩徐变、结构位移、基础不均匀沉降、温度应力、施工质量等原因，变电站围墙会出现结构裂缝，严重影响墙体的承载能力及防水能力。

针对出现少量裂缝的围墙，通常可采用灌浆的方式对裂缝进行处理。灌浆的注意事项为：

（1）灌浆前清除裂缝表面的灰尘、浮渣以及松散层等污物，然后再用毛刷蘸酒精、丙酮等有机溶剂，把裂缝两侧 30～50mm 处擦洗干净并保持干燥。

图 7-6　原有围墙与增加挡水墙

（2）在裂缝交叉处、较宽处、端部裂缝贯穿处埋设灌浆嘴。埋设间距：短缝为 300～500mm；长缝为 500～800mm。

（3）埋设时，先在灌浆嘴的底部抹一层厚约 2mm 的结构胶泥（现场用结构胶和水泥配置）将灌浆嘴的进浆孔骑缝粘贴在预定位置上。

（4）结构胶泥封逢。沿裂缝（在裂缝两侧 30～50mm）抹一层厚约 1～2mm 的结构胶泥。抹胶泥时应防止出现小孔和气泡，要刮平整，保证封闭可靠。

（5）裂缝封闭后进行压气试漏，检查密封效果。试漏需待结构胶泥有一定强度后进行。

图 7-7　变电站围墙伸缩缝处理

（6）现场按照不同浆材的配方及配置方法配置灌浆料。浆液一次配置数量需以浆液的凝固时间及进浆速度来确定。

（7）用压缩空气将孔道及裂缝吹干净，根据裂缝区域大小，可采用单孔灌浆或分区群孔灌浆。在一条裂缝上灌浆可由一端到另一端。

（8）待缝内浆液达到初凝而不外流时，可拆下灌浆嘴，再用结构胶泥封闭。

采取灌浆的方式处理的裂缝，抗渗性好，强度高。对于围墙伸缩缝可用沥青或其他柔性密封材料填堵，并用不锈钢板封盖，如图 7-7 所示。变电站防汛也需要对变电站围墙四周底部的排水口进行封堵，并在围墙侧增设排水渠与站内排水系统连接。

二、大门改造

目前大部分老旧变电站大门一般采用通透结构，即便是封闭结构大门，底部也不具备挡水阻水功能。因此，需对有防汛要求的变电站进行站场大门改造。目前，变电站防汛大门改造主要方式有水平式挡水门、对开式挡水门以及可拆卸防水挡板等形式。

（一）水平式挡水门

水平式挡水门大部分都是电动平移门，具有多功能的特点，其门体对抗风载要求较严，适合在各种厂房建筑结构上安装。门扇一般为单轨道门，可以在手动与电动之间切换。平移门门扇由门框、门板、导轨、电机等组成。门框有铝合金、不锈钢、镀锌钢板3种不同材质。水平式挡水门通过控制手柄，可进行电控或者无线遥控，同时可兼作大门使用，无需再新建变电站大门。这类门挡水高度有限，一般最高为2m，相对其他挡水门而言，水平式挡水门制造工艺较为复杂，对止水条、轨道等防渗水构造安装精度要求较为严格，造价及后期维护费用也较高，对于新建智能变电站可考虑采用水平式挡水门。

（二）对开式挡水门

对开式挡水门采用开启式防水结构，如图7-8所示。对开式挡水门包括门闸和闸板，背部设有支撑、墙体上设有门托，用于定位闸板，有铝合金、不锈钢等不同的材质。闸门平时不用时，闸板贴靠于墙体，操作时无需任何工具，可一人操作，关闭所需时间小于2min，操作简单方便。但它的挡水高度有限，最高为1.5m。双开型每扇门宽一般为3～5m，超出该宽度则防洪门过重，不易操作，占地面积也较大，且造价较高，价格优势不明显。

图7-8　对开式挡水门

（三）防水挡板

防水挡板因其改造简单、拆装方便、经济性也较高，目前，被广泛应用于变电站大门的防汛。以下对防水挡板的配置、安装及运维做重点介绍，如图7-9所示。

1. 配置要求

（1）存在站址隐患的变电站在大门、控制楼门厅以及一楼设备室进口处配置防水挡板。

（2）防水挡板材质一般为铝合金空心板，单片挡水板常见规格：高度215mm×厚度50mm，壁厚2.2mm，挡板长度需根据现场门的实际尺寸定制，每片净防水高度达到200mm，中间可增设加强筋，避免弯曲变形，最底端的一块挡板设有橡胶防水密封条与地面密封。

图 7-9　变电站大门防水挡板

图 7-10　底层楼设备室防水挡板

（3）通常变电站大门处配置 4 块，有效防水总高度可达 80cm。防水挡板长度超过 4m 时建议增加支撑杆以防止挡板受水压弯曲变形，支撑杆材质可选用 304 不锈钢方管，参考规格：50mm×50mm，与地面设有活动式连接扣件，顶部设置向下压紧五金配件。

（4）控制楼门厅及一楼设备室进口处一般配置 2 块防水挡板，有效防水总高度可达 80cm，如图 7-10 所示。

2. 安装要求

（1）防水挡板的边侧立柱在安装时需要考虑门的开启方向，平移门或内开门安装在门柱或门框外侧，外开门安装在门柱或门框内侧，如图 7-11 所示。

图 7-11　防水挡板安装

（2）为提高防水效果，变电站大门防水挡板需配置轨道安装，轨道材质建议采用 304 不锈钢；尺寸深度 50mm×宽度 60mm，壁厚 1.5mm；地面开槽采用嵌入式安装，地面安装槽尺寸为深度 80mm×宽度 90mm，轨道置入槽内，轨道两侧及底部空隙处需用含有防水剂的微膨水泥砂浆填充，轨道与地面接触处采取防水处理，表面处理平整，确保车辆与行人正常出入。

（3）防水挡板安装时自下而上叠加安装，有橡胶防水密封条的一块安装在最底端，防水密封条与轨道或地面接触，其他几块型式相同，依次安装。防水挡板配合吸水膨胀袋使用效果更佳，可有效减少底部渗漏。

3. 使用维护

（1）变电站大门处防水挡板。

1）橡胶密封条靠墙、平面向上摆放在变电站大门内侧支架上，挡板边侧立柱顶端固定的五金配件应齐全。

2）不锈钢支撑桩和顶端固定的五金配件应齐全，并且摆放在防水挡板处。

3）不锈钢支撑桩配套的安装在地面的内六角螺丝应齐全。

4）边侧立柱橡胶密封条及螺栓应齐全。

5）内六角扳手是防水挡板的安装工具，要妥善存放。

（2）控制楼门厅处防水挡板。

1）汛期使用时安装，不安装时，密封条靠墙、平面向上摆放在门厅内。

2）挡板顶端固定的五金配件安装在边侧立柱内，可不拆卸。

（3）一楼设备室处防水挡板。

一楼设备室处防水挡板可以作为防小动物挡板使用，永久安装在设备室门处，不用拆卸。

三、电缆管沟封堵改造

变电站电缆进出线主要采用电缆沟及电缆埋管形式。防汛工作重点包括①站外电缆进站处；②站内电缆沟或电缆埋管进入设备室处。

目前电缆进出位置一般均采用防火堵料封堵电缆与埋管之间的空隙或设置防火墙封堵，普通的防火堵料常以柔性封堵材料为主，在受压力和拉伸后有一定的延伸性，具有较好的防火能力，但其本身并不具备防水的作用，且防火堵料易老化，老化后易开裂，在外部水压高的情况下易出现破损，难以起到防水的作用。

站外电缆沟（井）没有排水设施，平时积水均通过渗流或者其他的方式消除，当极端天气来临时，电缆沟（井）积水无法及时排出，极易造成倒灌，如图 7-12 所示。同样，在变电站构筑物场区电缆沟积水较深时，有可能从电缆进出设备室处倒灌进入室内设备区电缆沟，影响室内设备安全运行。

电缆沟封堵常用方法主要有：①混凝土

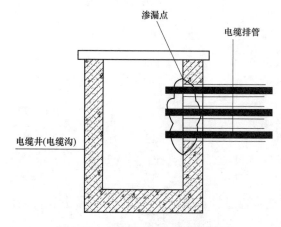

图 7-12　电缆管沟积水渗漏及倒灌

浇灌封堵；②气体封堵；③防水套管或橡胶预制件以卡套形式封堵；④其他新型堵漏防水材料封堵，如国电电力建设研究所研制生产的"龙宫"牌微孔硅酸钙防水粉（速凝型防水粉），凯顿百森 KP 堵漏剂，凯顿百森 T1、T2 型粉涂料，"新青凝"高效新型防水剂 NP-1和 NP-2，821BF 型遇水膨胀止水橡胶构件，440-BW 遇水膨胀粘性止水条，FG321 双组分聚硫密封膏，"HH1"防水剂，美国杜拉纤维，RJ-1 型丙烯酸，LW 水溶型聚氨酯灌浆料等。

（一）电缆埋管封堵改造

1. 电缆埋管柔性封堵

对于电缆通过埋管进站或进入设备室的，可采用充气式电缆密封系统 IDSS 柔性封堵方式进行改造。将不可燃的氮气充入质地柔软、延展性好的铝箔材料，以气袋形式进行封堵，如图 7-13 所示。

图 7-13　充气式柔性封堵施工图

在氮气压强为 0.3MPa 时，其体积随温度变化最小，而达到 0.5MPa 时，可能会产生渗漏现象，故将 0.3MPa 的氮气充入铝箔复合材料制成的气袋满足预期，可用于电缆封堵。

具体方案如下：

（1）清洁缆线和管道表面，建议使用湿布清洁。

（2）将 IDSS 按指示尺寸卷起，以便帮助安装。

（3）撕去 IDSS 密封系统外观的保护纸，如果是聚乙烯管道还需润滑。

（4）润滑 IDSS 密封系统内部油灰以及外部的凸角。

（5）润滑充气管道。

（6）沿着缆线绕卷 IDSS，将其推滑进管道直至到达管道平稳处。

（7）如果是两根缆线，将 IDSS 沿着缆线放置。

（8）将充气管道连接至充气系统的接收器。

（9）进行充气直至 IDSS 压力增加到 0.3MPa，且 30s 内压力应保持在该水平。

（10）用手按住 IDSS，然后缓慢地拔出充气管。

此类充气式柔性封堵工艺较为复杂，要求电缆通过排管进站，但是可以反复利用，当出现变电站新电缆接入时，可直接使用。

2. 管道密封剂封堵改造

管道密封剂是具有高膨胀力的泡沫密封剂，能有效地阻止水、酸性物质、尘土、气体、昆虫和各种啮齿动物等进入管道中。密封剂的液体泡沫物质能黏着于金属、塑料、混凝土表面，其发泡物会顺着复杂的管道膨胀和逐渐变硬并最终形成一种类似于"闭孔细胞"的形状。硬化后能保持性能稳定，同时可方便清除而不会损坏电缆或管道表面，在常压下可有效地阻挡水和气体进入电缆管道，如图 7-14 所示。

图 7-14　管道密封剂改造效果对比

使用管道密封剂改造电缆埋管防水，首先将泡沫带铺设在电缆的周围变成泡沫障碍，填满电缆和管道之间的空间。泡沫剪成适合的尺寸，使用配置杆将泡沫向管道里推 125mm。通过喷嘴射入适当的泡沫密封剂于泡沫障碍中，在 2～5min 之内密封剂会完全地膨胀起来。如果管道没有被完全填满，使用新的混合喷嘴将泡沫密封剂直接射入气穴里。

在完成防水封堵后，所有电缆穿管管口用有机防火堵料进行封堵，封堵厚度保证在 50mm 以上。

备用孔同样做上述封堵，泡沫密封剂易于清除，不会影响电缆穿备用孔。

（二）电缆直埋封堵改造

老旧变电站电缆一般没有通过电缆埋管进站，而是直接在电缆沟侧开孔洞供电缆进出。对于电缆较少的变电站，可增加进出电缆排管，使用柔性封堵或管道密封剂等材料封堵，新电缆通过排管进出。对于电缆已基本铺设完毕，排布较密的变电站，一般进行整体防水封堵改造，典型的速凝剂改造方案如下。

1. 电缆沟清淤

对电缆沟先进行抽水清除淤泥、杂物、用钢刷清除锈迹、洗洁精清洗油脂，充分湿润饱和，要求牢固、干净、平整。

2. 电缆沟壁平整

对电缆沟因长时间潮湿等问题导致损坏的，可用水泥砂浆掺胶恢复脱落裂缝。

3. 电缆沟渗水面施工

（1）基面处理：基面必须要牢固、干净、平整无油污，并充分湿润至饱和，但无积水，不平处先用水泥砂浆掺胶找平。渗水严重的，可在底部打引水孔。

（2）配料：采用高效特种防水防腐抗渗堵漏的新型混合材料，该材料为粉和胶状液体，按比例调配后为无毒无味，速凝耐压，可带水作业，抗老化性能好。

渗水面施工宜采用基面配比,将料按粉:胶=1:0.6~0.8拌成腻子。要严格按操作比例下料搅拌,调出的料应该均匀,不含硬块或粉状。

(3)上料:基面渗水严重,先在底部打引水孔降压,然后自上而下施工,用海棉擦干基面边上料。先用抹子上第一层料,等涂层硬化后(手压不留指纹)将其喷湿(但不能有积水),再用抹子或刮板上第二层料,最后封堵引水孔。

4.电缆沟管孔施工

(1)基面处理:用凿子将管孔四周井壁凿出一定深度(一般为宽度2~3cm、深度2~3cm)的毛茬,但必须要见新茬,然后冲洗干净。

(2)配料:漏水口施工必须采用配比堵漏材料,按粉:胶=1:0.6搓揉成团,刮抹料,按粉:胶=1:0.4~0.5拌成腻子。

(3)上料:根据管孔四周形状将堵漏材料捏成略小于口子尺寸的料团,旋置一会儿(以手捏有硬感为宜)后塞进管孔四周(先从不漏的地方开始,最后堵漏的位置),并用木棒挤压、轻砸使其向四周挤实,即可瞬间止漏;然后在管孔外面及周围可能要漏水的部位做好防水处理,等涂层具有一定硬度后再堵漏,否则水可能从周围渗出。遇到电缆沟外水压特别大的,选用合适配比进行打孔、灌浆处理。

5.电缆沟做保护层

防水工序结束后,电缆沟底部做防水保护层、墙壁防水保护层和管孔防水保护层。

6.施工验收

变电站电缆沟防水施工后应认真检查,电缆沟底部、墙壁、管孔无渗漏水,电缆清洁干净。对于潮湿环境,若施工没有问题而涂层表面仍有水,则可能是潮气结雾,擦干积水并等现场干燥后会自然消失。

7.保养养护

待涂层硬化后,马上进行保温养护以防粉化,第一次养护应小心以免破坏涂层,共养护3~5天。养护措施包括喷水盖湿物、涂养护液等。在特别潮湿处,需做保护层,或使用防水干燥剂,可省去养护。

此类整体封堵变电站施工工艺较简单,但是当出现变电站新电缆接入时,必须将原有防水封堵破坏后方可铺设,如图7-15所示。

图7-15 全面封堵前后对比图

(a)全面封堵前;(b)全面封堵后

第三节　变电站排水系统改造

排水系统的通畅是变电站防汛排涝的关键，变电站防汛排涝系统虽然在设计阶段综合考虑了变电站排水系统的布局合理性、经济性、重要性以及地质、气象等方面的内容，但是变电站排水系统在实际工作中，因城市建设造成周围地形变化、极端恶劣天气的加剧等原因导致变电站排水系统难以满足排水现状需要，甚至丧失排水功能，因此，有必要对此类变电站的排水系统进行升级改造。

目前，变电站排水一般采用自流排水系统，其中自流排水又分为散流式自流排水和沟渠式自流排水，当不具备自流排水条件时多采用水泵升压排水方式。以下就几种排水系统的典型改造方案进行阐述。

一、散流式自排系统改造

部分老旧变电站排水系统是散流式自流排水，在下雨时一部分雨水排至道路，另一部分水排至绿化带，绿化带设有简易引导渠，并在围墙下一定间隔位置设置排水孔，雨水经由设备区排水口顺着引导渠到墙体排水孔流出变电站围墙外。设备区的顺流和围墙排水孔的设计构想是保障雨季时设备区自排水的通畅。

围墙排水孔的设计目的是希望雨水从排水孔流出，实际雨季时排水孔运行状态可能有悖初衷。自然排水沟在经历数年后，雨水的冲刷使天然土体排水渠沟变深，排水孔内墙周围土体也发生凹陷，地势愈来愈低。而排水孔是镶嵌在墙壁中，高低位置基本不变。如此，排水孔高于周围地面，当雨水沿引导渠排至排水孔时，水已经无法正常从排水孔排出了，或者排水孔堵塞也会导致排水不畅。

由于这些雨水一时无法排出，就会在设备区排水口至围墙排水孔间沉积，雨量大时绿化带的渗水速度远远跟不上增加的雨水，设备区排水口周围也会沉积大量雨水，长时间的积水浸泡，使该区域地面下沉，给设备区基础带来严重威胁。所以，现有排水口—引导渠—排水孔这样的设计在实践中存在诸多隐患问题，必须加以解决，以保证防汛工作的可靠性、有效性。

改造实施方案如下：

在引导渠下方挖一适当深度的沟道，将排水管放入并穿墙引至外面，然后用土填埋夯实，原来的排水孔堵死不再使用，雨水经由排水口流入排水管排至围墙外或站外市政管网。由于排水管在土层下面，内壁比水泥面光滑，外界的影响较小，雨水可通畅地从排水管排出，具体改造施工工艺如下。

（1）从设备区排水口至围墙新排水孔间挖一条内高、外低保障雨水下泄的缓坡沟道。

（2）将排水管放入缓坡沟道并穿墙引至外面，然后用土填埋夯实。

（3）设置排水管后，根据场区布置情况每 25～50m 设置一个雨水口，在低洼和易积水的地段，应根据需要适当增加雨水口的数量，雨水口上设置格栅盖板，一方面防止外部小动物进入，另一方面可以阻挡杂物流入管道引发阻塞。

（4）排水管有一定深度，出口比原来的排水孔低，如遇极端情况，墙外积水大涨至排水管出口时，外面的雨水会倒灌到变电站，为防止雨水倒灌，在排水管出口处建议安装拍门阀，雨水只能从变电站内向外流，反之则自动封闭。

排水管道改造后，排水管结构稳定，减缓了雨水冲刷造成的影响。并且管道具有一定斜度形成流差，内壁光滑，又比地面低，雨水能很快通过设备区排水口的排出墙外，较好地解决了设备区积水问题，降低了雨水集聚产生的隐患。该改造方案施工简易、质量有保障，采用暗设方式不占用绿化带面积，美观度好。

二、强制排水系统改造

对于存在倒灌风险的变电站，排水系统应改造为水泵升压排水方式，同时关闭外部市政管网通道。水泵升压排水系统的变电站内一般应设有系统的雨水管网，并在变电站内设置集水井，集水井中安装排水泵，具备自动排水功能，排至站外排水沟或围墙外。

改造实施方案如下：

变电站内排水系统的水泵升压排水改造主要涉及排水管网、集水井、水泵等的改造，具体改造措施包括：沟槽开挖、排水管道安装、管道连接、检查井及雨水井施工，此部分施工内容可参见第四、五章。以下结合实际改造经验，着重阐述集水井及水泵的改造。

1. 集水井改造

根据变电站面积，按设计要求，设置一个或在变电站的不同位置设置多个集水井，参考历史降雨量，对于易出现积水的地区，可考虑扩大集水井容量，增加蓄水能力，为站内排水提供缓冲时间。

在集水井不能满足集水要求时，新增集水井或者扩容集水井，集水井的容积根据设计流量、水泵能力和水泵工作情况等因素确定。

(1) 集水井配置建议。

1) 集水井的容积，不应小于单台最大功率水泵 30s 的出水量。

2) 雨水应通过格栅流入集水井。

3) 集水井的设计最高水位，应与进水管管顶相平（进水管道为压力管时除外）。

4) 集水井的设计最低水位，应满足水泵吸水头的要求。

5) 集水井井底应设置集水坑，倾向坑的坡度不宜小于 10%。

(2) 集水井配置示例。

1) 防汛重点变电站采取强排水措施，配置集水井和水泵。①220kV 及以上变电站应根据场地面积大小配置集水井，场地面积 10000m² 以下配置 1 处集水井，10000m² 及以上配置 2 处集水井，分别布置在场地对角位置，并且通过场地内排水管网互相联通。设置 2 处集水井应分别采取市政管网地下强排与扬程高处强排两种排水方式。②220kV 及以上变电站配置的集水井容积应大于 30m³，尺寸：长 4m×宽 4m×深 2m 或长 3.5m×宽 3.5m×深 2.5m。③110kV 及以下变电站配置 1 处集水井。④110kV 及以下变电站配置的集水井容积应大于 20m³，尺寸：长 3m×宽 3m×深 2.5m。⑤集水井盖板为水泥材质，其中一块采用方格钢栅栏盖板形式，便于检查水位及水泵运转情况。

集水井修建尺寸参考表 7-1。

表 7-1　　　　　　　　　　　　　　集水井修建参考尺寸

集水井	长（m）	宽（m）	深（m）	容积（m³）
类型 1	4.0	4.0	2.0	32.0
类型 2	3.5	3.5	2.5	30.6

续表

集水井	长（m）	宽（m）	深（m）	容积（m³）
类型 3	3.0	3.0	2.5	22.5
类型 4	3.5	3.5	2.0	24.5

2）电缆沟内增设集水井。老旧变电站构筑物设备区电缆沟内壁结构老化开裂导致渗漏，同时，由于电缆沟内坡度不明显，在电缆内会形成积水，进而会影响设备安全稳定运行。这种情况下，可以考虑在变电站设备区电缆层或电缆沟内选取最低点，新增二次强排井，这样便可以确保电缆沟内即便有少量积水也可以顺利排出。

2. 水泵改造

（1）水泵配置建议。

水泵的选择应根据设计流量和所需扬程等因素确定，符合下列要求：

1）水泵宜选用同一型号，台数不少于 2 台。

2）选用的水泵满足设计扬程范围内高效运行，在最高工作扬程与最低工作扬程的整个工作范围内应能安全稳定运行。

（2）水泵配置示例。

1）220kV 及以上变电站内每座集水井内配置 2 台功率 22kW、扬程 10～20m 的潜水泵。水泵电源线满足容量要求，应实现双路电源分别对两处集水井供电，并且有"自动"与"手动"两种运行方式。

2）110kV 及以下变电站内每座集水井内配置 2 台功率 11kW、扬程 10～20m 的潜水泵。水泵电源线满足容量要求，可以单路电源供电，实现"自动"与"手动"两种运行方式。

3）在出站的排水管中安装鸭嘴阀或拍门阀，防止站外水流倒灌入站内。在此种情况下，站区排水流程：道路雨水口在此种情况下雨量的集水井→水泵压力流提升至站区外。当外部市政管网无法接纳站区雨水时，鸭嘴阀关闭，站区内当集水井水位上升至启泵水位时，潜水泵逐台投入使用，把站区内雨水排出围墙外，同时管道排出管铺设至防洪墙外。

图 7-16　提升井加高

4）变电站所有对外的排水管道应装设手动阀门，如无法装设阀门的应装设闸板，当站外水位高时应封闭并能可靠防止洪水倒灌。

5）对于低洼地区的变电站，特别是低于市政管网的，应对其提升井进行加高，保证市政管网的水流不倒灌进入变电站。图 7-16 为低洼变电站提升井加高后改造情况，该变电站低于外部路面 1.5m，若站内提升井不加高，一旦市政管网水位升高，将直接倒灌进入变电站。

6）在变电站围墙四周宜设置一定数量的排水泵出水口，排水通道出水口应高于站外地面

1.2m 以上，排水口附近应设置水泵电源箱，电源箱应高于地面 1.5m，应采用独立电源并采取防雨措施，电源箱电源应根据负荷情况均衡配置，电源箱提供 380V、220V 插座，如图 7-17 所示。以便应急时增加临时排水泵。

(a)　　　　　　　　　　　(b)

图 7-17　围墙排水口和电源箱

（a）排水口；（b）电源箱

（3）使用维护。

1）正常情况下水泵应置于"自动"运行方式。

2）每年汛期前检查水泵是否运转正常。分别检查水泵"自动"与"手动"两种运行方式是否正常。"自动"方式的检查方法应提升水位控制器，检查确认水泵是否运转正常。"手动"方式下水泵应立刻启动运转。

3）水泵技术参数及降雨量、集水井、水泵排量参考表 7-2 和表 7-3。

表 7-2　　　　　　　　　　　　水 泵 技 术 参 数 参 考

装备名称	排水管直径（mm）	扬程（m）	排水量（m³/h）
22kW 水泵	200	10～20	300～400
11kW 水泵	150～200	10～20	130～300
5.5kW 水泵	100～150	10～20	80～150
3kW 水泵	50～100	10～20	60～80

表 7-3　　　　　　　　降雨量、集水井、水泵排量参数参考

变电站	暴雨降水量（mm/h）	场地面积（m²）	场地积水（m³/h）	集水井尺寸（m）	集水井容积（m³）	排水用时
220kV 及以上	70	20000	1400	4×4×2	32	约 6min
110kV 及以下	70	10000	700	3×3×2.5	22.5	约 8min

通过对变电站强制排水系统的改造，完善了排水管网、集水井，并按需配置大功率排水泵，保障排水系统在变电站遭遇暴雨时能够及时排出站内的积水，并在围墙高处设置应急排水通道，在应急情况下，可以通过加装临时泵的方式，加强变电站的应急排水能力。

第四节　场地其他设施改造

变电站场区电源箱、端子箱、照明灯具等往往安装位置比较低，对于存在积水风险的变电站，有非常大的隐患。为确保变电站场区出现积水时，变电站设备运行正常，有必要将场地相关低压、辅助设备进行改造。

一、照明系统改造

对场地照明安装位置较低且防水能力不足的站场，应提升照明系统安装高度，提升防水等级，采用 LED 光源，同时，可考虑接入变电站智能辅助平台，实现远程开启功能，并与视频系统联动，为夜间巡视及抢修提供充足照明，如图 7-18 所示，也可通过提升照明支架高度，确保照明供电不受汛情影响。采用 LED 光源，功率较小，能够有效降低电源线及空开等元器件的使用压力，灯具选用防水级别为 IP65 以上的防水等级，确保照明系统在暴雨期间能够正常使用。

二、防汛专供电源改造

排水泵现场控制电源箱用专用防汛专供电源，对曾发生水浸的变电站应加高支架和抬高设备基础，防水浸高度不低于历史水浸高度。为满足大功率水泵供电要求，需要采用更粗线径的电源线，确保水泵供电安全。由所用变屏直供电源，在所用变屏设置水泵电源专用空开。水泵控制电源宜采用双电源配电箱供电回路，当站用电源停电时，也可接入应急发电机组电源。

(a)　　　　　　　　　(b)

图 7-18　改造前后的照明灯具对比
（a）改造前；（b）改造后

场地上其他主设备的相关端子箱、汇控箱等可参照此方式进行基础升高。

三、场区水位监测改造

为保证场区内水位实现实时监测，在场区电缆沟或排水沟中设置水位监测装置，以便于实时监测沟渠内的水位，同时，为防止水位监测控制装置浸水失效，应提高水位监测控制箱的高度，确保运行时不会进水。

第五节　监控系统升级改造

为保障变电站内电气设备的安全、稳定、可靠运行，更好应对汛情灾害对变电站的影响，应实时了解变电站内外情况，包括集水井水位、水泵工作情况、场地积水深度等信息，提高变电站内防汛应对的科学性和针对性。

变电站内防汛监控系统，可与已建成的相关监控系统合并，实现各个子系统之间的信息共享、相互协同，更好地实现防汛工作的信息全面、决策科学、技术先进。

一、传统变电站防汛监控现状

（一）无法实时掌握站内水情

由于缺乏有效的测量手段和信息传输手段，传统变电站在出现汛情时，变电站所在地雨量、集水井水位、电缆沟积水、场地积水深度等情况不能实时掌握，无法作出科学及时的决策。

（二）无法掌握防汛设施工况

变电站排水泵主要采用浮球式自动排水，但现场排水泵的实际运行情况是否正常无法掌握，对于地势低洼的变电站，可能出现由于排水设备不正常工作而导致站内积水。

（三）人员巡视存在安全风险

由于变电站分布较为分散，部分站点距离运维班驻地远，交通不便，在防汛险情发生时需要大量的值班人员进行现场巡查。无法保证所有变电站第一时间巡查到位，并及时处理险情。另外巡视人员不清楚变电站周边险情严重程度，存在较大的交通、人身风险。

二、监控系统改造

（一）改造内容

1. 水位监测

在变电站集水井、电缆沟、地下（半地下）电缆层及其他有必要的低洼处，安装水位传感器，如图 7-19 和图 7-20 所示。传感器与信号数据采集设备之间可通过无线或有线进行通信，信号数据采集设备将数据传输至站内监控终端后，通过网络传输到监控系统。

图 7-19　集水井水位传感器　　　　　图 7-20　电缆沟水位传感器

对重要采集点，如集水井或排水管道，建议安装 2 个液位传感器，为数据采集提供一定的冗余度，当两套传感器的数据出现误差时，建议采用"稳健原则"采信数据。例如水泵启动水位设定为 2m，当两个传感器一个测量数据为 2.2m，另一个测量数据为 1.9m 时，判定为 2.2m，启动水泵。

2．排水监控

在传统自动排水系统的基础上，增设电压电流采集模块、水流监测器，与排水设施进行连接，可以实时监测排水设施的工作电压电流、排水管路的出水状态等信息，如水泵无电压，可判断电源出现故障；如水泵启动后没有工作电流，可判断水泵损坏；如水泵工作正常，排水管路无水流，可判断管路堵塞。

改造排水泵控制回路，增设遥控模块，使监控系统平台具备远程启动水泵的功能，在发现集水井水位迅速上升时，可提前启动水泵排水，为后续储水提供裕量。

为确保排水系统正常工作，建议仍保留传统的浮球开关启动水泵设置，在集水井内安装浮球开关，设置值高于水位传感器启动值，当水位数据采集设备损坏时，由浮球开关判断警戒水位并及时启动水泵排水。

3．视频监视

在防汛重点部位增设监视摄像头。

（1）场地低洼点监视。在变电站内场地低洼点设置水位标尺，装设摄像头可观测场地积水情况，如图7-21所示。当场地积水时，可以通过水位标尺判断积水严重程度，结合电力设备基础高度，及时拉停设备。

（2）地下电缆层监视。变电站地下（半地下）电缆层由于位置原因，在封堵不严的情况下，极易出现水淹，且由于地下照明系数不够，可见光形式的视频摄像头无法直接观察内部情况，建议改造为红外摄像头，在光线较差的环境下仍能清晰观察电缆层内积水情况。

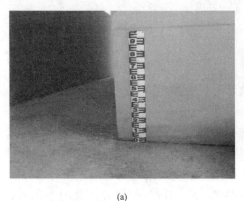 

(a)　　　　　　　　　　(b)

图7-21　低洼场区装设标尺和摄像头

（a）标尺；（b）摄像头

（3）站外环境监视。对低洼变电站，建议设置专门的摄像头，观察变电站大门、围墙周边易积水区域及排水通道出口等位置，汛情发生时可快速了解站外水情，查看站内积水是否顺利排出，有无倒灌可能等。

（二）系统功能

1．预警通知

监控系统应具备控制中心和移动设备预警通知功能。

（1）控制中心告警。当监控系统失电、水泵断路器跳闸、集水井水位超限、监控设备离线等情况出现时，控制中心操作界面应能自动跳出告警信息。

（2）移动设备告警。对于重要信息，可通过 GSM 报警模块、移动 APP 等方式将告警信息传送至一台或几台管理人员的移动设备上，便于管理人员及时了解情况，处理缺陷。

2. 远程控制

监控系统应能通过发送控制命令实现对数据采集终端的参数提取、设置、数据采集及远程控制，主要体现为手动控制和智能控制两种模式。

（1）手动控制。监控平台可以根据登录人员权限，通过 PC 客户端、Web 应用端、移动 APP 等方式，在操作界面上控制现场可执行类设备的启停与运行方式。

（2）智能控制。系统可以设定智能控制参数，预设控制预案，根据采集到的水位信息自动实现对现场可执行类设备的启停及调整。

以站内配置 4 台水泵为例：

1）水位线设置：可根据需要通过控制中心手动设置水位：停止水位、下限水位、上限水位、极限水位、警戒水位。

2）水泵运行设置：水位上升至下限水位时启动第一台水泵，水位回到停止水位时关闭水泵，若水位继续上升至上限水位时启动第二台水泵，水位回到停止水位时关闭已启动的水泵，若水位继续上升至极限水位时启动第三台水泵，水位回到停止水位时关闭已启动的水泵，当水位到达警戒水位时，中心和手机告警，启动第四台水泵，水位回到停止水位时，关闭已启动的水泵。

3）水泵启动预案：

A 预案：水泵启动顺序 1→2→3→4；

B 预案：水泵启动顺序 2→3→4→1；

C 预案：水泵启动顺序 3→4→1→2；

D 预案：水泵启动顺序 4→1→2→3。

汛期时可手动或自动更换启动预案。水泵故障时，顺序启动下一台水泵。

3. 统计分析

监控系统应能实现对不同的维度、条件、统计时间段、统计频率等状态属性的综合统计及查询功能，对自定义条件进行查询和汇总分析，掌握水位与水泵工作的现状并分析改进点，便于管理人员进行工作的安排和系统优化，以图形及列表的形式将数据统计进行展现。

系统可以就水泵作业时间进行统计，可以按照每日/每月/每年统计水泵的工作时间。系统中产生的报警次数可以按照报警点、报警类型进行各类统计，并可以生成统计分析报告。系统支持统计分析报告的导出功能，并能够依据数据分析模型进行趋势分析。

第六节　变电站防汛新技术

在变电站以及其他重大设施抗洪抢险中，先进科学技术的推广应用对降低损失、控制灾情都具有重要意义，对灾情处治、管理和决策等方面发挥巨大作用。随着气象卫星雷达系统、防汛计算机网络、航空航天遥感系统的普遍应用，高科技立体探测网的建立，可以准确地跟踪汛情的发生、发展过程，有益于汛期洪涝灾害的预警和掌控。全国各主要河段的水情、雨情数据和卫星云图，通过计算机网络、各类通信手段及时输入防汛调度信息系统，对防洪处治方案的制定提供依据，通过对水情、雨情及各主要水利工程设施可靠性的掌握和对天气情况的分析，有益于制定防洪预案，为防洪抢险提供气象信息技术保障。变电站防汛抢险方面，各种新材料、新技术、新装备的研制和推广，有效提升了变电站的汛情监测、排涝、封堵、挡水能力，提高了抢险效率，为汛情预报、防洪设施建设、防汛部署、紧急抢险提供安全、高效的处治方案，以技防代替人防，将洪灾降低到最低，确保电网设备及人身安全。

一、防汛预警系统技术

（一）气象汛情预警技术

在计算机网络环境下，可对主要江河流域建立暴雨信息预报的应用软件系统，如中国电科院电力气象服务系统（如图 7-22 所示），围绕"可视、直观、精细、智能"的理念，为电力安全平稳运行、科学调度提供科学气象保障，提升电力气象防灾减灾综合能力。通过定制量化电力气象服务信息系统，逐时提供电力调度相关气象要素预报，如降水、风力、气温、雷电、覆冰、辐照强度等，实现汛情监视、基本信息支持、暴雨预报、洪水预报、暴雨洪水辅助分析功能等。

该系统暴雨洪水信息预报模块，通过制作暴雨洪水预报，使整个暴雨洪水信息预报工作进一步系统化、科学化，更好地为防汛决策提供信息支持。暴雨洪水信息预报模块的功能如下：

（1）接收处理洪水信息的功能。

自动接收通过国家气象主管部门通信网、防汛通信系统以及中国国家分组数据交换网传送的水情信息，将原始水情整理、存储，同时通过有关通信线路向有关部门转发汛情，形成各类实时水情数据库。通过互联网、天气预报等手段时刻关注当地汛期、降雨预报信息，查看当地河流、水库等水位变化，做好防汛应急准备，对于变电站尤其边远变电站汛期内防汛工作意义重大。

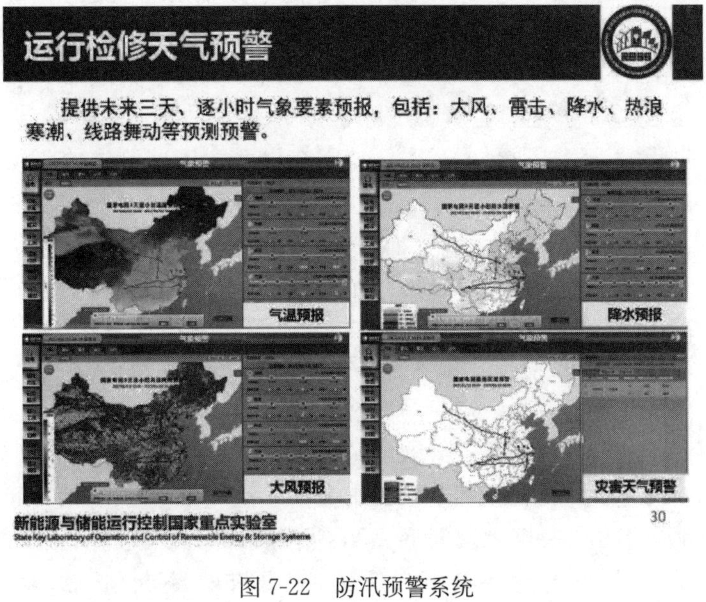

图 7-22 防汛预警系统

（2）水情信息服务功能。

对暴雨、洪峰、特殊水情等进行实时监控，一旦出现紧急情况，报警系统通过响铃、显示报警信息等方式，提醒工作人员进行处理。

对所关心的水情信息及时查询，并以表格、图形方式显示，制作水情日报及其他各类统计报表、洪水特征值分析计算。

（3）接收和处理气象信息的功能。

实时接收常规气象资料，并进行情报分拣、格式化，自动填制天气图，进行天气形势分析、显示、打印。实时接收数值预报产品，并进行解压、显示、打印。实时接收卫星云图信息，并进行红外线云图处理、可见光云图处理、可降水率计算（1h）、红外云图分发。

（4）气象信息服务功能。

通过可视化的功能，直观提供气象信息，包含网络终端天气形势图、网络终端卫星云图动画、局域网网络终端数值预报产品、网络终端卫星降水预报等值线图显示。

（5）暴雨预报功能

采用卫星云图进行暴雨分析，"暴雨预报专家系统"制作未来24h的暴雨预报，"要素差值相似方法"制作未来24h的降水预报。

（6）洪水预报功能。

根据上游的实测洪水、降水资料推演下游的洪水过程，作出各站洪水预报。对于较大洪水，按照防洪工程的调度运用方案，可进行调度方案的模拟计算。

（7）暴雨洪水辅助分析功能。

暴雨洪水辅助分析包含天气形势和环流背景分析，卫星云图分析，暴雨落区与量级分析，洪水组成分析，水位流量关系分析，河道断面形态分析，历史相似洪水分析。

（二）遥感技术及现代通信技术

遥感作为一项综合性高新技术，观测空间大，可远离被测物体，不受气候条件限制，在世界范围内环境与灾害的监测中一直被优先选用。遥感技术是从一定距离对地表和近地表的目标物，从紫外到微波的某些波段的电磁波发射和发射现象进行探别，从而识别目标物的理论和方法。按照传感器的运载工具（遥感平台）不同，可以分为地面遥感、航空遥感（飞机、气球）和航天遥感（资源卫星、航天飞机等）。

从80年代末期开始，我国即开展了遥感技术在洪涝灾害监测中的应用研究。全国范围内逐步建立了全国水利系统专业通信网，主要包括架空明线载波系统、短波和超短波无线通信系统、数字微波系统、交换系统、移动通信系统、卫星通信系统等，在历年防洪抢险中起到了重要作用。目前，我国已初步建成10.4万个水文监测站，水情预警发布基本实现国家、流域、省、市、县五级覆盖，全国报讯站自动测报率超过90％。仅2016年，各流域、省级水文部门向国家防总报送雨水情信息7.6亿条，关键预报准确率超过95％、预见期延长至7天。

我国水位监测系统的建设包括3个阶段：初级阶段、发展阶段和网络化阶段。20世纪70年代中期开始到80年代中期为初级阶段。水文信息化从1980年开始，起步于信息源的处理。80年代中后期开始的十余年为发展期。90年代后期，为适应防汛和水利调度现代化、信息化的要求，以及近代通信、计算机和网络技术高速发展的时代特点，水位监测系统的建设进入了网络化阶段，不断进入电力、水利、房地产等行业运用。

但受制于信息采集、传输手段和技术，信息时效性差，不能满足当今对水文数据实时、快速、准确监测的要求。随着物联网、云计算、地理信息、移动互联网、4G技术等先进前沿信息技术的成熟发展和广泛应用，传统 PC 端各类信息的查询、操作等功能通过智能手机、平板电脑相应软件代替之，逐渐成为防汛工作者思考与努力的方向，如基于 GIS 的防汛信息监测与分析系统、无线通信技术的水位监测系统等，逐步用于防汛管理和调度。

此外，随着大数据技术的日渐成熟，以及多年来在水利数学模型、洪水风险图等方面的应用经验，水利工作者逐步探索并实践出防汛行业大数据的应用方向，即基于高精度地理数据、长序列水文及洪水资料、社会经济资料及历史洪涝灾害资料，结合实时的水雨情数据，通过水动力数值模拟构建算法，融合大数据思路与技术，进而实现流域洪水精准高效的预测分析。

（三）变电站移动式水位监控预警技术

针对无人值守变电站运行特点，为防止不具备水位监控或监控系统故障时，突发的灾害性天气台风暴雨出现，变电站外的降水通过排水管道倒灌入变电站内，电力防汛充分利用现代通信技术，防汛监测预警功能，如基于 3G/4G 的远程监测水位、基于电力移动 4G 专网的变电站电缆沟水位监测系统。

雨季来临时，可根据实际需要，在变电站内快速布置移动式水位监控系统，如不具备市电接入，还可以采用蓄电池供电，有极高的灵活性。采用云站信息技术和物联网通信技术建立变电站防汛预警系统，充分利用传感、采集、物联网通信、互联网软件技术完成防汛监测预警功能。

变电站移动式防汛预警系统是由防汛传感器检测设备、信息处理系统（报警信息）、云数据报警平台、Web 或手机监测终端等组成，如图 7-23 所示。

图 7-23　站内开关柜电缆沟
智能防汛预警系统

该系统功能主要有：

（1）实时报警。接收到下辖变电站的预警信号后，在平台系统上显示出来，可进行实时监测、数据分析。如选择定时段内进行各站的预警次数比较，可以选择饼图、棒图的方式来呈现，从而给出该辖区内故障频次最高的站点，为决策改进提供数据积累。

（2）历史数据基于 Web 查询。为了便于现场人员查询方便，预警平台系统布置在云端，任何智能终端，如智能手机、平板电脑均可以凭用户名和密码进行查询数据分析、历史数据等内容。

（3）微信推送功能。收到预警信息后，按预置的权限约定，把信息推送到相应人员的手机上。

（4）报表功能。可按月、按年度，提供预警、数值报表。

用户登录到云端监测平台，可以实时查询报警情况。当平台发现有报警时，也会推送报警信息到设定的微信号上，提醒相关人员注意。运行管理人员在手机上收到微信预警信号后，及时前往变电站处理预警信息，也可以在 Web 上登录平台，进一步查询详细预警信息、处理情况等。

二、速凝膨胀水泥封堵技术

混凝土防渗墙在堤防、土坝等工程中有着广泛的应用。混凝土防渗墙渗透系数小，可截断流路，延长渗径，降低浸润线，可用变电站电缆沟防渗、漏水封堵等，对堤防因渗水、管涌、裂缝、洞穴等造成的险情，能起到较好的防护作用。近些年，各地根据多年进行堤防加固的实践经验，相继开展了不同形式的地下连续墙施工新工艺、新机械、新材料方面的研究。

速凝膨胀水泥堵塞材料由速凝专用粉、膨胀剂和普通硅酸盐水泥组成。可用于构筑物的孔洞、裂缝及其他缺陷的修补与抢护，也可用于各种地下工程渗漏水的封堵，技术指标见表7-4。

表7-4　　　　　　　　　　　　　　　　　速凝膨胀水泥技术指标

项目	凝结时间（min）		抗渗强度（MPa）	膨胀率（%）	抗压强度（MPa）		抗折强度（MPa）	
	初凝	终凝			1h	1d	1h	1d
指标	2～4	5～7	>1.5	0.8～1	5.0	10.0	1.0	3.0

速凝膨胀水泥堵塞材料操作简单，使用方便，可用水直接拌和使用，也可制成大小不同的药卷备用。采用拌和方法堵水时，将该材料与水按1:0.45的比例拌和均匀后，快速堵入漏洞或裂缝中并按压2min左右即可，这种方法用于较小的裂缝和孔洞渗漏水处理，效果较好。采用药卷堵漏时，药卷材料可用透水性较好的土工布、棉布等制作，药卷的形状及尺寸视漏洞大小调整。施工时直接将大小合适的药卷塞入漏洞即可。药卷堵塞法可用于江河大堤、水工建筑物洪水季节的孔洞漏水抢护及地下工程的涌水封堵。

该技术有着凝结时间短、早期强度高的特点，初凝时间为2～4min，终凝时间不大于7min，1天抗压强度可达10MPa。与其他速凝材料相比，28天抗压强度不降低，密实性能好的特点，速凝专用粉与水泥水化产物氢氧化钙生成一种不溶于水的凝胶状结晶物质，这种物质呈悬浮状充填于水化结构的空洞中，起到改善内部组织、提高密实性的作用。该技术在变电站电缆沟封堵、围墙封堵等方面有较好的应用前景，能快速有效地应对突发应急的渗漏情况。

三、装配式防洪墙技术

装配式混凝土结构，是指由预制混凝土构件通过可靠的连接方式装配而成的混凝土结构，包括装配整体式混凝土结构、全装配混凝土结构等。在建筑工程中，简称装配式建筑，在结构工程中，简称装配式结构。预制构件，是指在工厂或现场预先制作的混凝土构件，如梁、板、墙、柱等。

装配式围墙一般采用型钢柱（HW125×125）+AAC板（120厚）装配式围墙，基础与钢柱地脚螺栓连接，实现快速装配施工，围墙柱间距为3～5m。

（一）装配式防洪墙墙柱

（1）墙柱类型。

1）混凝土柱。

墙柱采用预制混凝土柱，柱两侧设置凹槽用于固定墙板，下侧固定预制地梁。优点是柱与墙材料统一、美观，可以采取二次粉刷饰面，结构可靠，较钢柱抗腐蚀性好，其缺点是混凝土较重，运输吊装困难。

2）型钢柱。

墙柱也可采用型钢柱，多为"H"型钢，两侧上下翼缘之间可用于固定墙板。其优点是制作简单，重量较轻，便于运输吊装。

（2）墙柱基础。

墙柱基础作为围墙的受力构件，其与基础的固定较为重要，目前主要采用地脚螺栓和杯口连接两种做法。

1）地脚螺栓基础。

该基础形式适用于型钢柱，柱脚底板上预留螺栓孔。地脚螺栓连接较为方便，可以干作业施工，地脚螺栓按照要求进行预埋，钢柱进行安装固定，同时，钢柱及地脚螺栓做好防腐保护，如图 7-24 所示。

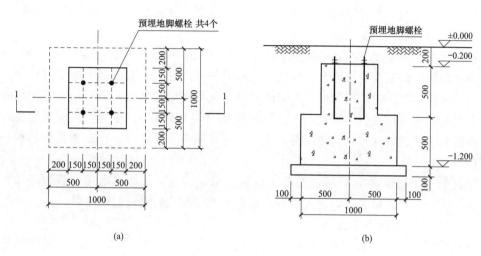

图 7-24 地脚螺栓基础大样

（a）基础平面图；（b）1-1 剖面图

2）杯口基础。

该基础形式既适用于型钢柱，也适用于混凝土柱，施工简单，但杯口基础固定柱需要进行二次灌浆，即需要湿作业施工，如图 7-25 所示。

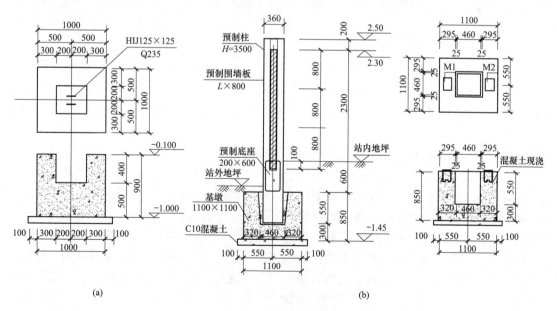

图 7-25 杯口基础大样

（a）型钢柱杯口基础；（b）预制混凝土柱杯口基础

地脚螺栓连接较为方便，可以干作业施工，实现快速装配施工，变电站防汛过程中，装配式防洪墙一般采用型钢柱＋地脚螺栓基础的形式。

（二）装配式防洪墙墙板

（1）预制混凝土实心板。

该板取材方便，加工制作简单，但自重较大，运输和安装都较困难，影响施工安全，且作为支挡结构，受力要求并不高，不够经济，造成混凝土材料浪费。

（2）蒸压轻质加气混凝土板。

蒸压轻质加气混凝土（Autoclaved Iightweight Concrete，AAC）板是以石英砂、水泥、石灰等为主原料，以铝粉为发泡剂，经高压蒸压养护而成的多气孔混凝土成型板材（内含经处理的钢筋增强体）。AAC板既可作为墙体材料，又可以做屋面板，是一种性能优越的新型环保节能材料，主要优点有容重轻，干体积密度小（619kg/m³），密封及耐火性优良，其使用年限可以和各类建、构筑物的使用寿命相当。主要缺点有运输路途需要加强成品保护，否则易碰撞脆裂。

相比混凝土预制板，AAC板具有较大优势，取材方便，可回收利用，节能环保，造价经济，施工方便，隔声性能好，耐久性好，适合作为装配式防洪墙墙板使用。

（三）装配式围墙与传统围墙施工对比

变电站防汛应结合工程实际条件，因地制宜，通过对多种建造方式、装配方案进行比选，确定本站构筑物建造方式、装配范围、装配方案、建材选择，达到安全可靠、经济合理、施工便捷、节能环保的目的。

一般常规砖砌围墙造价较低，但施工大量湿作业，工期长，且水泥砂浆粉刷墙面容易开裂，不满足防汛防洪要求。预制混凝土装配式围墙施工虽然能实现装配化，但单件重量较重，吊装不便，造价较高。综合比较，采用型钢柱AAC板装配式围墙，可实现"标准化设计、工厂化加工、装配式建设"理念，施工方便快捷。

四、新型吸水膨胀袋技术

新型吸水膨胀袋技术主要用于洪水堵漏、截流等紧急情况，可广泛应用于防洪抢险、堤坝漏洞、淹水浸溢，暗沟和暗洞的堵塞以及防洪堤坝的临时性加高、防水围墙等防汛工事临时构筑。该项防汛抢险新式技术在欧美、日本等地已经得到了广泛应用，其实际功效已经得到广泛认可。

吸水膨胀袋是一种运用最新的吸水材料作为填充物而制成的高科技产品，是用"高吸水树脂"人工合成的无毒无味、不融水、难燃烧的高分子聚合物，具有很高的吸水性。膨胀剂装在具有透水性能好的无纺布制作而成的外层袋内，当与水接触时，短时间内树脂溶胀且凝胶化，体积快速膨胀，重量快速增加。膨胀袋2～3min达到最大膨胀体积，可达原体积的80～100倍。在不同险情的抢护和险情所处的环境条件不同，所需用的膨胀袋体积也有所不同。

吸水膨胀袋在干燥时形似普通布袋，如图7-26所示，可以折叠储存，又可堆砌，避免了传统沙土袋使用前需大量准备沙石土块、使用中需要花费时间人力进行装填运输、使用后需要进行清理等缺点。由于具有操作简单，携带方便，膨胀迅速，重量增加快，不需依赖沙土，劳动强度轻等特点，吸水膨胀袋技术的应用，提高了无人值班变电站应急抗洪抢险的机动性和灵活性。

图 7-26 吸水膨胀袋阻水及堆叠效果

五、变电站预制式电缆沟封堵技术

近年来，电力建设领域提出模块化变电站，从设计到建设阶段全过程遵循"标准化设计、工厂化加工、装配式建设"的管理理念，装配式房屋、围墙、排水沟、检查井、雨水口、电缆沟盖板等预制件技术已有较大发展，预制电缆沟也逐步推广使用。

预制电缆沟受模具的限制，电缆沟有明显的分段接缝，所有电缆沟排水和渗水处理技术等方面尤为重要，以下针对变电站工程预制混凝土电缆沟，举例说明常见的排水、封堵技术。

（一）预制式电缆沟排水技术

电缆沟在变电站内布置范围广泛，纵横交错，常规户外 500kV 变电站电缆沟长度可达 2km。根据行业特点，在变电站运行期间，电缆沟内部不应长期积水，允许雨季有少量雨水进入，但应及时排出。电缆沟排水方案分为顺场地坡向的电缆沟排水、垂直于场地坡向的电缆沟排水。

1. 顺场地坡向的电缆沟排水

电缆沟坡度与场地坡度保持一致，即在预制混凝土电缆沟构件铺设前，顺着场地坡度，在浇筑混凝土垫层时形成沟道纵向排水坡度，沟道排水纵坡与场地坡度保持一致，一般不宜小于 0.5%，在局部困难地段不应小于 0.3%。

2. 垂直于场地坡向的电缆沟排水方案

采取加深电缆沟方式，在安装完成后用水泥砂浆找坡，即预制电缆沟本身是零坡度，安装后在沟底用水泥砂浆找坡形成排水坡度。

3. 沟道顶部过水问题

电缆沟安装完成后，其顶面高出沟外站区场地地面 150mm，局部电缆沟切断站区排水通道，需考虑电缆沟顶的过水问题，设置过水装置。为保证电缆沟的有效使用净空高度，在预制电缆沟侧壁上预埋套管，套管内径 110mm，套管数量根据排水流量大小确定。电缆沟预制构件就位及电缆安装完毕后，安装 PVC 过水管。过水管与预埋套管之间的缝隙用硅酮耐候胶密封。

（二）预制式电缆沟防渗技术

1. 发泡剂与硅酮耐候胶防渗技术

在每段预制混凝土电缆管槽的两端沿端面内外壁边缘（底板下部除外）预留 20mm×3mm 槽口，考虑制作及施工偏差，拼缝宽度取 5mm，预制电缆沟拼接就位后，在预留槽口内填充发泡剂，后用硅酮耐候胶勾缝形成止水缝。作用是一旦外层硅酮耐候防水胶遭到破损时能有效防止沟外泥浆渗入沟道内。该方法施工简单，没有湿作业，施工速度快，而且经济实用。

2. 外侧螺栓拉结与止水橡胶条防渗技术

每段预制沟的沟壁外侧预设螺栓孔，每侧安装 2 个对拉螺栓，孔径 20mm，螺栓外径 16～18mm，预制电缆沟端面中心位置均预设梯形或半弧形公槽或母槽，安装前将 6mm 厚的通长橡胶条固定在每段电缆沟端部的母槽内，构件就位后拧紧外侧对拉螺栓挤压橡胶条形成止水缝。该方法止水效果较为可靠，缺点是需设置螺栓拉结并挤压橡胶条，成本增加，安装时橡胶条容易跑动，增加安装的难度。

3. 微膨胀浆料灌缝防渗技术

预制电缆沟沟壁端面及底板端面中心位置均预设 1/2 圆弧凹槽，直径 40mm，构件就位后从顶部浇灌微膨胀浆料形成止水缝。在微膨胀浆料灌缝前，事先固定好拼缝外侧的专用止浆橡胶条及夹具，以防漏浆。专用止浆橡胶条及夹具制作简单，且可重复使用。浇灌前保证孔道及排气孔畅通，必要时可采用钢筋浇捣，以保证灌缝浆料浇灌密实。该方法施工较为简单，成本不高，缺点是存在湿作业，电缆沟底部存在漏浆的可能。

第八章 变电站防汛物资

　　配置齐备、可靠的防汛物资是开展防汛应急响应工作的基础，只有落实汛期应急物资保障工作，才能确保恶劣天气条件下有效发挥物资效能，保障变电站运行安全。针对当地天气复杂情况，变电站制定相应的年度物资储备管理运行机制，组织防汛物资储备工作，建立物资数据库，合理调度储备物资，优化物资配置，做到防汛物资的保质保量、可查、可管、可控，才能有效发挥物资效能，保障变电站运行安全。加强应急装备物资的使用培训，确保特殊环境下及时使用防汛物资，提高变电站防汛排涝能力，为汛期变电站安全稳定运行提供可靠保障。

　　本章主要介绍防汛物资的一般配置原则、常现防汛物资和新型防汛物资选择和配置建议，对物资选择的重要参数进行说明，以期防汛技术人员快速了解物资相关特性，有助于选择适于当时特殊环境的物资，确保现场物资适用，保障防汛工作正常开展。

第一节　防汛物资及配置原则

　　防汛物资是指为防范暴雨、洪涝、台风等自然灾害造成电网停电、变电站停运，满足应急响应、恢复供电需要而储备的物资。

　　此处所定义的物资为广义上的物资，包含大中小型装备、个人防护用品、辅助物资等。

　　参照现行水利行业标准 SL 298—2004《防汛物资储备定额编制规程》，结合变电站防汛工作实际，根据用途将防汛物资主要分为 7 类：个人防护用品、排水物资、挡水物资、交通工具、照明工具、通信工具、辅助物资。

　　（一）个人防护用品

　　指防汛工作中保障人员安全的用品，包括雨靴、雨衣、救生衣、连衣雨裤等。

　　（二）排水物资

　　排水物资指能将影响电力设备安全的积水排出场地的装备，包括排水车、移动泵车、汽（柴）油水泵、便携式潜水泵及其相关配件等。

　　（三）挡水物资

　　挡水物资指将外部来水阻挡在电力设备所在场地之外，或对重要设备进行遮盖防止进水的物品，包括防水挡板、防汛沙袋（吸水膨胀袋）、防雨布、防渗堵漏材料等。

　　（四）交通工具

　　交通工具指具备涉水能力的车辆及船舶，可以载人及物资进入洪区进行灾情查勘、应急处置等工作，有效保障人员安全，包括水陆两栖车、冲锋舟、橡皮艇及其相关配件等。

（五）照明工具

照明工具指用于防汛应急场所的各类照明设备，包括移动照明灯具、防水手电、头灯等。

（六）通信工具

通信工具指防汛工作中，特别是洪涝灾害导致有线、无线通信中断时，用于沟通交流的器材，主要包括防水对讲机、卫星电话等。

（七）辅助物资

辅助物资指防汛工作中可能使用到的其他装备及物资，包括发电机、电源盘、铁铲、水桶等。以上分类只考虑了常规防汛物资，实际工作中，根据地域、防汛工作性质等不同，可灵活配置各类满足特殊需求的物资、装备和工器具等。

防汛物资配置按照"分级储备、差异配置、满足急需"的原则，适应专业化、标准化要求，注重先进性、实用性和经济性有机结合，满足日常工作与应急处置的需求，促进防汛工作效率与质量的提升。

"分级储备"主要考虑不同层级对防汛物资配置需求的差异，在满足需求的基础上，避免重复配置。原则上按省、市（县）、业务室、变电站4个层级进行考虑，根据不同层级的需求，配置不同种类的防汛物资。

"差异配置"主要考虑各地区在地理环境、气候条件、设备体量、人员配置等多方面存在较大差异，对防汛物资的需求不尽相同，统一标准可能出现防汛物资过剩或不足的问题。具体的配置标准，应根据当地气候实际、防汛应急经验等进行选择。

"满足急需"主要考虑满足防汛日常工作特别是应急抢修中的使用需求，各地区各单位应根据实际情况自行选择标准，并根据电网、环境、技术的变化随时更新补充各类防汛物资。

第二节　常规防汛物资配置

一、个人防护用品

（一）雨靴、雨衣

雨靴、雨衣属于基本个人防护用品。

考虑汛期在变电站内进行工作，可能出现漏电风险，建议选择正规厂家生产的防水绝缘靴。

配置建议：雨靴、雨衣均属于个人防护用品中的低值易耗品，建议按人员数量直接配置在基层单位。

（二）救生衣、连衣雨裤

救生衣和连衣雨裤一般在涉水较深的作业区域或出现较深积水导致地面情况不明时使用，保障人员安全。

救生衣一般分海用、空用等形式，空用救生衣为充气式，便于携带，但容易损坏，防汛工作一般推荐使用海用救生衣，内部采用EVA发泡素材，经过压缩3D立体成型，其厚度为4cm左右（国内产的是5～6片薄发材料，厚约5～7cm）。按照标准规格生产的救生衣，都有其浮力标准，一般成年为7.5kg/24h，要求浸入水中24h后其浮力仍可以达到7.5kg，这样才能确保胸部以上浮出水面。

救生衣应尽量选择红色、黄色等较鲜艳的颜色，一旦穿戴者不慎落水，可以让救助者更容易发现。在救生背心上应配置一枚救生哨子，便于落水者进行哨声呼救。

配置建议：救生衣和连衣雨裤均属于个人防护用品中的低值易耗品，但由于使用场合较少，根据当地汛情和抢险经验，可按 5~10 人一件配置，同样配置在基层单位。

二、排水物资

（一）主要参数

排水物资主要为各类水泵，选择水泵必须了解的参数包括流量、扬程、功率等参数。

1. 流量

水泵的流量又称为输水量，它是指水泵在单位时间内输送水的体积。用 Q 表示，其常用单位是 m^3/h 或 L/s。

流量是选择水泵最重要的参数，流量选择小，无法满足排水要求，流量也并非越大越好，水泵工作在最大流量的 70% 左右为最佳运行状况，过大的流量一方面增加水泵重量、功率及购置费用，另一方面也容易造成电机发热，损坏水泵。

2. 扬程

水泵的扬程是指水泵能够扬水的高度，通常用 H 表示，单位是 m。水泵的扬程以叶轮中心线为基准，由两部分组成：从水泵叶轮中心线至水源水面的垂直高度，即水泵能把水吸上来的高度，叫作吸水扬程，简称吸程；从水泵叶轮中心线至出水池水面的垂直高度，即水泵能把水压上去的高度，叫作压水扬程，简称压程。

水泵扬程＝吸水扬程＋压水扬程。

应当指出，铭牌上标示的扬程是指水泵本身所能产生的扬程，它不含管道水流受摩擦阻力而引起的损失扬程。在选用水泵时，不可忽略损失扬程，否则将会抽不上水来。

水泵扬程＝净扬程＋水头损失。

净扬程就是指水泵的吸入点和高位控制点之间的高差，如从清水池抽水，送往高处的水箱，净扬程就是指清水池吸入口和高处的水箱之间的高差。

扬程选择主要考虑集水井及电缆层等低处排水的需要，由于水泵铭牌上注明的扬程（总扬程）与使用时的出水扬程（实际扬程）是有差别的，实际选择时，只能按标牌所注扬程的 80%~90% 估算，选择水泵时应使水泵铭牌上的扬程最好与所需扬程接近，一般偏差不超过 20%，这样的情况下，水泵的效率最高，也比较节能，使用会更经济。必须注意，如果铭牌上扬程远远小于所需扬程，水泵往往不能满足需要，即便能抽上水来，水量也较小。但反过来，高扬程的水泵用于低扬程时，便会出现流量过大现象，导致电机超载，若长时间运行，电机温度升高，绕组绝缘层便会逐渐老化，甚至烧毁电机。

3. 功率

在单位时间内，机器所做功的大小叫作功率，通常用符号 N 来表示，常用的单位有：$kg·m/s$、kW。动力机传给水泵轴的功率，称为轴功率，可以理解为水泵的输入功率，通常讲水泵功率就是指轴功率。

由于轴承和填料的摩擦阻力、叶轮旋转时与水的摩擦、泵内水流的漩涡、间隙回流、进出口冲击等原因，必然消耗一部分功率，所以水泵不可能将动力机输入的功率完全变为有效功率，肯定有功率损失，也就是说，水泵的有效功率与泵内损失功率之和为水泵的轴功率。

一般来讲，功率越大，排水能力越强，但相对的，功率大的水泵消耗能量较多，对于汽柴油动力的水泵，功率主要影响持续使用时间，对于电力驱动的水泵，需要考虑启动电流、运行电流是否超出电源承受能力，对于变电站用的电力驱动水泵，在使用时必须单独设置开关，防止启动、运行电流超载，影响变电站用电安全。

水泵配套动力的选择，可按铭牌上注明的功率选择，为了使水泵启动迅速和使用安全，动力机的功率也可略大于水泵所需功率，一般高出 10% 左右为宜；如果已有动力，选购水泵时，则可按动力机的功率选购与之相配套的水泵。

4. 型号

水泵型号均有固定含义，通过型号，可较为方便的大致了解其性能，常用水泵型号的表示方法，如图 8-1 所示。

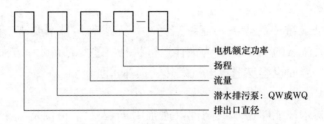

电机额定功率
扬程
流量
潜水排污泵：QW 或 WQ
排出口直径

图 8-1 水泵参数标识

示例：泵排出口径为 50mm，流量为 15m³/h，扬程为 22m，额定功率为 3kW 的潜水排污泵，其标记为 50QW15_22_3。

QW 型是指移动式潜水排污泵，一般配有弯头，根据需要连接橡皮管子；WQ 型是指固定式潜水排污泵，一般配有自耦装置。

常见水泵型号含义如下：

（1）ZLB 型立式轴流泵：适用于大流量、低扬程的雨水、合流、排灌，设计流量为 0.5~15.0m³/s，扬程为 3~8m 时选用，其主要特点是效率较高，与一般同口径泵（混流泵除外）相比，流量约大 1/3 左右，但轴流泵安装要求稳定性高。

（2）HLB 型立式、HBC 型和 TL 型卧式混流泵，多用于中流量之雨水及合流。当设计流量为 0.25~1.0m³/s，扬程为 5~9m 时选用 HBC 型泵；流量为 0.6~2.5m³/s，扬程为 5~10m 时选用 TL 型泵；流量为 0.2~3.0m³/s，扬程为 7~15m 时选用 HLB 型泵。

（3）PW 型卧式和 PWL 型立式离心污水泵，专供吸送污水、污泥用。防腐蚀性能较好，构造简单可靠，对于污水使用维修方便，但效率较低，目前国内产品 PW 型流量为 30~180L/s，扬程为 9~25m；PWL 型流量为 83~260L/s 和 1300L/s，扬程为 7.5~14m。

（4）MN 型污水泵（立、卧式），优点是能输送含有固体颗粒和含有纤维材料的污水，是单级单吸蜗壳式泵。但是在运转过程中，要另用高压清水在水封环中进行冷却和防止污水串流。性能为中扬程（7~15m），中小流量（0.15~3.0m³/s），适用于污水抽排。

（5）MF 型污水泵（立、卧式），优点是适合输送含有固体颗粒和含有纤维材料的污水，泵体和进水管上有检修孔，叶轮检修方便。性能为中扬程（7~25m），小流量（0.03~0.4m³/s），适用于小规模污水抽排。

（6）WL 型立式无堵塞排污泵，优点是能有效地输送含有固体物和长纤维的污水，不易发生堵塞。性能为中扬程（7～25m），中小流量（0.02～2.8m³/s），适用于中小规模污水抽排。

（7）WQ 型潜水排污泵，性能及适用范围同 WL 型泵，特点是潜水。

（8）HQ 型潜水混流泵，中扬程（8～15m），中流量（0.5～2.0m³/s），适用于污水、合流抽排。

（9）ZQ 型潜水轴流泵，低扬程（3～8m），中流量（0.5～3.0m³/s），适用于雨水、合流抽排。

（10）LKX 型大型立式斜流泵，高扬程（10～30m），大流量（3～10m³/s），优点是泵转子为可抽出型，检修维护方便。适用于大规模雨水泵抽排。

（二）移动抢险排水车

移动抢险排水车主要指将发电机组（液压系统）、电气系统、排水系统（水泵机组）、照明系统、吊装设备等优化集于车辆底盘上，可直接在道路上行驶，抵达排水地点的设备，如图 8-2 所示，具有机动灵活、部署快速、排水量大、功能全面、安全可靠、维护保养简单等优点。

图 8-2 移动排水设备

移动抢险排水车适用于无固定泵变电站、无电源区域、电缆隧道等领域，主要用于大规模洪灾、大范围积水等情况下，驰援受灾严重地区。

移动抢险排水车按水泵直接驱动方式的不同可以分为电机驱动的移动泵车和液压马达驱动的移动泵车。电机驱动的移动泵车包括自吸泵式、潜水泵式和组合式移动泵车；液压马达驱动的移动泵车划分为半挂车、拖车式、集装分离式和自行走式液压驱动移动泵车。由于电机驱动的移动泵车的水泵被固定在车上，会受到吸程的限制，并且固定在车上的水泵受限于汽车功率和吊装容量，因此应用范围受限。而液压马达驱动式的移动泵车，其动力单元与泵组单元之间由液压软管连接，动力主要靠液压油传递，因此泵组可以在距离动力单元 50～100m 的地方工作，只要发动机的功率容许，水泵流量可以达到 10000m³/h 以上。

移动抢险排水车所采用的水泵形式主要有转子泵、自吸泵、潜水泵以及非潜水型离心泵等，也有个别选用潜水混流泵（用于高黏度排污）与自吸泵、潜水泵同配的形式。其中转子泵主要用于半挂式排水车上，自吸泵为了提高自吸能配有真空泵，排水量 800m³/h 以上的潜水泵普遍配直臂式随车吊。

对于移动抢险排水车的选型，需要考虑以下3点：

（1）流量参数。移动抢险排水车最关键的参数就是流量，流量越大排水越快，但流量选择越大，则整车的质量和体积都增加，应急抢险占用空间大，移动灵活性降低（带支腿），且采购成本也随之上升，需均衡考虑。

（2）按水泵类型选择。水泵形式影响整车的工作效率，处理能力和适用场地。潜水泵操作方便，流量范围大，但需要配吊装设备；自吸泵排量大，但吸程低，抗堵塞能力差；转子泵功能强大，但价格昂贵。

（3）选择辅助设备与附加值。移动泵车每年使用时间和次数有限，但为了应急需要，空闲时间需定期投入人力和财力进行保养和运行，因此厂家抢险排水车增加了越来越多的辅助功能，如发电照明、提供动力、电焊、切割等，可根据变电站的实际需求进行选择。

配置建议： 移动抢险排水车主要用于驰援出现突发大规模水淹的地区，建议在省、市级配置，驰援范围覆盖所辖地区。

（三）移动式泵车

移动式泵车，又称移动泵车或移动泵站，一般采用车载拖挂，体积较移动抢险排水车小，运行方便、快捷，是防汛抢险及抗旱灌溉的新式设备，如图8-3所示。主要适用场合有无固定泵变电站及无电源地区、电缆沟道排水等。

图 8-3 移动式泵车

移动式泵车主要分为车载电力驱动型泵车（潜水泵）、车载内燃型泵车（排污泵）和车载电力驱动型泵车（自吸泵）。

（1）车载电力驱动型泵车（潜水泵）。

车载电力驱动型泵车（潜水泵）是在自带起吊装置的汽车底盘上集成柴油发电机组，专门为潜水泵供电，并配以完善的水泵保护措施、电力控制柜等设施，确保潜水泵安全高效运行。该种泵车由于需配备随车起重机，体积较大，但根据发电机组功率大小可配大流量的潜水泵或多个潜水泵等，以发挥最大排涝效率。

（2）车载内燃型泵车（排污泵）。

车载内燃型泵车由柴油内燃机通过联轴器与排污泵连接组合而成，排污泵可直接由车辆的柴油机驱动而不需另接其他电动机和配电设备。该种移动泵车一般选用较小底盘，在使用时灵活机动。

（3）车载电力驱动型泵车（自吸泵）。

车载电力驱动型泵车（自吸泵）是在汽车底盘上集成柴油机发电机组、自吸泵和真空辅助抽吸系统，由发电机组为水泵供电，再由真空泵辅助自吸泵抽空引水。该种移动泵车一般固定在车上，到现场只需搬动安装较轻的进出水管，操作相应阀门即可作业。

移动式泵车在选择时应充分考虑使用目的和使用环境等情况。上述所列 3 种移动式泵车根据自身特点分别适用于不同的作业环境：车载电力驱动型泵（潜水泵）由于作业场所要求较大，标配大流量或多个潜水泵，适用 220kV 及以上大型变电站排水；车载内燃型泵（排污泵）由于自身体积和配泵流量较小，一般用于 110kV 及以下变电站或大型变电站的区域性排水；车载电力驱动型泵（自吸泵）固定在车上，到现场只需搬动安装较轻的进出水管便可发挥排涝作用，适用于变电站场地较小或场地条件较差，车辆不易进入的环境使用。

选购移动式泵车应综合考虑排水、发电、照明等功能，使设备集成化，满足紧急排水抢险需要，具备移动发电输出及照明等功能。另外，对移动泵车的通风、散热、噪声、防水、长时间作业等性能和要求均需考虑，以便使移动式泵车在发挥效益的同时，达到环保的要求。

配置建议：移动式泵车体积小、运输方便，建议在市、县级配置，使用时直接使用工程车拖挂，支援积水严重的变电站。

（四）汽（柴）油水泵

由于变电站汛期间可能出现失电问题，故建议在购置水泵时，配置具备汽（柴）油机驱动的水泵。此类水泵自带动力，功率高，排水量大。配置种类多样，驱动方式、功率、流量等均可选，是最常用的排水装备，可广泛用于变电站各个部位、各种情况下的排水工作，如图 8-4 所示。

图 8-4　水泵

配置建议：根据当地防汛经验，配置功率、流量有梯度变化的多台水泵，按实际排水需求选择使用。

（五）潜水泵

潜水泵与普通的水泵不同之处在于它工作在水下，而其他类型的水泵多在地面工作，如图 8-5 所示。潜水泵是一种把水泵轴和电动机轴直联或同轴装成一个整体，机泵合一潜入水下运行的通用提水机械。

图 8-5　潜水泵

潜水泵主要用于集水井、电缆沟、电缆层等较深积水处排水。

潜水泵具有以下 4 个方面的优点：

（1）结构紧凑、占地面积小。潜水排污泵由于潜入液下工作，因此可直接安装于污水池内，无需建造专门的泵房，可以节省大量的土地及基建费用。

（2）安装维修方便。小型的排污泵可以自由安装，大型的排污泵一般都配有自动耦合装置，可以进行自动启动，安装及维修相当方便。

（3）连续运转时间长。排污泵由于泵和电机同轴，轴短，转动部件重量轻，因此轴承上承受的载荷（径向）相对较小，寿命比一般泵要长得多。

（4）不存在汽蚀破坏及灌引水等问题。特别是不存在灌引水给操作人员带来了很大的方便。

选择潜水泵需要考虑的因素包括：①流量和扬程需求；②排水时的杂物，包括水中长纤维、带状物、沙石等，最好装有撕裂机构或切割装置，能将杂物等撕裂后排出，做到"不缠绕、不堵塞"。

配置建议：潜水泵体积小、易携带、易安装，建议在评分风险等级较高的变电站现场储备，在出现汛情时对电缆沟、电缆层进行排水，也可配合固定泵加快集水井排水。

三、挡水物资

（一）防水挡板

防水挡板主要用于变电站大门及设备室门，防止站外积水倒灌。

防水挡板宽度根据建筑物大门宽度定制，材料建议采用铝合金，质量轻、强度高、便于安装。防水挡板一般采用叠装式卡槽结构，进一步减轻单板重量，方便运维人员快速安装。叠装式结构应压叠稳固，挡水板之间采用承头接合，并设有防水胶条。最底层挡水板设置防水胶条，地面设置不锈钢轨道，增强防渗水效果。防水挡板高度，根据变电站所处地区降雨量、变电站标高等，可设置为 0.5～1.5m。

配置建议：对评分风险等级高的变电站，建议均装设防水挡板，在相关部门发布预警后，及时到现场安装，防止积水倒灌。

（二）防汛沙袋（吸水膨胀袋）

防汛沙袋用于挡水，可单独使用或与防水挡板配合使用。由于传统防汛沙袋存在搬运困难、不利储存、污染环境等缺点，建议使用高分子树脂吸水膨胀袋作为其替代产品。吸水膨胀袋内存高分子树脂，未吸水前单只仅重 0.2kg，吸水后即可迅速膨胀，根据尺寸不同，重量达 25～40kg，同时形状可根据需求定制，具有操作简单、携带方便、遇水膨胀速度快、抢护效果好等优点。与防水挡板配合使用，在地面平整时防水效果达 99% 及以上。

配置建议：根据变电站需封堵面积测算，直接保存在变电站内。对于站内有防汛沙箱的，可直接存储编织袋或麻袋，在雨季填装使用；对于吸水膨胀袋，真空包装，置于室内，一般可保存 3～5 年。

（三）防雨布

防雨布主要用于覆盖站内不能受潮的设施或设备，使用中必须注意捆扎牢固，防止脱落漂浮影响设备安全。

防雨布可使用多种材料，防汛中应用最广的有以下几种：

（1）土工膜。土工膜指由聚乙烯、聚氯乙烯等制成的基本不透水片材，与土工织物结合形成各种复合土工膜，可用作隔水层或挡水软体排。土工薄膜是用合成纤维材料制成的薄膜。由于该材料具有弹性和变形，适应性好，应用范围广，可用于渠道、土石堤坝防渗，建筑物止水等。

（2）土工织物。土工织物分为有纺土工织物和无纺土工织物两大类，由聚合物的聚丙烯（PP）、聚酯（PET）纤维或扁丝等织成或铺成，为透水材料。无纺土工织物所用材料以聚氯乙烯为多，其次为聚乙烯，其成品具有较高的强度和较低的延伸率，在防汛抢险中多用于制作编织袋、加筋编织布和土枕、软体排等。无纺土工织物有反滤、排水功能，可用作反滤层和排水层；有纺土工织物有反滤、隔离、加筋和包容等功能，可用作坡面护面下的垫层、缝制土袋、长管袋及软体排等。

（3）土工网。土工网指由聚丙烯、高密度聚乙烯等压制成板后，再经冲孔，然后通过单向或双向拉伸而成的带方孔或长孔的、具有高拉伸强度和较高拉伸模量的加筋片材，可用于填土加筋。

此外，还有各种加工制成品，可根据防汛需要加工成各种专用形状制品。

配置建议：防雨布在变电站防汛中使用不多，可根据实际需要在工区或班组配置存放，使用时带至现场。

（四）防渗堵漏材料

防渗堵漏材料种类众多，用于封堵建筑物漏水裂缝、电缆孔洞封堵等，包括吸水膨胀密封橡胶、速凝水泥等材料。

吸水膨胀密封橡胶是橡胶密封胶条的一种。胶料中配合有吸水材料，在干燥状态下与一一般实心密封胶条并无差别，当与水接触时立即吸收水分体积迅速膨胀并充塞于缝隙各空间，堵塞、切断水流通道而达到止水密封效果。常用于房屋建筑及地下工程接缝部位止水密封。

速凝水泥的主要特点是凝结硬化快、小时强度高，主要用于紧急抢修工程、截水堵漏等。速凝水泥的凝结时间可以调节，最快可在数分钟内开始硬化，可以满足紧急抢修工程需要。此外，速凝水泥具有微膨胀性能，在凝固后产生微膨胀，从而具有良好的密实性和抗渗性。

一般根据需要的凝结时间，预先调配好速凝剂与水泥的比例，封装后运输储存，使用时加水搅拌后可直接浇筑在模具、孔洞、缝隙等处，作为快速封堵材料。

由于该种材料具有吸湿易凝固的特点，需保存在阴凉干燥处，一般可存放 6 个月，不建议长期保存。

配置建议： 封堵材料一般均有保存期限，建议根据需要在汛前进行储备，定期更新。

四、交通工具

防汛物资中的交通工具，仅考虑发生汛情时可安全快速进出汛区的特殊交通工具，包括涉水车辆、橡皮艇、冲锋舟、水陆两栖车（船）、气垫船等。

涉水车辆包含范围较广，泛指具备一定越野和涉水能力的各类电力用车，部分越野车辆可通过加装涉水喉提升涉水深度，可根据需要进行配置。

橡皮艇主要用于一般性的涉水作业，如图 8-6 所示一般使用 PVC 材料制成，通过不同数量的气室和不同尺寸的气囊构成大小、承载力不同的型号。对于正规厂家生产的橡皮艇，一般需通过 CCS 证书、消防检测报告、水利部检测等环节，确保使用的安全可靠。

图 8-6　橡皮艇

冲锋舟主要在沿江、近湖的区域配置，具有吃水浅、航速快、易抢滩等特点，可用于洪水中查险、救生和快速转移人员、靠前指挥等用途，同时也可兼做工作用艇，如图 8-7 所示。

图 8-7　冲锋舟

橡皮艇和冲锋舟均应配置船桨，根据需要可配置船外机，配合外机支架使用，安全便捷，增强推进动力。船外机应具备防止杂物缠绕而停机的设计，防止失去动力的舟艇顺水漂移危险。

水陆两栖车（船）主要用于发生内涝的地形较为复杂的地区，安全快速地运送人员物资到达应急现场。

气垫船除用于江河湖泊之外，特别适用于积水较浅但地面松软泥泞的区域，车辆易下陷无法通行，橡皮艇或冲锋舟吃水不足，气垫船可以很好地发挥作用。

配置建议：作为防汛用特殊交通工具，应根据地区实际配置，同时作为特种交通工具，应安排专人培训后使用，保障交通安全。

五、照明工具

（一）主要参数

照明工具的选择主要考虑光源功率、连续工作时间、升降高度、防护等级、动力源等因素。

1. 光源功率

光源功率目前主要有瓦数和流明两种表示方法，两者存在可换算关系。

瓦数是指光源消耗的电功率，瓦数越大，亮度越高。

流明，是描述光通量的物理单位，光通量通常用 Φ 来表示，在理论上其功率可用瓦特来度量。由于眼睛，对各色光的敏感度有所不同，在视觉上不能产生相同的明亮程度，在各色光中，黄、绿色光能激起最大的明亮感觉。所以采用绿色光为水准，令它的光通量等于辐射能通量。能通量的单位是流明。英文 lumen 的音译，简写：lm。

举例来说，一个 40W 的普通白炽灯泡，其发光效率大约是每瓦 10lm，因此可以发出约 400lm 的光。

光源功率是选择照明工具最重要的参数，照明范围、强度均和光源功率成正比关系。此外，光源功率影响照明工具的连续使用时间或运行电流，需根据现场需求合理选择。

2. 连续工作时间

连续工作时间主要用于反映自带动力型照明工具的性能，以汽柴油发电机驱动照明工具为例，连续工作时间以满箱燃料可提供灯具照明的时长为准。连续工作时间主要受油箱体积限制，影响设备的整体体积，选择时应综合考虑设备的便携性和工作时长需求。

3. 升降高度

升降高度影响照明工具的照明范围，应针对应用场景进行选择，升降高度应和光源功率配合，确保照明范围内的亮度满足需求。

除绝对高度外，选择时应考虑灯具升高后的稳定措施，防止风力较大时倾覆损坏。

4. 防护等级

考虑防汛用照明工具的工作环境，灯具应具备一定的防水防尘能力，防止进水引发短路损坏。

目前国际通用的防护等级标准主要采用规范，进入防护（Ingress Protection，IP）IP 等防护级系统提供了一个以电器设备和包装的防尘、防水和防碰撞程度来对产品进行分类的方法，这套系统得到了多数欧洲国家的认可，由国际电工协会 IEC（International Electro

Technical Commission）起草，并在 IED 529（BS EN 60529：1992）外包装防护等级（IP code）中宣布。

防护等级多以 IP 后跟随两个数字来表述，数字用来明确防护的等级。第一个数字代表防止固体异物进入的等级，最高级别是 6；第二个数字表明设备防水的程度，最高级别是 8。

第一个数字（防尘等级）的意义如下。

0：没有保护；

1：防止大的固体侵入；

2：防止中等大小的固体侵入；

3：防止小固体进入侵入；

4：防止物体大于 1mm 的固体进入；

5：防止有害的粉尘堆积；

6：完全防止粉尘进入。

第二个数字（防水等级）的意义如下。

0：没有保护；

1：水滴滴入外壳无影响；

2：当外壳倾斜到 15°时，水滴滴入外壳无影响；

3：水或雨水从 60°角落到外壳上无影响；

4：液体由任何方向泼到外壳没有伤害影响；

5：用水冲洗无任何伤害；

6：可用于船舱内的环境；

7：可于短时间内耐浸水（1m）；

8：于一定压力下长时间浸水。

例如设备标示为 IP65，表示产品可以完全防止粉尘进入及可用水冲洗无任何伤害。

5. 动力源

照明工具可使用外接电源或汽（柴）油自发电。使用外接电源，不需单独的动力装置，体积小，易携带，在电源稳定的情况下，可持续工作；使用自带动力，需考虑汽（柴）油储存的安全性，照明工具整体体积增加，便携性降低，且使用时间受限。

但根据历年来防汛抢险经验，一般事故情况下，现场经常出现无电源点的情况，故建议配置自带动力型照明工具。

（二）大型移动照明设备

大型移动照明设备应具备较大的照明范围和较高的亮度，供大型防汛应急现场使用，考虑受灾现场环境恶劣，照明设备应自带电源，并能维持较长工作时间。

自带发电机的照明设备长期搁置易造成损害，均应按周期启动，定期保养。

配置建议：大型移动照明设备建议在省、市（县）级配置，在出现大型抢修工作时支援使用。配置在省、市（县）级，也方便在日常大型抢修工作调配使用，防止长期搁置。

（三）中小型移动照明设备

中小型移动照明设备的选择和大型照明设备基本相同，可采用自带电源或外接电源形式，也可安置在抢修车辆上，由车辆提供电源，运输方便。

配置建议：根据需求配置在业务室、班组层面。

（四）个人照明工具

个人照明工具包括头灯、防水手电、小型应急照明灯具等，供人员巡视现场、进行小规模工作时使用。

配置建议：个人照明工具属于低值易耗品，建议按工作人员数量配置。

六、通信工具

（一）卫星电话

卫星电话主要用于发生较严重灾害情况下，移动通信中断情况下，通过基于卫星的通信系统来传输信息。

配置建议：根据所辖地区范围按需配置。

（二）防水通信设备

防水通信设备包括防水对讲机等，需要在开展防汛工作设备接触水的情况下可正常使用，主要考虑其防水性能。

配置建议：一般选择防水通信设备的防水等级应在 6 级以上。

七、辅助配套物资

辅助配套物资包括防汛工作中可能使用到的其他装备及物资，包括发电机、户外移动式配电箱、防雨篷布、电源盘、滞粘胶带（防水绝缘）、镀锌钢管、尼龙绳、镀锌铁丝、枕木（道木）、铁锤、撬棒、尖镐、手推翻斗车、圆头铁铲、方头铁铲、塑料水桶、木桩等，一般与主要防汛物资配合使用，不再一一赘述。

配置建议：根据实际需要配置。

第三节　新型防汛物资

随着技术的进步，防汛物资也在朝着更安全、更高效、更便捷的方向不断发展，本节主要介绍近年来出现的新型防汛物资，这些物资装备或创新在原有基础上大幅改进，从整体上提升了防汛工作的效率。

一、排水机器人

排水机器人是将柴油机、自吸泵、控制系统、照明系统等集成在橡胶小履带上的一种排水设备，行走时不会破坏路面，如图 8-8 所示。自吸水泵由柴油机直联驱动，无需其他动力源，减少部件数量，降低能耗，配有流量、扬程、转速、燃油表和机油报警基于一体的控制系统，可满足小区、弄堂、地下车库等狭小区域积水排出需求，并且适用于烂泥、沼泽等全地形环境作业；设备移动灵活，便于运输（用一般载货汽车运输即可），使用方便；照明可以满足夜间操作的需要和安全性；控制系统防水（防水等级 IP66，涉水深度 500mm），能全天候长时间作业。

排水机器人整车体积小、移动灵活，可在窄小空间作业，可远程遥控；吸程高，准备时间短，节能高效、性能稳定，使用寿命长；履带底盘可适用各种复杂路况、全地形环境作业；行走采用液压驱动，无用电安全隐患；自带照明系统，可满足夜间环境工作需求。

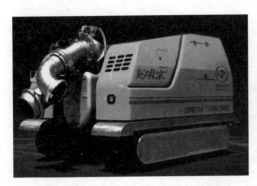

图 8-8　排水机器人

现给出某品牌排水机器人的主要参数供选用参考：排水效率 500m³/h，扬程 15m，吸程 6.5m，自吸时间 60s/5m，发动机功率 66kW，整机重量 2800kg，行走速度：2～4km/h，最大爬坡角度 45°，整机防护性能 IP54，最小转弯半径 1.8m。

二、垂直供排水抢险车

垂直供排水抢险车适用于河道、立交桥、隧道、水坝及城市积水等大面积排水作业，如图 8-9 所示，主要由二类底盘，油泵，水泵，平移、旋转、举升、滑动、伸缩作业装置，伸缩管，支撑架，支腿，排水软管，绞盘收放系统和驱动控制系统等构成。采用全液压驱动技术的，在排水作业中无用电安全隐患；单泵大流量，扬程高；水泵流道简单，具有很强的防堵塞性，可用于各种复杂工况；工作范围大，机动性强，布置时间短，操作便捷。

图 8-9　垂直供排水抢险车

现给出某品牌排水抢险车主要参数供选用参考：排水不小于 3000m³/h，扬程不低于 15m；轴距 4000+1350mm；输水管径：300×2mm；平移距离：800mm；作业平台举升角度 -10°～+60°；作业平台旋转角度 -90°～+90°；最大抽水深度离地面距离 6.8m。

三、水陆两栖车（船）

水陆两栖车（船）是结合了车辆和船舶的特点，可在复杂水、陆环境下安全、快速的切换操控方式，进行勘察、抢险、救援等工作的特种交通工具，如图 8-10 所示。

图 8-10 水陆两栖车

水陆两栖艇在陆地和浅水区可以作为救援车；在深水区可以作为兼顾的救援船，车船合一，灵活多变，反应迅速。两栖艇凭借三体船的独特设计，在水面具有较高的稳定性和宽敞的甲板平台，可以满足救援、军事、工程等不同领域的水陆两栖无缝连接需求。

水陆两栖车为满足复杂地形需要，均具备四驱越野能力和水上行驶能力，目前高端的水陆两栖全地形搜索救援车具备 8 轮驱动，具备优良的操控性能和多种地形适应能力，可广泛应用于各类救援现场。可选配的橡胶履带能实现松软路面或雪地的最佳牵引力。

气垫船，如图 8-11 所示，是指一种利用表面效应原理，依靠高于大气压的空气在船体与支撑面（水面或地面）间形成气垫，使船体全部或部分脱离支撑面航行的高速船舶。按产生气垫的方式，可分为全垫式气垫船和侧壁式气涂船两种。气垫船多用轻合金材料制成，船上装有鼓风机和轻型柴油机或燃气轮机等产生气垫和驱动船舶前进的动力装置，并有空气螺旋桨或水螺旋桨、喷水推进器等推进器。由鼓风机产生的高压空气，通过管道送入船底空腔的气室内形成气垫托起船体，并由发动机驱动推

图 8-11 气垫船

进器使船贴近支撑面航行。气垫船的航行阻力很小，可使航速高达 60～80km/h。尤其适合在内河急流、险滩和沼泽地使用。

四、救生护腕

救生护腕，如图 8-12 所示，主要用于溺水自救和施救，不充气状态时小巧轻便，不影响正常工作，充气后气囊为比人肩膀略宽，长条形，有安全锁，可脱卸，易单手抱合，防旋转，也便于施救，伸出合适距离。

救生护腕一般重量小于 200g，有大小号可供选择。产品配备气瓶，气瓶冲液态压缩二氧化碳气体；瓶身钢质，表面做隔温处理，气瓶整体符合国际安规；紧急情况时开启，1～3s 即可使气囊瞬间充满气体。

腕带一般选用硅胶材质，气囊使用双层复合材料，所有材料符合助浮器的安全要求，通过充气耐压、穿刺、表带拉力、浮力、摩擦、盐雾、耐热等方面的测试，确保使用过程安全可靠。充气后可以在水中保持承受 120kg 体重的成年人 8h 的浮力。

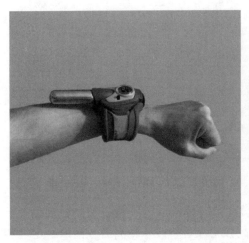

图 8-12 救生护腕

五、移动式防洪板

移动式防洪板是专为防范瞬间发生的暴雨洪水所设计，如图 8-13 所示，适用于坚硬平整的地面上快速阻水堵水，采用"L型书挡原理"由迎面而来的洪水重量压制在挡板底部，将重量转化为压力，即便是洪水已达到挡板的顶部，隔板仍然可非常稳固的站立而不倾倒，水位越高挡水效果越牢靠。

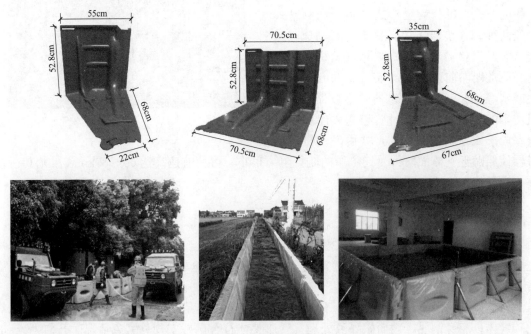

图 8-13 移动式防洪板

移动式防洪板一般每片隔板重量不超过 5kg，使搬运过程更加轻松便利，一人即可安装使用，以更省时、更有效的方式阻绝洪水侵袭。

移动式防洪板适用于城市环境或瞬间洪水改道作业，可完整保护仓库厂房、停车场、地下商场、地铁口、居民小区、商业街区等，甚至交通要道等环境免受洪患威胁，也可用于类似山洪暴发等较快、较湍急的水流，可将突然倾流而出的洪水进行改道，或延缓洪水针对某些重要区域的侵害。

移动式防洪板可取代淹水沙包成为快速防洪首选，因其以灵活铺设、安装简易快速、存储搬运便利等运用特性，避免传统沙袋需要耗费大量人力搬运和储放空间及无法循环利用的困扰，有效阻隔瞬间暴雨洪水的侵袭，更可作为固定式防水闸门的临时补强措施，让防洪设施更加完善。

六、智能防汛挡板

变电站防汛挡板在初期均为手动安装，在班组管辖变电站较多时，可能无法及时安装到位。目前利用液压动力技术和信息通信技术，可以实现防汛挡板的自动化、智能化安装，减少人员工作量，加快布置速度。

智能防汛挡板在无人值守的重要场所常态竖立，挡水、阻止冲击、防小动物，起到防汛、防盗、防暴、防小动物的功能；在车辆、人员频繁进出的门口，常态平放，通行如常，汛期自动升起阻水，实现远程监控、自（手）动控制。

常用的自动防汛挡板包括拉索式和垂直升降式。

（一）拉索式智能防汛挡板

拉索式智能防汛挡板在变电站大门处开挖相当于防汛挡板厚度的凹槽，如图 8-14 所示，不使用时将防汛挡板置于其中，钢板常态下平躺于地面，与地面向持平。智能控制部分与不锈钢智能挡板相同，两边也是采用变频电机加编码器，确保两边电机同时同步启动运转。电动机带动主转轮卷拉钢绳，钢绳借助过度转轮拉动钢板上升至与立柱上固定的密封橡胶片上。底部转轴处也设有密封胶条，确保三面密闭防水。钢板底部加胆，能够承重 100t。

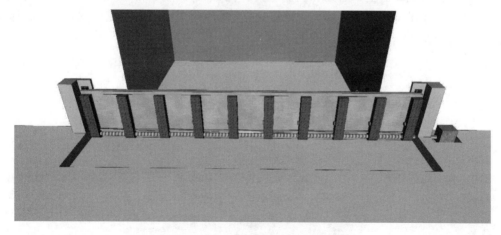

图 8-14　拉索式智能防汛挡板

（二）垂直升降地埋式智能防汛挡板

垂直升降地埋式防汛挡板在变电站大门处开挖相当于防汛挡板高度的凹槽，不锈钢挡板正常状态下埋于地下，如图 8-15 所示。当水位探测器探测到水位阀值时，系统起动电动机。整套系统为双变频电动机加编码器，确保两个电动机同时启动，同步运转。电动机带动螺旋杆旋转，螺旋杆套在固定于挡板两侧的螺套内。通过电动机的正转与反转，抬升或者下降挡板。挡板的两端置于两头的固定中空立柱内，与挡板接触部分加装橡胶密封条。整个挡板在地面以下置于混凝土的长条空腔内。地面开口处加装凹式加厚槽钢。槽钢与挡板接触部位加装橡胶密封条。

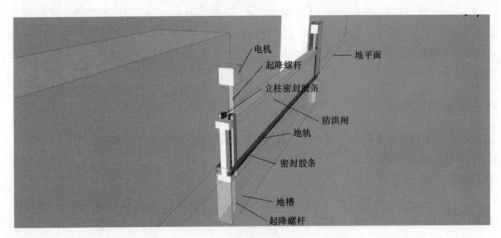

图 8-15　垂直升降地埋式智能防汛挡板

七、救援照明无人机

无人机系留滞空救援系统利用无人机技术，如图 8-16 所示，将摄像、照明、喊话、应急通信等功能模块集成，能较好地解决目前公安、消防、电力、农林、公路、桥梁、建筑等部门在复杂环境下应急救援、群体性事件处置、晚间作业、施工等难点。该系统功能强大，效果明显，可以不受电能限制而长时间停留在空中，应用于特定情况（尤其是一些突发事件情况）下，长时间不间断的空中监控和应急通信、救援照明等。该系统有别于普通系留平台，改进了体积大、携带不便、部署困难、掉落安全隐患大等缺点，采用了集成创新、整体优化的独创性设计思想。

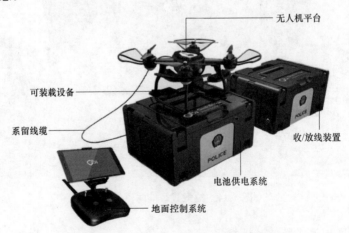

图 8-16　无人机系留滞空救援系统

无人机系留滞空救援系统对挂载物照明设备和通信设备进行了优化设计，提高了系统的轻量化、安全性、响应度和可携带性。在多组电源协调或采用发电机状态下可 24h 不间断连续照明，如图 8-17 所示。飞行及照明组件重量不大于 1.5kg，收线组件和单组电池组件不大于 20kg，可照亮 3000m^2 面积场。

图 8-17　救援照明无人机

第四节　防汛物资管理

防汛物资管理是防汛管理的重要内容，应遵循"统筹管理，科学分布、合理储备、统一调配、实时信息"的原则。

一、防汛物资的购置

防汛物资的采购标准应满足相应的国家标准、行业标准以及 SL 297—2004《防汛物资验收标准》各项技术要求。

应根据现有防汛物资储备库存情况，综合考虑本年度调用和所在地区突发事件情况，依据储备定额、储备方案，按统一的预算管理规定，编制含年度消耗在内的下一年度防汛物资需求计划。

大型防汛装备一般采取集中统一采购；一般物资由各生产机构从变电站专项运维费进行列支采购。

应急救援抢险过程中，当防汛物资不能满足抢险需要时，可以采取其他紧急采购方式。

对于防汛应急抢险而消耗的物资由储备物资管理单位在抢险过后应及时按已消耗物资的规格、数量、质量重新购置。

二、防汛物资的验收

购置的防汛物资到货后，各级物资需求单位应根据装备情况组织成立验收小组，进行抽样检测。

对于大型机械装备一般按照相应的国家标准或行业标准进行质量验收。

对于挡水物资、照明工具、柴油发电机等专用防汛物资应对照 SL 297—2004《防汛物资验收标准》进行质量验收。

防汛物资经验收合格后，各储备单位应指定专人管理，登记造册，分类储存。

三、防汛物资的仓储管理

（一）防汛物资储备库的设立

防汛物资储备仓库应按照区域辐射性强，库容量扩展性强，交通方便，仓储设施齐备的原则科学布局，合理选择，各级单位可参照如下方式设立：

省公司根据地理特征、交通状况等实际情况在辖区内选择建立 3～4 个省级公司防汛应急物资一级储备库，每个储备库覆盖供应 3～4 个地市供电范围。

各市、县公司应在物资仓库内建立防汛应急物资储备库，由物资部门统一保管维护，负责本地区（含省检修、市检修）电力设施防汛应急物资的统一调配和补充供应。

运维室作为防汛分级响应的第二级机构，建立专业性的物资储备库，存放部分大型或不常用防汛物资。

运维班组作为变电站防汛应急抢险的基本单位，主要配置个人防护用品及处理小规模险情所需的防汛物资。

330kV 及以上变电站及其他有人值守变电站均应配置防汛物资，220kV 及以下无人值守变电站根据所处的地理特征、设备及建筑状况选择配置防汛物资。

（二）防汛物资仓储管理要求

防汛物资到货验收入库后，应设立防汛物资台账，并指定专人负责管理。

仓储物资应分类摆放，定置管理。对于与其他物资共用仓库的，需划定专门区域进行存储。

要定期对储备物资进行检查、试验、维护、保养，保证应急储备物资长期处于良好可用状态。对易腐物资如麻袋、麻绳等要定期翻晒，保证质量，救生器材要防止胶皮老化。涉及专业保养、试转的设备、工具，应委托专业人员提供人力资源及技术支持。

各级物资部门在每年汛期到来前，组织对各级储备库库存物资进行全面检查，核对储备品种、数量，检查易腐物资质量，对丧失其原应具备的使用功能物资及过期物资按流程进行报废。

仓库管理人员做好储备物资日常维护、检修记录，做好抢险时验收、领发、使用、退还等手续，做到账物相符，汛后将耗用、存储情况上报领导及单位防汛办。在汛期要随时做好发放、领用的各项准备。

四、防汛物资的使用

防汛物资均属专项储备，非防汛应急救援需要，任何部门和个人不得挪用。

完善防汛储备物资的流动性管理，实行先入库先调用的原则进行使用。

储备物资调拨实行使用快捷、保障急需、重点保障的原则。防汛物资使用单位根据防汛抢险需要，首先使用最近的储备物资，因工程重大险情需要，当储备的防汛物资不足可向所属单位主管部门提出申请，由主管部门统一调度；非消耗性物资必须退还。

防汛储备物资应设立轮换周期，按周期要求及时更新；轮换出来的应急储备物资按闲置物资相关管理办法要求管理。

第九章　变电站防汛管理

防汛管理是指为了应对暴雨、洪水等自然灾害，通过建立必要的机制，采取必要的措施，应用科学、技术、规划与管理等手段，对组织所拥有的人力、物力、财力、信息等资源要素进行优化配置，最大限度地防范和减少灾害损失的活动过程。按照防汛应对措施的先后顺序划分，防汛管理包括事前预防、事发应对、事中处置和善后恢复 4 个阶段。本章借鉴上级主管部门防汛管理文件中的变电站防汛要求，阐述变电站防汛管理的工作内容、组织管理、运行维护管理和项目管理以及应急管理等工作内容，以期有助于变电站技术管理人员防御洪涝灾害、系统有序地开展防汛工作，保障变电站稳定安全地运行。

第一节　防汛管理的工作内容

一、我国的防汛管理法规

我国地域广大，东部濒临世界上最大的大洋太平洋，境内江河湖泊众多，极端天气多发，防汛工作在我国处于更加突出的地位。我国建立了相对完善的防汛应急体系，其中与变电站防汛相关法规，主要有《中华人民共和国防洪法》《中华人民共和国气象法》《中华人民共和国防汛条例》（国务院令第 441 号）、《气象灾害防御条例》（国务院令第 570 号）、《生产安全事故报告和调查处理条例》（国务院令第 493 号）、《电力安全事故应急处置和调查处理条例》（国务院令第 599 号）、《国务院关于全面加强应急管理工作的意见》《国家突发公共事件总体应急预案》《国家气象灾害应急预案》《国家防台防风抗旱应急预案》《国家大面积停电事件应急预案》、GB/T 29639—2013《生产经营单位生产安全事故应急预案编制导则》等，国家电网有限公司也根据国家法规建立了相应的防汛管理章程，主要有《国家电网公司应急工作管理规定》《国家电网公司应急预案管理办法》《国家电网公司应急预案评审管理办法》《国家电网公司突发事件总体应急预案》《国家电网公司应急队伍管理规定》《国家电网公司大面积停电事件应急预案》《国家电网公司气象灾害处置应急预案》《国家电网公司防汛及防灾减灾管理规定》等。

防汛管理是应急管理体系的重要组成部分，参加防汛工作是每一个企业和公民应尽的义务。《中华人民共和国防汛条例》第三条规定"防汛工作实行'安全第一，常备不懈，以防为主，全力抢险'的方针，遵循团结协作和局部利益服从全局利益的原则"。第五条规定"任何单位和个人都有参加防汛抗洪的义务"。第八条规定"石油、电力、邮电、铁路、公路、航运、工矿以及商业、物资等有防汛任务的部门和单位，汛期应当设立防汛机构，在有管辖权的人民政府防汛指挥部统一领导下，负责做好本行业和本单位的防汛工作"。电力作为国民经济生产的重要保障，在防汛工作中的地位和作用益加突出。国家电网有限公司、南方电网公司等电力企业积极参与防洪、防汛抢险工作，为国家抵御洪涝灾害，维护国家安全、社会稳定和人民生命财产安全做出了突出贡献，而变电站防汛作为电力防汛的关键环节，必须予以高度重视。

二、电网防汛管理的工作内容

防汛管理的具体工作内容包括：

（1）落实防汛工作责任制，建立健全防汛组织机构，成立抗洪抢险队、物资和后勤保障等组织机构，明确防汛岗位责任，开展岗位培训，重要岗位人员持证上岗。

（2）编制防汛管理办法、防汛处置应急预案、防汛工作手册、变电站防汛处置预案、变电站防汛设备配置管理标准、变电站防汛材料配置标准和仓储管理制度等规定，执行防汛文件的编制、评定和审批程序，防汛文件受控。

（3）防汛管理办法、防汛处置应急预案、运行规程等按规定上报有管辖权的地方政府防汛指挥机构或业务管理部门批准后实施，并报上级单位备案。

（4）开展汛前检查、隐患治理、汛期值班、汛期巡查、信息报送等工作，隐患消除及时，信息报送准确。

（5）组织防汛工作文件学习，开展防汛应急预案演练。

（6）建立防汛设备台账，组织设备巡视，检查，根据需要予以补充、改造或修试。

（7）按照防汛物资储备定额配置标准配置防汛物资，根据需要动态更新补充。

（8）为保证防汛工作的顺利开展，优先安排防汛资金，用于防汛物资购置、防汛隐患消除、防汛抢险等工作。

三、变电站防汛管理的工作内容

在汛期，风雨往往相伴而来，大雨常伴有大风，做好防汛管理要同时做好防风管理。变电站防汛管理工作内容如下：

（1）根据本地区的气候特点、地理位置和现场实际，制定相关预案及措施，并定期进行演练。变电站内配备充足的防汛设备和防汛物资，包括潜水泵、塑料布、塑料管、沙袋、铁锹、防水挡板、吸水膨胀袋等。

（2）在每年汛前对防汛设备进行全面的检查、试验，确保处于完好状态，并做好记录，防汛工作检查表模板见表9-1。

表 9-1　　　　　　　××站防汛工作检查表　　　检查日期：＿＿＿年＿＿月＿＿日

序号	检查项目	检查内容	检查标准	检查人	结果
1	防汛物资	潜水泵、水线	试验良好后，接好水线，并放在可防盗且方便使用的地点		
		……	……		
2	防汛组织	组织机构	根据公司防汛指挥部要求，建立本单位的防汛组织机构、职责分工、值班表并责任到人		
		……	……		

续表

序号	检查项目	检查内容	检查标准	检查人	结果
3	防汛措施	防汛预案	建立和完善本站（班）在各种运行方式下的事故预案，特别是全站停电、保站用电、直流系统和重要用户供电的方案及通信不畅时的事故预案。每个人均应熟悉本单位防汛预案。防暴雨预案		
		……	……		
4	防汛设施	房屋建筑	所有房屋检查无漏雨现象，门窗密封良好；端子箱、机构箱等可靠关闭、密封良好		
		……	……		
⋮	⋮	⋮			

（3）防汛物资由专人保管、定点存放，并建立台账，防汛物资台账模板见表9-2。

表9-2　　　　　　　　　　　××站防汛物资台账

序号	物品名称	存放数量	存放位置	负责人	备注
1					
2					

（4）雨季来临前对可能积水的地下室、电缆沟、电缆隧道及场区的排水设施进行全面检查和疏通，对房屋渗漏情况进行检查，做好防进水和排水及屋顶防渗漏措施。

（5）下雨时对房屋渗漏、排水情况进行检查；雨后检查地下室、电缆沟、电缆隧道等积水情况，并及时排水，做好设备室通风工作。

（6）大（台）风大雨前后，重点检查设备引流线、设备防雨罩、避雷针、绝缘子等是否存在异常；检查屋顶和墙壁彩钢瓦、建筑物门窗是否正常；检查户外堆放物品是否合适，箱体是否牢固，户外端子箱是否密封良好。

（7）有土建、扩建、技改等工程作业的变电站，在大（台）风大雨来临前加强对正在施工场地的检查，重点检查材料堆放、脚手架稳固、护网加固、临时孔洞封堵、缝隙封堵、安全措施等情况，发现隐患要求施工单位立刻整改，防止设施机械倒塌或者坠落事故，防止雨布、绳索、安全围栏绳吹到带电设备上引发事故变电站周边隐患台账见表9-3。

表9-3　　　　　　　　　　　××站周边隐患台账

序号	日期	变电站名称	隐患情况	上报日期	填报人	措施情况	备注

（8）在大风大雨前后根据设备运行环境、方式变化等实际情况，开展特殊巡视。

第二节　变电站防汛组织管理

一、分级管理

电力行业防汛工作应统一指挥，分级分部门负责，应在有管辖权的人民政府防汛指挥部统一领导下做好防汛工作。各级单位应落实防汛工作责任制，建立健全防汛组织机构，并根据实际情况及时调整防汛领导小组和办公室成员，做到人员、责任不留空档。建立上下级单位纵向联动，生产、基建、物资、后勤、外联等多部门横向联动的组织体系，确保防汛工作职责明晰、信息畅通、指挥有力、上下协同。

变电站防汛管理工作是电力行业防汛工作的重要组成部分，上级单位负责变电站防汛工作规范化、标准化建设，协调解决变电站防汛工作中的重大问题，对下级单位变电站防汛工作进行管理、监督、检查和考核。

下级单位负责辖区变电站的汛情信息归口管理、报送和防汛对外联系工作，制定、修编变电站相关防汛措施和预案，负责同地方气象及防汛部门联系，组织做好天气形势对变电站影响会商分析和降雨（洪水）预报预测工作。

基层单位按职责分工参加辖区变电站的汛情处置工作，具体执行变电站各项防汛工作部署和要求。根据防汛检查大纲要求，进行变电站防汛设备设施检查试验、问题整改等汛前准备工作。开展变电站防汛物资的储备和定期检查工作，防汛设备设施汛期运维和消缺工作。

二、管理部门职责

1. 生产管理部门变电站防汛职责

（1）组织对辖区变电站存在的防汛相关重大缺陷和异常情况鉴定，落实处理措施。

（2）负责审查辖区变电站防汛措施和有关预案。

（3）负责组织辖区变电站的防汛应急预案演练。

（4）负责组织辖区变电站的防汛检查、互查和督查工作。

2. 财务管理部门变电站防汛职责

（1）负责变电站防汛改造资金投入。

（2）负责变电站保障事故应急所需资金和费用。

（3）负责收集暴雨、洪水灾害发生后变电站的财产损失情况。

3. 基建管理部门变电站防汛职责

（1）负责公司在建变电站的防汛管理工作。

（2）负责审查本单位各变电站基建项目防汛方案和措施。

（3）掌握汛期变电站存在灾害影响项目信息，指导建设管理的工程项目制定应对措施，并监督落实。

（4）负责在建变电站防汛重大灾害应急事件跟踪和处置。

（5）组织在建工程单位开展变电站防汛重大灾害应急事件处置工作。

4. 安全管理部门变电站防汛职责

（1）负责对公司所辖变电站防汛工作进行安全督查。

（2）负责所辖变电站内防汛物资质量监督管理和定期检验。

5. 物资管理部门变电站防汛职责

（1）负责所辖变电站内防汛物资和服务招标采购的归口管理。

（2）负责所辖变电站内防汛物资仓储配送、防汛应急物资、防汛废旧物资的处置管理。

6. 后勤管理部门变电站防汛职责

（1）负责组织实施变电站防汛应急响应期间的后勤生活保障。

（2）负责组织实施变电站防汛应急响应期间的交通运输保障、医疗救护和卫生防疫工作，并根据需要争取交通运输"绿色通道"和医疗救治"绿色通道"。

（3）协助做好召开变电站应急响应会议的准备工作。

7．外联管理部门变电站防汛职责

（1）负责向有管辖权的地方政府上报变电站汛情信息，并组织实施应急响应期间政府部门和上级来人的接待等工作，指导新闻发布工作。

（2）协助公司防汛办公室做好应急响应信息的报告和通知等工作，负责新闻信息管理，做好信息报告和新闻发布应急准备。

（3）负责与新闻媒体联系，向社会公众发布停电预警公告。

第三节　变电站防汛运维管理

变电站防汛设备的运行与维护，主要为正确、高效、有序地处置暴雨、洪水等灾害造成电网设备较大范围损坏、停役或重要设备损坏事件，最大限度地防范和减少事故造成的损失和影响，保障电网正常的生产经营秩序，维护国家安全、社会稳定和人民生命财产安全。变电站防汛运维管理主要包括巡视、设备维护、典型故障和异常处理、变电站防汛检查和信息管理等内容。

一、巡视管理

变电站汛前日常巡视应有针对性的对生产建筑防水、电缆管沟封堵、防汛设施等方面进行巡视检查，做好防汛隐患登记、跟踪处置等工作，确保房屋防水措施到位、设备封堵良好、排水设施可用、排水管道畅通。在汛期应做好特巡，重点对存在隐患变电设施及低洼变电站进行持续跟踪，发现站内、电缆沟（道）积水、雨水倒灌、房屋渗漏等缺陷隐患及时采取措施，确保电力设施安全。

1．*每年汛期前对防汛设施、物资进行全面巡视*

（1）潜水泵、塑料布、塑料管、砂袋、铁锹、防汛挡板、吸水膨胀袋等完好充足。

（2）应急灯处于良好状态，电源充足，外观无破损。

（3）站内地面排水畅通、无积水。

（4）站内外排水沟（管、渠）道应完好、畅通，无杂物堵塞。

（5）变电站各处房屋无渗漏，各处门窗完好；关闭严密。

（6）集水井（池）内无杂物、淤泥，雨水井盖板完整，无破损，安全标识齐全。

（7）防汛通信与交通工具完好。

（8）雨衣、雨靴外观完好。

（9）防汛器材检验不超周期，合格证齐全。

（10）变电站屋顶落水口无堵塞；落水管固定牢固，无破损。

（11）站内所有沟道、围墙无沉降、损坏。

（12）水泵运转正常（包括备用泵），主备电源、手自动切换正常。控制回路及元器件无过热，指示正常。变电站内外围墙、挡墙和护坡有无异常，无开裂、坍塌。

（13）变电站围墙排水孔护网完好，安装牢固。

（14）变电站围墙防护支撑（护坡）完好。

（15）集水井（池）、电缆沟水位报警系统工作正常。

2. 大雨前后特殊巡视检查项目

（1）地下室、电缆沟、电缆隧道排水畅通，无堵塞，设备室潮气过大时做好通风除湿。

（2）变电站围墙外周边沟道畅通，无堵塞。

（3）变电站房屋无渗漏、无积水；下水管排水畅通，无堵塞。

（4）变电站围墙、挡墙和护坡无异常。

二、设施维护

针对存在积水隐患的变电站，应提高防汛能力。可应采取加固围墙、增强排水能力、安装防水挡板等措施；针对变电站排水设备隐患问题，应及时修理排水设施，更换大功率排水泵或加装排水泵，改造排水通道；针对电缆沟、电缆层渗漏问题，应做好电缆防水封堵，从源头控制电缆沟积水隐患。

1. 电缆沟、排水沟、围墙外排水沟维护

（1）在每年汛前应对水泵、管道等排水系统、电缆沟（或电缆隧道）、通风回路、防汛设备进行检查、疏通，确保完好通畅。

（2）对于损坏的电缆沟、排水沟，要及时修复。

2. 水泵维护

（1）每年汛前对污水泵、潜水泵、排水泵进行启动试验，保证处于完好状态。

（2）对于损坏的水泵或工作异常的控制模块，要及时修理、更换。

三、典型故障和异常处理

1. 排水沟堵塞，站内排水不通畅

（1）现象。排水沟堵塞，站内排水不通畅。

（2）处理原则。

1）清除排水沟内杂物，使排水沟道畅通。

2）排水沟损坏，及时修复。

2. 站内外护坡坍塌、开裂、围墙变形、开裂、房屋渗漏

（1）现象。站内外护坡坍塌、开裂、围墙变形、开裂、房屋渗漏。

（2）处理原则。

1）应将损坏情况及时汇报上级管理部门。

2）对运行设备造成影响的，应采取临时应急措施。

3）在问题没有解决前，应对损坏情况加以监视，及时将发展情况汇报上级管理部门。

四、变电站防汛检查

为加强变电站防汛管理，使变电站防汛工作标准化、规范化、制度化，确保电网稳定运行以及变电站设施安全度汛，根据《中华人民共和国防洪法》《中华人民共和国防汛条例》等有关法规，制定变电站防汛检查表，见表9-4。

表 9-4　　　　　　　　　　变 电 站 防 汛 检 查 表

变电站名称		电压等级（kV）	
设计标准地面高程		实际地面高程	
控制线路			
序号	检查内容	检查结果	存在问题及处理措施
1	防汛资料档案		
2	汛前自查及检查整改完成情况		
3	上级有关部门的防汛文件		
4	设备完好率与消缺情况		
5	排水设施与排水能力		
6	场地孔洞清理及紧急封堵措施		
7	电缆沟渗漏及其排水		
8	防洪水淘刷与侵蚀能力		
9	围墙、挡墙和护坡的稳定性		
10	汛期未完工变电站度汛措施		
11	通信与交通工具		
12	防洪水、防台风、防暴雨、防倒灌预案（措施）		
13	防汛物资储备与管理		
14	重要用户供电事故预案		
15	设备抢险与人员转移预案		
16	防汛设备平面图、人员转移路线图、排水系统图		
17	指挥、联络网络图		
备注			

依据防汛检查表，采取现场查看和资料检查的形式检查变电站防汛工作准备情况。重点关注隐患排查整改情况、物资管理情况和应急管理情况等方面。要强化防汛工作隐患整改闭环机制落实，确保隐患治理工作落实到位、未消除隐患管控到位。年度防汛排查过程中应认真梳理前一年防汛隐患排查治理结果，逐一核实各类隐患是否已按时间节点完成整改。未按时完成的各类隐患，应纳入本年的隐患排查结果中，并落实有效管控措施。

五、信息管理

开展防汛管理信息系统在变电站方面的应用，建立并维护变电站防汛基础数据库，包括防汛隐患、防汛物资、防汛人员、防汛文件、防汛重要设备台账等基础数据。

防汛管理信息系统实用化是变电站防汛工作的重要抓手：①要明确系统维护及实用化的管理职责，落实系统常态化应用机制，做好防汛基础数据维护，并及时更新，确保数据真实、完整，为做好防汛预警和落实防汛针对性措施提供数据支撑；②要充分依托系统，强化汛期信息报送，掌握汛期雨情、汛情、隐患排查治理、物资库存等重要信息，做好应急资源调配和应急抢修工作；③设备管理部门将定期通报系统维护应用情况，全面提升防汛工作信息化和智能化水平。

防汛基础数据库收集，包括变电站历史水位、标高、是否为低洼变电站、是否设置防洪墙、是否安装防汛挡板、历史受淹情况、重要用户全停风险等。通过防汛数据查询统计，可快速掌握重点防汛设备和历史汛情，为设立大修、技改项目以及针对性落实预防措施做好支撑。

六、外部协作工作

电力公司防汛工作与政府、用户等外部资源关系密切。首先，实时、准确掌握汛情和雨情对防汛抢险统筹部署及决策制定起到关键作用，电力公司必须依靠外部资源来确保信息的准确性、及时性；其次，在面对重大洪涝灾害时，仅凭电力公司的应急抢险力量，难以应对汛期大型应急抢险任务，需部队、消防等外部力量支援；最后电力设施的正常运行，电力供应的稳定，是保障政府组织抗洪抢险的必要条件，为高效抢险及生产生活灾后恢复提供基础保障。

建立外部沟通协调防汛工作机制的主要目标是立足"防大汛、抗大灾、抢大险"，和外部相关方建立信息沟通渠道，最快时间获取应急信息，争取应急支援，最大范围获取应急力量，提供电力保障，最大力度保障应急抢险。常态化防汛外部沟通协调工作机制是充分发挥外部资源力量，提升优质服务水平的具体行动，是提升防汛抢险保障能力，确保设备安全度汛的重要保障。

外部资源主要是指政府相关部门和重要电力用户。政府协作涉及部门主要有：防汛办、水利、气象、消防、卫生、媒体等相关部门。通过与防汛办等部门的联动，可以掌握政府各类防汛工作的要求，获取政府防汛抢险工作的动态，做好电力供应的后勤保障工作；通过与水利部门的联动，可以了解蓄滞洪区范围，提前排查明确区内电力设施，编制应急预案，做好安全防范措施，在汛期能及时了解汛情发展情况，根据水情调整公司的应急方案；通过与气象部门的联动，可以及时获取气象灾害预警；通过与部队、消防等部门的联动，可积极协助参与抗洪抢险，在重要电力设施出现险情时，请求部队、消防力量的支援；通过与卫生防疫部门的联动，可协助进行汛后处置，保障人员安全；通过与新闻宣传部门的联动，宣传电力设施保护和汛期用电安全，减少因用户原因造成的损失。

1. 加强防汛外部协作的有关工作

（1）向政府防汛办做专题汇报，加强与气象部门的联动，加强与政府抢险资源的协作，建立防汛会商、信息互通、资源共享的工作机制。

（2）邀请防汛办、消防等单位开展防汛联合演练，检验参演单位应急响应是否快速、政府部门之间的汇报沟通机制是否顺畅，防汛应急预案执行是否高效。

（3）组织低洼变电站所供重要用户防汛风险排查，分析低洼变电站受灾停电对用户产生的影响，制定受灾情况下的转供电方案。

（4）组织防汛工作专题宣传，提高社会公众在汛期保护电力设施及防止触电伤害等方面的认识。

（5）开展防汛专项督查，确保外部沟通协调防汛工作机制落地。

2. 低洼变电站所供用电防汛风险排查实例

对低洼变电站开展排查，实测或查阅变电站设计标高，与当地最高洪水位和城市内涝水位相比较，并对变电站周边环境进行排查，梳理低洼变电站风险类型、隐患、采取的防汛加固措施，对防汛隐患制定风险控制表，如表9-5所示。对低洼变电站供电范围内的政府防汛指挥机构、水坝水库（泄洪泵站）、广播电视台、医院、铁路、机场等重要用户，要排查是否存在全停风险，并对存在全停风险的重要用户制定应急措施。对存在全停风险的专线用户，要明确充分利用内外部资源情况下的最快恢复供电时间，减少低洼变电站受灾长时间停电给用户带来的影响。

表 9-5 　　　　　　　　　　　变电站防汛风险控制表

变电站名称	××公司 110kV 团结变电站
风险类型	变电站积水隐患
隐患描述	团结变电站位于团结河旁，雨季水位增高，易泛入团结变电站内
汛前管控措施	检查变电站排水系统并及时检修，确保排水系统运行正常，在变电站大门处加装防水挡板，变电站内配备备用移动水泵 2 台、沙包 20 只
汛前应急管控措施	按防汛物资配置原则，集中配备移动水泵、吸水膨胀袋
转供电方案	停恒昌 131-13101 断路器之间，13101 以下调由新驱 1G22 线供； 停华银 133-13301 断路器之间，13301 以下调由蓝箭 1H42 线供； 停学林 137-13701 断路器之间，13701 以下调由强灵 644 线供； 停纬三 130-13001 断路器之间，13001 以下调由长旺 1G35 线供； 停德奥 132-13201 断路器之间，13201 以下调由中恒 1G34 线供； 停沃得 232-23201 断路器之间，23201 以下调由高创 1G11 线供； 停新津 136-13601 断路器之间，13601 以下调由丁卯Ⅰ111 线供； 停雅郡 1H34-1H3401 断路器之间，1H3401 以下调由新民 640 线供； 停软件 1H37-1H3701 断路器之间，1H3701 以下调由超创 1G32 线供； 停研发 1H38-1H3801 断路器之间，1H3801 以下调由精英 1G46 线供

第四节　变电站防汛项目管理

当变电站防汛设施出现技术性能水平下降时，可以通过日常运维、生产大修和技术改造的方式，提升防汛设施技术能力。防汛设施的大修和改造要按照项目化管理的要求，有计划有步骤地实施，但与一般项目的管理不同，防汛设施的大修和改造时效性更强，一般应在汛期来临之前完成，部分因汛情受损的设备需要在汛情过后通过抢修立即修复。

一、项目立项储备管理

（一）项目分类

变电站防汛设施的修理技改项目类型有技改项目、大修项目、日常运维项目三类，可以通过日常运维（含例行检修和消缺）、生产大修的方式，恢复变电站防汛设施的原有性能，或通过技术改造的方式提升防汛设施技术能力来满足不断提高的技术要求。

（二）立项原则及储备管理

变电站房屋、防汛排水系统等防汛相关设施的项目储备来源包括巡视、专项检查等方式发现的缺陷和问题及其他符合技改大修立项原则的问题。

对不满足所在生产环境运行要求，维修工作量不大的防汛设施问题，可通过日常运维项目予以解决。

变电站内房屋（含控制楼、开关室、保护室、主变室、电容器室、接地变室、门卫室等站内生产性用房）、墙面、门窗等有裂纹、渗水、漏雨、屋面粉尘脱落等现象的，应安排大修处理；地下水位情况复杂、低洼地区、渗漏水严重的构筑物，应安排大修，完善防水功能；变电站附近出现水土流失、山体滑坡、泥石流冲击危害的，应采取加固基础、修筑挡墙、截（排）水沟等大修措施。

因变电站发展需要，防汛设施不能满足技术要求或应用需求的，优先安排大修解决，无法通过大修满足应用需求的，应进行技改；需要更换整套设备的，应考虑进行技改；对作为资产主要组成部分的防汛设施主要部件（如水泵），运行年限达到设备折旧寿命或出现重大损坏，经评估不能继续使用且无法通过大修恢复的，应安排进行局部改造。

项目储备宜采用动态管理方式，将发现的问题及时转化为储备项目。可根据项目的紧迫性、重要性、政策适应性以及可行性等多维度量化评价打分，以提升防汛设施技术能力和智能化水平为目标，评定项目储备的优先级别。在项目立项储备时，应明确施工方案。

（三）项目可研初设评审

变电站房屋、围墙等防汛土建设施可研初设审查由相关专业技术人员参与。土建设施项目验收环节要求：

（1）土建可研初设审查人员提前对可研报告、初设图纸资料、设计要求等文件进行审查，并提出相关意见。

（2）可研和初设审查阶段主要对变电站选址、站址标高、抗震、道路、电缆沟、场坪、变电站大门及围墙、站内建筑物进行审查、验收。

（3）审查时应审核变电站土建设施是否满足电网运行、设备运维、反措等各项规定要求。

在防汛设施项目审查参加人员应为技术专责或在本专业工作满 3 年以上的人员。防汛设施项目可研初设审查环节要求：

（1）变电站的排水设计应按照变电站的规划容量统一规划，分期建设。对于修理技改工程应充分发挥原有设施的效能。

（2）变电站室外设备区不具备自流排水条件时可建设集水池，集水池按排水量设计，池内设排水泵，采用水泵升压排出方式。

（3）地下变电站、电缆夹层应设置集水池，排水系统采用分层排出方式。

（4）集中排放的雨水量设计应通过计算确定；重现期一般可选用 1～3 年；强降雨地区重现期可选用 10～20 年。

（5）排水管道应根据变电站最终规模的排水量统一布置，分期建设，出口应选择在容泄区水位较低和河床比较稳定的地方。

（6）变电站及运维班驻地生活污水无法接入市政排污管道的，需采取污水处理措施。

土建设施项目、防汛排水系统项目审查可参照附表 9-6 开展，验收人员应做好评审记录。

表 9-6 **项目可研初设评审记录**

项目名称					
建设管理单位		建设管理单位联系人			
设计单位		设计单位联系人			
参加评审运检单位					
参加评审人员		评审日期			
序号	审查内容	存在问题	标准依据	整改建议	是否采纳（是/否）	未采纳原因
1						
2						
3						

注 详细问题见各设备验收细则可研初设审查验收标准卡，验收标准卡可采用具备电子签名的 PDF 电子版或签字扫描版。

二、项目实施验收管理

按照国家有关技术规范、规程，完成防汛工程项目的准备、勘察、设计、施工等管理、监督程序。

（一）验收方法

验收方法包括资料检查、旁站见证、现场（竣工）检查。

资料检查指对所有项目资料进行检查，应包含项目实施全过程的文档、图片及视频资料；资料内容应涵盖从立项储备、物资填报、到货验收、施工招投标、现场施工及验收的各个环节。

旁站见证包括关键工艺、关键工序、关键部位和重点试验的见证，是隐蔽工程验收的主要方法。旁站见证应保留图片或视频资料，问题整改应有前后对比图片或视频。

现场（竣工）检查包括现场设备外观和功能的检查。设备安装应满足相关规程规范要求；场地应平整清洁，防护措施完善；提示、警示性标志安装规范，内容清晰明了；设备实操工况良好、动作正确。

（二）项目验收

在竣工（预）验收环节，验收负责人员应为技术专责或具备班组工作负责人及以上资格。

1. 竣工（预）验收要求

土建设施竣工（预）验收要求：

（1）验收人员依据变电站土建工程设计、施工、验收相关国家、行业及企业标准，进行变电站土建竣工（预）验收。

（2）竣工（预）验收包括围墙工程、护坡工程、变电站大门、场坪工程、道路工程、电缆沟道工程、主变基础工程、建筑物工程等。

（3）竣工（预）验收时应严格审查所用材料的出厂合格证件及试验报告等资料，并核查相关竣工图纸，确保现场土建设施与设计相符，做到图实一致。

防汛排水系统竣工（预）验收要求：

（1）排水泵的运行根据集水池的水位变化自动控制，集水池应配置响应水泵，一主一辅，能自动轮换。

（2）排水泵动态功能的试验、远程监控、自动控制排水、水位告警远方遥控启动、停止功能验收。

（3）现场就地具备自动、手动功能，在水泵前应设置格栅。

竣工（预）验收及资料文件验收可按照表 9-7 防汛排水系统竣工（预）验收标准卡执行。

表 9-7　　　　　　　　　防汛排水系统竣工（预）验收标准卡

防汛排水系统基础信息	工程名称		制造厂家	
	变电站名称		安装单位	
	验收单位		验收日期	

续表

序号	验收项目	验收标准	检查方式	验收结论 (是否合格)	验收问题 说明
一、强排装置验收验收人签字:					
1	强排水泵验收	(1) 系统使用的水泵(包括备用泵、稳压泵),铭牌的规格、型号、性能指标应符合设计要求; (2) 设备应完整、无损坏; (3) 水泵应采用自灌式吸水,阀门设置合理,水泵安装符合相关标准,室内电缆沟内、地下电缆夹层内必须安装; (4) 水泵吸水阀离水池底的距离应符合设计要求; (5) 水泵出水管径及数量应符合设计要求; (6) 强制排水泵供电系统符合要求,开关保护灵敏可靠,控制线铺设平直,电缆吊挂标准,保护接地安全可靠; (7) 控制箱安装牢固,关闭严密,柜内继电器、接触器工作正常,表计或指示灯显示正确; (8) 启动强排水泵时应保证在5min内正常运行; (9) 强排水泵应设主、备电源,且应能自动切换; (10) 强排水泵应具备自动、手动功能; (11) 强给水系统设计宜采用主泵、备用泵的设计;能根据排水量要求启动	现场检查	□是　□否	
二、排水管道验收验收人签字:					
2	管道验收	(1) 密封填料应均匀附着在螺纹部分,不应将填料挤入管道内; (2) 排水管材料宜采用镀锌钢管; (3) 焊接表面无裂缝、气孔、咬边、凹陷、接送坡口错位等,焊接部位应做好防腐处理; (4) 所有排水管或排水支管的直径不应小于100mm; (5) 出水口水池设置合理,应有防冲垮措施; (6) 管路铺设符合要求,管道顺畅;站内地面排水畅通、无积水;排水明沟沟底坡向、尺寸符合设计要求; (7) 站内外排水沟(管、渠)道完好、畅通,无杂物堵塞,围墙排水孔金属网完好,安装牢固; (8) 消防水量充足,管道连接紧密,固定牢固、可靠,水管无磨损、裂缝; (9) 给排水管道支吊架安装平整、牢固,无松动、锈蚀,管路通畅、无破损、防冻措施完好	现场检查	□是　□否	
三、排水房(池)验收验收人签字:					
3	排水房(池)验收	(1) 集水池的容积,应根据水量和水泵工作情况等因素确定; (2) 水泵机组为自动控制时,每小时水泵启动次数不宜超过6次; (3) 排水沟盖板、井箅工艺符合规范要求,表面颜色一致、完好、周围无杂物;混凝土盖板应无蜂窝、露石、脱皮、裂缝等现象;	现场检查	□是　□否	

续表

序号	验收项目	验收标准	检查方式	验收结论 （是否合格）	验收问题 说明
3	排水房（池）验收	（4）蓄、污水池，集水井（池）、雨水井、污水井、排水井内流槽平顺，无杂物、淤泥，无堵塞，安全护栏坚固、完整，盖板完整，安全标示齐全； （5）水池、水箱水位正常，相关连接的供水管阀门状态正常； （6）井房、泵房、蓄水池基础无沉降变形，外观无破损、无渗漏雨			
四、污水处理装置验收验收人签字：					
4	污水处理装置验收	（1）生活污水处理设备前应设调节池，调节池的有效容积可按最大日生活污水量确定； （2）在污水处理系统或水泵前设置格栅； （3）污水泵采用潜水排污泵，可设备用泵，雨水泵可不设备用泵； （4）寒冷地区的生活污水处理设备应有防冻措施	现场检查	□是　□否	
五、资料及文件验收验收人签字：					
5	工程竣工验收报告	整洁、齐全、与现场实际相符	现场检查	□是　□否	
6	产品质量合格证明文件	正确、齐全	现场检查	□是　□否	
7	强排装置技术检测合格证明文件	整洁、齐全、与现场实际一致	现场检查	□是　□否	
8	安装使用说明书	整洁、齐全、与现场实际一致	现场检查	□是　□否	
9	设计图纸	整洁、齐全、与现场实际一致	现场检查	□是　□否	
10	安装过程中的质量控制记录	整洁、齐全、正确无误	现场检查	□是　□否	

2. 异常处置

验收发现质量问题时，验收人员应及时告知项目管理单位、施工单位，提出整改意见，填入表9-8竣工（预）验收及整改记录并报送设备管理部门。

表9-8　　　　　　　　竣工(预)验收及整改记录

序号	设备类型	安装位置/运行编号	问题描述（可附图或照片）	整改建议	发现人	发现时间	整改情况	复验结论	复验人	备注（属于重大问题的，注明联系单编号）
1										
2										
3										
4										
5										

注　详细问题见重大问题联系单、各设备验收细则竣工（预）验收标准卡或前期各阶段验收卡，验收标准卡可采用具备电子签名的PDF电子版或签字扫描版。

第五节　变电站防汛应急管理

为防止由于洪水造成变电站重特大事故及对社会有严重影响的其他事故，减少事故损失的程度和范围，确保电网安全运行，保障人民生命财产安全，应建立紧急情况下快速有效地事故抢险、救援和应急处理机制。

一、防汛应急管理体系

防汛领导小组统一领导防汛应急处置工作，组长由企业负责人担任。防汛领导小组下设防汛办公室，其工作组成员应由财务、安全、运行、营销、通信、建设、物资、外联、后勤、电力调控等部门人员组成。

根据汛情灾害级别和防汛应急处置工作需要，防汛领导小组可研究成立电网调度、现场抢修、安全保障、物资供应、客户服务、后勤保障、新闻宣传、现场理赔等相应应急工作组，一旦发生突发事件，在防汛领导小组的统一指挥调度下，开展变电站应急处置工作。

1. 防汛领导小组成员职责

（1）接受有管辖权的政府应急处置指挥机构及上级单位的领导。

（2）根据处置防汛工作的需要，向有管辖权的政府和上级提出援助请求。

（3）统一领导抢险救援、恢复重建工作，执行有管辖权的政府和上级相关部署和决策。

（4）决定启动、调整和终止事件响应。

（5）决定发布相关信息。

（6）负责承担所辖变电站防汛管理责任。

2. 防汛办公室成员职责

（1）落实防汛工作领导小组布置的各项工作。

（2）开展信息搜集、统计汇总、上报工作。

（3）协调各部门开展变电站应急处置工作。

（4）负责与政府相关部门、上级单位防汛办公室沟通联系，汇报相关应急工作。

（5）协助发布有关信息。

（6）负责本单位的防汛组织管理，组织落实变电站防汛管理要求。

3. 防汛工作组成员职责

（1）落实变电站各项防汛任务。

（2）加强应急抢修队伍技能培训，定期开展应急演练。

根据防汛应急抢修部署要求，电网调度、现场抢修、安全保障、物资供应、客户服务、后勤保障、新闻宣传、现场理赔等相应部门的应急工作组成员，根据职责组织好防汛抢险队伍，开展防汛应急抢险，如图 9-1 所示。

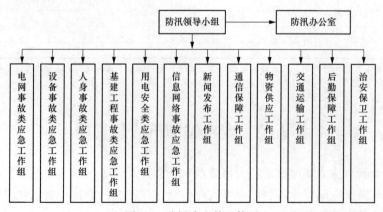

图 9-1　防汛应急管理体系

二、防汛应急管理目标

防汛应急管理的主要目标是在汛期最大限度地防范和减少汛情造成的损失和影响，在变电站设施、设备损坏后，正确、快速、有序、高效地抢修恢复，确保灾情发生时的安全，做到"水进、人退、电停"，确保灾后修复的效率，做到"水退、人进、电通"，保证变电站正常的生产经营秩序，维护国家安全、社会稳定和人民生命财产安全，实现汛期"不发生35kV 及以上变电站水淹事故""不发生防汛人身伤亡事故"的总体目标。

三、防汛预防与预警

变电站规划、设计、建设和运行过程中，应充分考虑暴雨、洪水等汛情灾害影响，持续改善布局结构，使之满足防汛减灾要求，符合国家预防和处置汛情灾害的需要。应建立健全汛情风险评估、隐患排查治理常态机制，掌握各类风险隐患情况，落实防范和处置措施，减少突发事件发生，减轻或消除突发事件影响。

各专业管理部门及防汛办公室应密切监测汛情风险，建立和完善与政府防汛指挥机构、气象部门、水利部门等的沟通协作和信息共享机制，积极开展汛情突发事件预测分析，落实风险预控措施。

汛情突发事件预测分析要包括：

（1）事件的基本情况和可能涉及的因素，如发生的时间、地点、电网和供电影响情况及涉及范围，可能引发的次生、衍生事故灾害等。

（2）事件的危害程度，可能造成的人身伤亡、电网受损、财产损失，对经济发展和社会稳定造成的影响和危害等。

（3）事件可能达到的等级，以及需要采取的应对措施。

预测分析应形成风险监测报告，若发生一般、较大突发事件的几率较高，应及早采取预防和应对措施；若发生重大、特别重大突发事件的几率较高，在采取预防和应对措施的同时，应及时分别向上级公司和政府有关专业管理部门报告。

根据汛情的发生性质、可能造成的危害和影响范围，汛情预警级别分为四级：一、二、三和四级，依次用红色、橙色、黄色和蓝色表示，一级为最高级别。

1. 一级预警

当出现下列情况之一，为一级预警：

（1）当地气象、水利、防汛指挥机构等相关应急管理部门或上级部门发布汛情一级预警。

（2）公司应急领导小组视汛情预警情况、可能危害程度、救灾能力和社会影响等综合因素，研究发布一级预警。

2. 二级预警

出现下列情况之一，为二级预警：

（1）当地气象、水利、防汛指挥机构等相关应急管理部门或上级部门发布汛情二级预警。

（2）公司应急领导小组视汛情预警情况、可能危害程度、救灾能力和社会影响等综合因素，研究发布二级预警。

3. 三级预警

出现下列情况之一，为三级预警：

（1）当地气象、水利、防汛指挥机构等相关应急管理部门或上级部门发布汛情三级预警。

（2）公司应急办公室视汛情预警情况、可能危害程度、救灾能力和社会影响等综合因素，研究发布三级预警。

4. 四级预警

出现下列情况之一，为四级预警：

（1）当地气象、水利、防汛指挥机构等相关应急管理部门或上级部门发布汛情四级预警。

（2）公司应急办公室视汛情预警情况、可能危害程度、救灾能力和社会影响等综合因素，研究发布四级预警。

汛情预警信息内容应包括事件名称、预警级别、预警期、可能影响范围、警示事项、应采取的措施和发布机关等。根据汛情可能影响范围、严重程度、紧迫性，预警信息可通过传真、邮件、信息系统等多种方式及时发布。

其中一、二级预警需经防汛应急领导小组批准后，由防汛办公室负责发布；三、四级预警由防汛办公室直接发布。相关等级预警发布后，应向上级主管部门报送汛情预警发布情况。

四、防汛应急响应与后期处置

预警发布后，相关单位应根据防汛预案的要求，开展预警行动，做好各项应急响应准备。变电站管理单位应提前对所辖变电站进行特巡，确保站内各类防汛设施设备可用，确保站外排水通道畅通，无危及站内设备的超高树木、塑料大棚、广告牌等，检查储备的防汛物资装备，必要时提前装车待用，通知运维人员做好应急值班和恢复变电站有人值守准备，通知外协队伍做好应急抢修准备。

根据事态的发展，应适时调整预警级别并重新发布。有事实证明突发事件不可能发生或者危险已经解除，应立即发布预警解除信息，终止已采取的有关措施。

1. 应急响应

根据汛情事件的性质、级别，按照"分级响应"要求，变电站应启动相应级别应急响应措施，组织开展突发事件应急处置与救援。

变电站管理单位根据汛情开展以下应急处置工作：

（1）检查站内防汛设施设备完好情况，包括水位监测是否正常显示、水泵是否正常运转、站外排水通道有无堵塞等。

（2）变电站大门装设防水挡板及沙袋（吸水膨胀袋）。

（3）提前调集便携式水泵、照明灯具、汽柴油发电机等待用。

（4）要求相关外协队伍做好应急准备。

（5）向重要用户供电的低洼变电站存在风险的，及时与营销部门沟通，做好告知。

（6）提前与政府相关部门沟通，做好获取外部应急支援准备。

（7）做好站区积水严重时拉停设备的准备。

气象部门、水利部门、防汛指挥机构宣布气象、水利条件恢复正常状态，灾情稳定后，变电站依据指令恢复供电。

2. 后期处置

（1）恢复与重建。贯彻"考虑全局、突出重点"原则，对善后处理、恢复重建工作进行规划和部署，制定抢修恢复方案。认真开展设备隐患排查和治理工作，避免次生事故的发生，确保电网安全稳定运行。加快抢修恢复速度，提高抢修恢复质量，尽快恢复正常生产秩序。

（2）保险理赔。各单位及时统计设施设备损失情况，会同相关部门核实、汇总受损情况，按保险公司相关保险条款理赔。

（3）事件调查。公司组织设计、建设、运维、科研等部门调查收集灾情详细资料，研究灾害事故发生的原因，分析灾害事故发展过程，汲取教训，优化和提高建设标准，提出具体抗灾减灾对策、措施及加强变电站运行维护的工作建议。

（4）处置评估。汛情事件应急处置结束后，由防汛办公室组织应急救援处置过程进行全面地总结、评估，找出不足并明确改进方向，及时对应急预案的不足之处予以修订。

（5）奖惩。对在灾害事件处置过程中作出突出贡献的人员，应给予表彰和奖励。在突发事件处置过程中工作不力，造成恶劣影响或严重后果的人员，应按照有关规定追究其责任。

五、防汛应急保障

1. 应急队伍保障

（1）按照"平战结合、反应快速"的原则，建立健全应急队伍体系，规范应急队伍管理，加强专业化、规范化、标准化建设，做到专业齐全、人员精干、装备精良、反应快速，持续提高突发事件应急处置能力。

（2）按照"平战结合"原则，建立快速反应机制，组建应急抢修队伍，并加强应急抢修队伍技能培训，定期开展应急演练。加强与社会救援力量的联动协调，提高协同作战能力。

（3）建立应急专家库，加强专家之间的交流和培训，为应急抢修和救援提供技术支撑。

（4）在机构、人员变化时，系统应及时更新应急指挥机构及应急救援队伍名称和联系方式。

2. 通信与信息保障

（1）重视汛期通信和信息安全问题，明确组织机构和应急抢险队伍联系人、联系方式，做好防汛通信保障各项工作。

（2）建立有线和无线相结合、基础公用网络与机动通信系统相配套的应急通信系统，确保应急处置过程中通信畅通。

3. 其他保障

明确相应的应急交通运输保障、安全保障、治安保障、医疗卫生保障、后勤保障及其他保障的具体措施。

六、防汛应急预案管理

为做好预防和处置因暴雨、洪水、台风、潮汛等自然灾害造成的电网设施设备损坏、电网停电事故，最大限度地减少事故损失的影响程度和范围，建立紧急情况下快速有效的抢险和应急处理机制，确保电网安全运行，指导和组织开展洪涝台灾害预警、防范、抢险、抢修和电力供应恢复等工作，应结合公司实际情况，编制相关防汛应急预案。防汛应急预案由专项预案、现场处置方案构成，应满足"横向到边、纵向到底、上下对应、内外衔接"的要求。

（一）应急专项预案

防汛专项预案的培训和演练每年至少组织一次，各现场处置方案的培训和演练每半年至少组织一次。应急预案演练分为综合演练和专项演练，可以采取桌面推演、现场实战演练或其他演练方式。除内部演练外，管理部门应积极与地方政府相关部门沟通，参与政府防汛指挥机构组织的联合防汛演练，明晰政府防汛抢修的流程，了解汛情抢修中电力保障的需求，验证政企联动机制的顺畅。

1. 预案培训

运维人员要加强应急理论知识和技能学习，熟知防汛预案，利用多种形式进行培训，不断提高对汛情的处置能力和指挥协调能力。将应急专业培训列入年度培训计划，积极组织开展培训工作。

2. 预案演练

根据实际情况，每年至少组织一次防汛应急预案演练，增强应急处置的实战能力。通过演练，不断增强预案的有效性和操作性。开展涵盖交通运输、后勤保障、卫生防疫等全方位的应急演练，确保突发异常能反应快速、组织有序、保障到位。加强大型防汛装备的实操演习，保证大型应急装备良好状态，提高实际操作技能。

3. 预案修订

坚持以防为主、防抢结合的原则进一步优化防汛应急预案。确定重点防护设备，明确抢险救灾人员的组织、任务及流程，切实提高应急预案的可操作性。防汛预案应定期修订，原则每两年修订一次。当出现以下情况时，应及时开展预案修订工作：

（1）变电站（所）周围条件发生重大变化。

（2）通过演练和实际应急反应取得了启发性经验。

（3）公司应急领导小组提出修订要求的。

（二）变电站现场处置方案

变电站应根据现场实际设定现场处置方案，现场处置方案应依据站外环境、站内设备情况、防汛设施设备配置情况、供电重要用户等编制，具备针对性和可操作性。变电站应按照各站的不同情况编制相应的防汛应急预案，宜采取"一站一案"的方式因地制宜，保证应急预案切实可行。

变电站运维人员应对突发暴雨洪水灾害现场处置过程简述如下。

1. 事件特征

某110kV变电站，变电运维人员在汛期按照发布的特殊气象条件预警通知要求进行变电站特巡时，突降暴雨或遭遇洪水，站内水位持续上升，危及设备和人身安全，需要应急处治。

2. 岗位应急职责

（1）变电运维值班负责人。

1）组织指挥防汛抢险，遇有作业人员受伤，立即组织现场救助伤员，必要时组织人员撤离。

2）保证抢险人员人身安全，尽量保全电网与设备。

3）对设备运行和灾情信息进行判断分析，逐级汇报。

4）根据水情，必要时提醒当值调度员对受灾严重的设备停役或转移负荷。

（2）变电运维值班员。

1）保障自身安全，尽量保全电网与设备。

2）服从防汛抢险指挥，协同应急处置。

3）配合值班负责人收集设备运行和灾情信息。

（3）变电站门卫（无人值守变电站无此项）。

1）保障自身安全。

2）服从防汛抢险指挥，协同应急处置。

3. 现场应急处置

（1）值班负责人立即下令停止站内所有作业，撤离所有工作人员至安全区域，并清点人数。组织人员进行排水作业。

（2）变电运维值班人员发现变电站内突发水灾情况时，应利用固定排水设施或安装临时排水设施进行排水，安排专人看护，同时对进水点进行封堵。

（3）检查下水管、排水渠等设施通畅情况；观察变电站周围水位情况。检查设备运行情况，重点检查处于低位、易进水的电缆沟、端子箱、机构箱、汇控柜等。

（4）若有人员被困变电站现场或有意外发生，立即拨打 120 求救，并向事发地附近公安、医院求救。

（5）安排专人密切关注站内外水灾发展态势，做好防护措施方可进入现场，当水位上涨威胁人身安全时要及时撤离，撤离前应采取设备停电等相关安全措施。

（6）隔离事发现场，设置警示标志，并设专人看守。禁止任何无关人员擅自进入隔离区域。

（7）逐级汇报事件发生、发展和应对、处置情况。必要时请求人员、物资、装备支援。

4. 注意事项

（1）信息报告内容应包括灾情信息、人员情况，抗灾物资情况，现场处置情况。

（2）保持与当地防汛指挥部及气象部门的联系，实时掌握该地区汛情。

（3）现场处置时有雷雨不准靠近避雷针和避雷器。

（4）安装临时排水泵应确保电缆线连接回路绝缘良好，并加装开关及漏电保护器，防止漏电触电。

5. 现场应具备条件

（1）固定安装立式排水泵两台；便携式抽水泵 4 台；水管 8 盘。

（2）沙包 100 袋；塑料编织袋 20 个；钢钎 1 根；板锄 2 把；尖锄 2 把；铁锹 4 把；簸箕 6 个；雨靴 4 双；铁丝 2 圈；救生衣 2 套。

（3）常用急救药品箱一只，饮用水二箱、食品等。

（4）室外照明探灯；应急照明灯一副；防水手电筒 4 副；应急通信手机 2 只，防水袋数只。

第十章　变电站防汛典型案例与分析

案例一　山地丘陵地区某 220kV 变电站选址与排洪设计

一、工程背景

为满足电力负荷发展的需要，提高当地电网的供电能力和供电可靠性，改善电网的网架结构，某市 2018 年需新建一座 220kV 变电站。变电站远景主变压器规模 3×240MVA。

二、工程概况

（一）变电站规模

（1）主变压器：3×240MVA，电压等级为 220/110/35kV。

（2）220kV：6 回出线。

（3）110kV：12 回出线。

（4）35kV：8 回出线。

（5）无功补偿：按每台主变配置两组 2×10Mvar 并联电容器和 1×10Mvar 并联电抗器，即 3×（2×10）Mvar 并联电容器＋3×（1×10）Mvar 并联电抗器。

（6）站用接地变消弧线圈成套装置：2×（1500/35－400/0.4）。

（二）站址概况

拟建 220kV 变电站位于市属清湖镇前村，距离市区约 10km，土地隶属于清湖镇前村，土地性质为基本农田和林地。站址场地地形开阔，但地势起伏较大，站址场地自然地坪标高在 135.31～148.61m（1985 国家高程基准，下同），现状为水田、林地和园地，存在少部分灌木丛和竹林，属丘陵地区。进站道路引接点标高 136.10m。

（三）地形地貌

该市属沿海山地丘陵区，其中河谷平原区占 11.2%，山地丘陵区占 88.8%，境内以山地为主，海拔 200m 以上面积 1234km²，占全市面积的 61.1%。地形上大致呈东南高西北低的趋势，略呈"凹"字形，东南山区、西北低山丘陵、中部河谷低下，地形起伏多变。东南部为仙霞山脉从西南朝东北斜贯全境，山势挺拔陡峻、峰峦叠嶂西部与北部为怀玉山余脉自西南向东北延伸、斜贯市域，山地范围较小，山势较低：中部为盆地西部河谷平原地带，钱塘江支流江山港自南向北贯穿全境，由于江山港及其支流的切割，形成一连串的山间小盆地和河谷小平原，这一带地势呈台阶式，起伏不大，海拔一般在 200m 以下。海拔高程 1000m 以上高峰有 28 座，最高峰海拔高度 1500.3m，最低点海拔 73m。

（四）流域水系

该市境内有两大水系：①钱塘江水系，钱塘江水系流域面积 1809.1km²，流域面积占全市总面积的 91.3%。主要支流为江山港，二级支流主要有长台溪和达河溪；②长江鄱阳湖信江水系，流域面积 2083km²。全市支流众多，其流量受降雨控制十分明显，源短流急，枯洪变化悬殊，河床比降大，洪水暴涨暴落，均属山溪性河流。流域面积在 100km²以上的支流有 4 条，10～100km² 的支流有 37 条，大小河流如血管脉络联通全市，提供丰富水资源。

（五）气象

根据该市气象站实测资料统计，多年平均气温为 17.9℃，极端最高气温 40.2℃（1971年 7 月 31 日），极端最低气温−12℃（1980 年 2 月 9 日），多年平均气压 1004.9hPa，多年平均水汽压 17.4hPa，多年平均蒸发量 1466.1mm，月平均蒸发量以 7、8 月最大，多年平均相对湿度 80%，月平均相对湿度以 3～8 月最大（均在 82%左右）多年平均风速为 3.0m/s，最大风速达 16.0m/s（1977 年 8 月 9 日），相应风向为 N，多年平均月最大风速为 14.0m/s，最盛行风向为 ENE，其相应的风速也在 15.0m/s，无霜期 253 天。

根据流域内各雨量站观测成果分析，流域多年平均降水量为 1825.8mm，但时空分布极不均匀，4～6 月降水量约占全年总降水量的 50%～60%，大暴雨与洪水多集中在每年的 6月初至 7 月中旬，空间上自北而南逐渐增加。多年平均径流深 1077.8mm，年内分配不均，是个易洪易涝地区。

（六）地质

该市位于我国东部新华夏系第二隆起带渐降起区，地质构造较为复杂，褶皱重叠、断裂纵横，地层出露相当广泛，以新华夏系断裂构造为主，分布在江（山）—绍（兴）大断裂带的两侧。断裂带东南侧为浙东南地层区四明山地层分区西南端，出露为中生代火山岩系地层，西北侧为浙西北地层区江地层分区的西南端，主要是古生代沉积岩地层，沿断裂带有古老变质岩系出露。河谷河岸主要由新生界全新统冲积、洪积砂砾石组成，上中更新冲积、洪积物组成两阶台地，构成河岸，岩性为含黏土的棕黄色砂砾石及棕红色黏土夹砾石，局部有白垩系陆相碎屑岩出露，岩性为紫红色钙泥质粉细砂岩。主要岩石为凝灰岩、熔凝灰岩、石灰岩、紫红色块状砾石砂岩玄武岩及安山岩等。中生代地层活动激烈，火山岩分布较广。

本区域地震基本烈度小于Ⅵ度，工程地质条件较好。

三、技术标准及规范

（1）GB 50201—2014《防洪标准》。

（2）SL 252—2000《水利水电工程等级划分及洪水标准》。

（3）DL/T 5084—2012《电力工程水文技术规程》。

（4）SL 278—2002《水利水电工程水文计算规范》。

（5）SL 44—2006《水利水电工程设计洪水计算规范》。

（6）SL 104—2015《水利工程水利计算规范》。

四、流域概况

该市位于省西南部，是浙、闽、赣三省交界处。东邻衢江区、遂昌县，南毗福建省浦城县，西部与江西省玉山县、广丰县接壤，北连常山县。南北长 70.75km，东西宽 41.75km，总面积 2019km²。

220kV 变电站工程主要位于江山港右岸支流前村小溪流域内。

前村小溪，发源于清湖镇前村南部，向北流经前村西山边。前村小溪流域面积 9.295km²，主流长约 5.508km。流域植被较好，水土保持良好。

220kV 变电站工程站址汇水面积为 0.036km²，汇水长度约 0.272km。工程在前村小溪流域具体位置如图 10-1 所示。

图 10-1　工程位置及前村小溪流域图

（一）设计暴雨

1. 推求设计暴雨

采用最大 24h 暴雨过程，前村小溪流域附近有长台雨量站本次设计暴雨采用实测资料法及查图集法分别计算。

（1）实测资料法。长台雨量站位于浙江省江山市长台溪流域，设立于 1962 年 5 月，主要测量项目为降水。

对长台站 1965 年至 2015 年共 51 年的实测年最大 24h 雨量资料进行了综合分析，采用皮尔逊Ⅲ型曲线来确定最佳统计参数，最大 24h 暴雨频率曲线图如图 10-2 所示。

暴雨设计成果见表 10-1。

（2）查暴雨图集法。

1）雨量查图集计算。

查算各历时 [10min、1hr（60min）、6hr、24hr] 点雨量均值、C_v 值、$C_s/C_V=3.5$，成果见表 10-2。

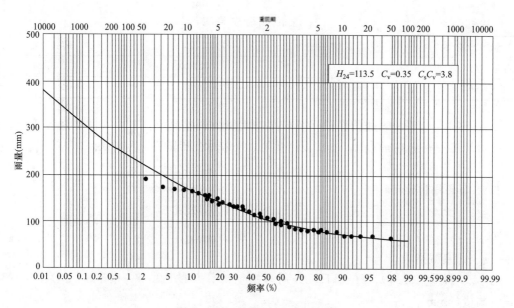

图 10-2 长台站 24h 频率曲线图

表 10-1 长台站暴雨成果表（实测资料法）

	均值（mm）	C_v	C_s/C_v	各频率雨量（mm）		
				1%	2%	5%
H_{24h}	113.5	0.35	3.8	241.8	220.0	190.2

表 10-2 有关历时雨量计算表

历时	10min	1h	6h	24h
雨量均值（mm）	16.7	38.0	69.9	109.6
C_v	0.34	0.40	0.43	0.45

2）设计暴雨。

根据各历时雨量均值、C_v 值、C_s/C_v 值，查 P-Ⅲ型曲线模比系数 K_p 值，使用 $H_p = H \times K_p$ 计算设计频率下的雨量，计算成果见表 10-3。

表 10-3 设计雨量计算成果表

	均植（mm）	C_v	C_s/C_v	各频率雨量（mm）		
				1%	2%	5%
H_{10min}	16.7	0.34	3.5	34.4	31.5	27.5
H_{1h}	38	0.4	3.5	85.3	77.1	65.8
H_{6h}	69.9	0.43	3.5	169.2	151.8	128.3
H_{24h}	108.6	0.44	3.5	267.5	239.5	201.7

（二）暴雨量成果合理性分析

本次两种计算方法的设计暴雨成果进行比较见表 10-4。

変电站防汛

表 10-4 各 设 计 暴 雨 成 果 表

设计频率	1%	2%	5%
实测资料法计算成果（mm）	241.8	220.0	190.2
查图集法计算成果（mm）	267.5	239.5	201.7

由表 10-4 可以看出，查图集法计算成果与实测资料法成果比较，查图集法计算成果略大，从设计工程安全方面考虑，本次设计暴雨成果采用查图集法计算成果。

（三）雨型分配

1. 暴雨衰减指数计算

$$n_{10,60} = 1 + 1.285 \lg(H_{10\min}/H_{60\min})$$

$$n_{6,24} = 1 + 1.661 \lg(H_{6h}/H_{24h})$$

式中　n——衰减指数。

$H_{10\min}$、$H_{60\min}$（H_{1h}）、H_{6h}、H_{24h} 分别为相应频率 P 的 10min、60min（1h）、6h、24h 的设计雨量，mm。

各设计频率衰减指数计算成果表见表 10-5。

表 10-5 各 设 计 频 率 衰 减 指 数 计 算 成 果 表

设计频率	$P=1\%$	$P=2\%$
$n_{10,60}$	0.494	0.501
$n_{1,6}$	0.618	0.621
$n_{6,24}$	0.670	0.671

2. 雨型分配

雨型分配公式为

$$H_{tp} = H_{24p}(t_p/24)^{1-n_{6,24}}$$

$$\Delta H_k = H_k - H_{k-1}$$

即：

$$\Delta H_k = H_{tp}\left[k^{1-n_{6,24}} - (k-1)^{1-n_{6,24}}\right] = H_{tp}B_k$$

$$B_k = k^{1-n_{6,24}} - (k-1)^{1-n_{6,24}}$$

式中　t_p——汇流历时，h；

H_{24p}——为设计频率 24h 雨量，mm；

H_k——时段末降雨量，mm；

H_{k-1}——时段初降雨量，mm；

ΔH_k——时段降雨量，mm。

五、设计洪水

工程汇水面积 0.036km²，河道长 0.272km，河道比降 4.39%。因集水面积较小，本次洪峰流量采用推理公式方法计算设计洪水。推理公式为

$$\tau = \frac{0.278 \times L}{m \times J^{1/3} \times Q_m^{1/4}}$$

202

根据工程类比，估计汇流历时 $\tau < 1h$。

$$H_\tau = H_{60\min}\tau^{1-n_{10,60}}$$

$$Q = \frac{0.278 \times h_\tau}{\tau} \times F$$

式中　L——流域最大汇流长度，$0.272km$；

　　　J——河道比降，4.39%；

$$F_b = \frac{h_0}{4} + 0.2km^2$$

　　　m——汇流参数，查浙江省 $m-\theta$ 关系线图，$\theta = L/J^{1/3}$；

　　　τ——汇流历时（h）；

　　　Q_m——出口断面处洪峰流量（m^3/s）；

　　　F——集水面积，$0.036km^2$。

通过以上公式联立试算求得各频率下汇流历时、洪峰流量值如表10-6所示。

表 10-6　　　　　　　　　　　变电站站址计算洪水成果

设计频率	$P=1\%$（百年一遇）	$P=2\%$（50 年一遇）
$\tau(h)$	0.32	0.35
$Q_p(m^3/s)$	1.69	1.27
$W_{24h}(m^3)$	8280	7259

因此，经计算，工程位置处百年一遇设计洪水流量为 $1.69m^3/s$，最大 24h 洪量为 $8280m^3$；50 年一遇设计洪水流量为 $1.27m^3$，最大 24h 洪量为 $7259m^3$。

六、排水建议

该 220kV 变电站建设后，两侧山体汇流通道被封堵，为了保证项目建设和运行的安全，需要对站址汇集的洪水通过新建渠道排出，排水流量，即站址处百年一遇排水流量为 $1.69m^3/s$。

（一）排水渠总体布置原则

（1）渠线宜布置在低洼地带，并尽量利用天然河沟。

（2）渠线宜避免高填、深挖及通过淤泥、流沙和其他地质条件不良的地段。

（3）渠线宜短而直，尽量不用折线或急弯。

（4）渠线布置应与规划、路网、景观相协调。

（二）渠道水力计算

（1）渠道按明渠均匀流理论进行水力计算，计算公式为

$$Q = AC\sqrt{Ri}$$

式中　Q——渠道的设计流量，m^3/s；

　　　A——渠道过水断面面积，m^2；

　　　C——谢才系数，采用曼宁公式计算，$C = \frac{1}{n}R^{\frac{1}{6}}$；

n——糙率，浆砌块石衬砌取 $n=0.025$；

R——水力半径，m，$R=\dfrac{A}{\chi}$，χ 为湿周，m；

i——渠道底坡。

（2）渠道边墙顶高程。

渠道边墙顶高程由设计水位加渠顶超高确定，渠顶超高计算公式为

$$F_b = \frac{h_0}{4} + 0.2$$

式中　F_b——渠顶超高，m；

h_0——渠道通过加大流量时的水深，m。

（三）拟定排水方案

由于变电站位置西南侧地势较低，地面高程 $135.27\sim137.64\mathrm{m}$，建议将排水渠设置在变电站站址西南侧。排水渠建议位置示意图如图 10-3 所示。

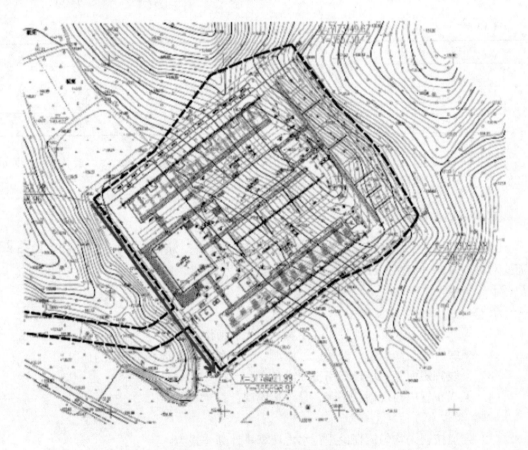

图 10-3　排水渠建议位置示意图

考虑到尽量增大排水能力等因素，排渠过水断面推荐梯形断面，从而达到施工开挖难度最低，排水量最大的目的。初步拟定采用梯形断面结构，断面护坡采用浆砌块石砌筑，采用混凝土底板。初拟不同渠道设置方案比较如表 10-7 所示。

表 10-7　　　　　　　　　　　　初拟不同渠道设置方案比较

方案	流量 $Q(m^2/s)$	渠道底宽 $b(m)$	边坡系数 m	底坡 i	正常水深 $h_0(m)$	超高 $F_b(m)$	渠道高度 (m)	备注
方案 1		1.0	1.5		0.90	0.43	1.33	
方案 2	1.69	1.0	1.0	0.001	1.01	0.45	1.47	浆砌块石
方案 3		1.5	1.5		0.80	0.40	1.20	
方案 4		1.5	1.0		0.87	0.42	1.29	

由表 10-7 可以看出，当设置渠道底宽 1.0m，坡比为 1∶1.5 时，要达到设计标准（百年一遇）过流，渠道高度为 1.33m；当设置渠道底宽 1.5m，坡比为 1∶1.5 时，要达到设计标准（百年一遇）过流，渠道高度为 1.20m。

由于规划变电站地面高程为 142.0m，工程西南侧拟定排水渠位置原地面高程为 135.27～137.64m，本工程排水流量较小，排水渠按照相关标准建设后不会对工程安全产生不利影响。

七、结论建议

根据本次计算的洪水成果，220kV 变电站新建工程站址处百年一遇设计洪水流量为 1.69m³/s，最大 24h 洪量为 8280m³。

由于工程的建设，把原来排洪通道封堵，为了保证项目建设和运行的安全，需要新建排水渠将工程位置处洪水排出。根据相关计算，由于本工程排水流量较小，所需排水渠尺寸不大，经工程设计单位依据相关规范要求设计完成后，不会对工程安全产生不利影响。

排渠进口处（变电站）上游地面高程为 139.23m，在选定好排渠布设方案时需考虑排渠进口高程尽量设置低一点，以满足快速排洪，变电站上游不产生积水。

案例二　变电站防汛案例

一、引言

某 110kV 变电站地处县城郊区，始建于 20 世纪 70 年代，站区长 98m，宽 86m，站内面积约 8428m²。现主供该县城区及经济开发区用电。变电站的建设规模：2 台 31.5MVA 主变压器，电压等级 110/35/10kV；110kV 进线 2 回；35kV 出线 2 回，35kV 备用 2 回；10kV 出线 18 回，10kV 备用 6 回（主接线图如图 10-4 所示）。

二、变电站概况

（一）平面位置

该站原位于县城外围，周边为农田，随着城市发展，现位于该县城区，其南侧和西侧为城市主干道路，东侧和北侧为居民小区。

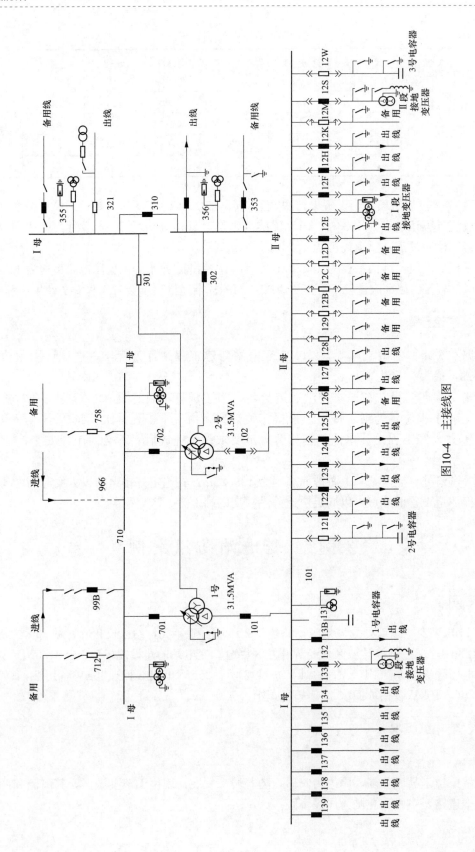

图10-4 主接线图

（二）地质条件

变电站周边区域为平原地貌，地形平坦，地貌类型单一，地质构造较简单，工程地质条件较差，水位埋深约 0.5m，水文地质条件对工程较不利，地质灾害类型主要为地面沉降和特殊类岩土（软土）地质灾害。评估认为，因工程建设和地面沉降导致该站遭受地质灾害的危险性小。

（三）水文条件

根据含水层岩性，赋存条件及水力特性，该变电站附近地下水可分为潜水、浅层承压水、中层承压水、深层承压水，其中潜水、浅层承压水特征如下：

潜水：由全新世地层组成，含水层岩性为含粉土、淤泥黏土，水位埋深在 1～3m，矿化度大于 3g/L，为碱性水。

浅层承压水：由上更新世地层组成，顶板埋深在 10～40m 之间，底板埋深在 50m 左右，为海相沉积，含水层岩性为粉砂，局部地段为细砂，水位埋深在 0.6m 左右，水量较大，但矿化度大于 3g/L，为 CL-Na 型水。

该县地处淮、沂、沭、泗诸水下游，境内现有流域性河道两条：新沂河、灌河。灌河的支流武障河的两条支流在该变电站东西两侧流过。

（四）气象条件

该县属暖温带季风气候区，气候温暖湿润，海洋性气候特征明显，四季分明，光照充足。年平均气温 13.8℃，最高月平均气温 26.7℃，最低月平均气温 −0.6℃，夏季多东南风，冬季多偏北风。年平均降水量 949.99mm，降水主要集中在 6～9 月，占全年降水量的 60%～70% 以上。

三、防洪标准

变电站站区场地原设计标高高于频率 2%（重现期）的洪水位或历史最高内涝水位。

四、灾害特点

受地理位置和水文气象条件影响，该站发生台风影响的暴雨洪涝灾害的可能性较大；受上游来水泄洪影响，该站有遭受洪水的可能；由于城市建设，该站周边道路高于站内地坪，当发生短时强降水或持续性降水时，该站遭受城市内涝影响的可能性大，需做好防御极端天气事件发生的应急准备工作。

2018 年 9 月 19 日，受冷暖空气共同影响，该县出现强降水，24h 降水量达到 192.8mm，局部地区特大暴雨，24h 降水量达到 291.8mm，周边的雨水汇集到变电站围墙外，站外出现积水内涝情况。站区积水如图 10-5 所示。

五、原因与措施

（一）原因

由于城市建设发展，周边道路抬升，站外道路高于站区地坪，发生大雨和暴雨时，市政排水管网无法快速泄洪，导致该变电站周边容易积水。

（二）技术措施

（1）提升围墙防洪标准，由普通围墙更改为防洪墙。

图 10-5　变电站内涝灾害

（2）增强防汛排水能力，在站区东北角和西南角按照防洪标准重新建设集水井，共配置4台自动防汛水泵（达到设定水位时，自动工作），其中东北角的两台防汛水泵分别为12.5kW、2.5kW，西南角的两台防汛水泵均为7.5kW。在集水井和防洪墙之间建设1.5m高的泄洪池，确保暴雨时站区积水可以快速排出。

（3）防回灌，站内道路采用混凝土固化，设备区铺碎石，使站内无裸地。将所有进站管孔用防水水泥密实封堵，在进站院门上安装可拆卸型防水挡板，防止洪水（雨水）回灌。

（4）疏通站内排水沟，清洁院内环境，确保排水畅通。

（三）管理措施

在收到预警信息后，该公司第一时间发布了防汛预警，变电运维人员按照防汛应急响应要求开展了防汛特巡，对防汛设施、站区环境进行了重点检查，安装了防水挡板，在站内补充配置了便携式强排水泵和防水物资，同时使用变电站视频监控系统对站区环境进行动态实时监控。

（四）处置效果

在发生示例特大暴雨的情况下，站内防汛设施运行正常，在站外积水严重的情况下，站区无积水，无设备受损，未发生险情，保证了变电站的安全可靠运行，实现了防汛预期目标。

案例三　雨水排水管网设计计算举例（以110kV变电站为例）

某110kV智能变电站站内地形平坦（±0.00m），站外东北侧存在水体。变电站模块化建设通用设计（110-A2-6方案）方案中，就其防洪排涝管网设计进行简述。

一、前期工作

图10-6为110kV智能变电站模块化建设通用设计施工图。该变电站为新建工程，采用雨污分流制排水系统。

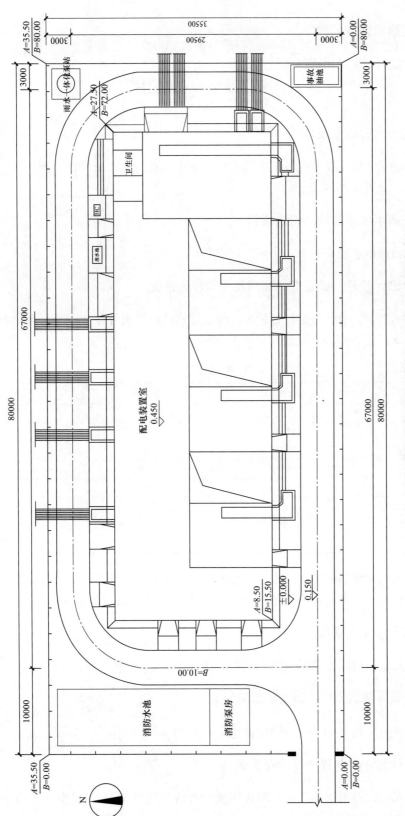

图10-6　110kV智能变电站模块化建设通用设计施工图（110-A2-6方案）

二、选用暴雨强度公式

收集到的站区当地暴雨强度公式为：

$$q = \frac{167 \times 13.928(1 + 0.72\lg P)}{(t + 11.28)^{0.711}}$$

三、确定出水口位置及形式

站内地形平坦，雨水排至站外东北侧水体。由于雨水无法自流排出，因此在干管的终端设置雨水泵站，设置于站内东北角。

四、划分雨水排水区域和管道定线

雨水干管沿站内主道路布置，走向为自西向东。

五、划分设计管段、确定汇水面积及平均径流系数

根据管道的具体位置，划分设计管段，将设计管段的检查井依次编号，各检查井的地面标高按 $\pm 0.00\text{m}$ 计。各管段的设计长度见表 10-8。

表 10-8　　　　　　　　　　管 道 长 度 表

管道编号	管道长度（m）	管道编号	管道长度（m）
1～2	15	9～10	8.5
2～3	11.2	10～11	5.8
3～4	13.5	11～泵站	2
4～5	13.5	12～13	13
5～6	13.2	13～14	11
6～7	6	14～15	12.9
7～8	8	15～16	20.5
8～9	9.5	16～11	11.17

每一设计管段所承担的汇水面积可按就近排入附近雨水管道的原则划分。将每块汇水面积的编号、面积数、雨水流向标注在图 10-6 中。表 10-9 为各计算管段的汇水面积计算表。

六、确定平均径流系数

站内内各块分布情况差异不大，采用统一的平均径流系数值，$\Psi = 0.6$。

七、确定设计重现期 P、地面积水时间 t_1

地面集水时间采用 $t_1 = 5\text{min}$。设计重现期 P 选用 3a。

八、水力计算、绘制管道平面布置图

管道起点深度采用 1.00m。按面积叠加法计算结果见表 10-10。根据计算结果，绘制雨水排水管道布置图，详见图 10-7。

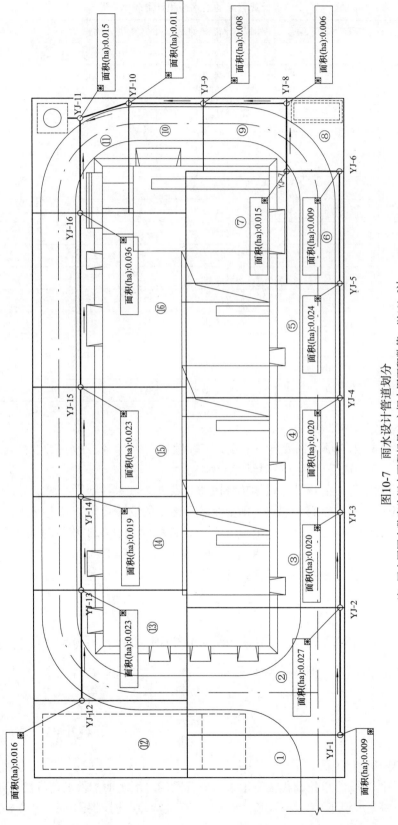

图10-7　雨水设计管道划分

注　图中圆圈内数字为汇水面积标号，方框内面积数值，以10⁴m²计。

表 10-9   各计算管断的汇水面积计算表

计算管段编号	本段汇水面积编号	本段汇水面积（hm²）	转输汇水面积（hm²）	总汇水面积（hm²）
1～2	1	0.009	0	0.009
2～3	2	0.027	0.009	0.036
3～4	3	0.020	0.036	0.056
4～5	4	0.020	0.056	0.076
5～6	5	0.024	0.076	0.1
6～7	6	0.009	0.1	0.109
7～8	7	0.015	0.109	0.124
8～9	8	0.006	0.124	0.13
9～10	9	0.008	0.13	0.138
10～11	10	0.011	0.138	0.149
11～泵站	11	0.015	0.266	0.281
12～13	12	0.016	0	0.016
13～14	13	0.023	0.016	0.039
14～15	14	0.019	0.039	0.058
15～16	15	0.023	0.058	0.081
16～11	16	0.036	0.081	0.117

面积叠加法水力计算说明：

（1）表 10-10 中第 1 项为需要计算的设计管段编号，从上游至下游依次写出。第 2、3 项从表 10-8、表 10-9 中取得。其余各项经计算后得到。

（2）计算中假定管段的设计流量均从管段的起点进入，即各管段的起点为设计断面。因此，各管段的设计流量按该管段起点，即上游管段终点的设计降雨历时进行计算。也就是说在计算各设计管段的暴雨强度时，t_2 值应按上游各管段的管内雨水流行时间之和 $\sum t_2$ 求得。如管段 1-2 是起始管段，故 $\sum t_2 = 0$，将此值列入表 10-10 中第 5 项。

（3）根据确定的设计参数、求暴雨强度。

$$q = 167i = \frac{167 \times 13.928\ (1+0.72 \lg P)}{(t+11.28)^{0.711}} = \frac{3125.01}{(\sum t_2 + 11.28)^{0.711}} \quad (\text{L/s} \cdot \text{hm}^2)$$

q 为管内雨水流行时间 $\sum t_2$ 的函数，只要知道各设计管段内雨水流行时间 $\sum t_2$，即可求出该设计管段的暴雨强度。如管段 1～2 的 $\sum t_2 = 0$，代入上式得 $q = \frac{3125.01}{11.28^{0.711}}$ （L/s · hm²），而管段 4～5 的 $\sum t_2 = t_{1\sim2} + t_{2\sim3} + t_{3\sim4} = 5.28 + 0.21 + 0.25 = 5.73 \text{min}$，代入：

$$q = \frac{3125.01}{(\sum t_2 + 11.28)^{0.711}} = \frac{3125.01}{(5.73+11.28)^{0.711}} \quad (\text{L/s} \cdot \text{hm}^2)$$

将 q 列入表 10-10 中第 6 项。

（4）用各设计管段的单位面积径流量乘以该管段的总汇水面积得设计流量。如管段 1～2 的设计流量 $Q = \Psi F q = 0.6 \times 0.009 \times 429.898 = 2.32$ （L/s），列入表 10-10 中第 8 项。

表10-10

雨水干管水力计算表（面积叠加法）

设计管段编号	接入管段	管段长度 L(m)	管内雨水流行时间(min) t₂	管内雨水流行时间(min) Σt₂	暴雨强度 q (L/s·ha)	汇流面积 F(ha)	设计流量 Q(L/s)	管径 D(mm)	坡度	流速 v(m/s)	管道输水能力 Q'(L/s)	坡降 i_L(m)	地面标高(m)	设计管底标高(m) 起点	设计管底标高(m) 终点	埋深(m) 起点	埋深(m) 终点
1	2	3	4	5	6	7	8	9	10	11	12	13	14	15	16	17	18
1~2		15	0.28	5	429.898	0.009	2.32	270	0.003	0.91	51.99	0.05	±0.00	-1.00	-1.05	1.00	1.05
2~3		11.2	0.21	5.28	424.802	0.036	9.18	270	0.003	0.91	51.99	0.03	±0.00	-1.05	-1.08	1.05	1.08
3~4		13.5	0.25	5.48	421.091	0.056	14.15	270	0.003	0.91	51.99	0.04	±0.00	-1.82	-1.86	1.82	1.82
4~5		13.5	0.25	5.73	416.720	0.076	19.00	270	0.003	0.91	51.99	0.04	±0.00	-1.86	-1.90	1.86	1.90
5~6		13.2	0.24	5.98	412.457	0.100	24.75	270	0.003	0.91	51.99	0.04	±0.00	-2.10	-2.14	2.10	2.14
6~7		6.0	0.11	6.22	408.388	0.109	26.71	270	0.003	0.91	51.99	0.02	±0.00	-2.14	-2.16	2.14	2.16
7~8		8.0	0.15	6.33	406.571	0.124	30.25	270	0.003	0.91	51.99	0.03	±0.00	-2.16	-2.19	2.16	2.19
8~9		9.5	0.17	6.48	404.177	0.130	31.53	270	0.003	0.91	51.99	0.03	±0.00	-2.19	-2.22	2.19	2.22
9~10		8.5	0.16	6.65	401.378	0.138	33.23	270	0.003	0.91	51.99	0.03	±0.00	-2.22	-2.25	2.22	2.25
10~11		5.8	0.11	6.81	398.914	0.149	35.66	270	0.003	0.91	51.99	0.02	±0.00	-2.25	-2.27	2.25	2.27
11~泵	16~11	2.0	0.03	6.91	397.252	0.281	66.98	414	0.002	0.99	132.71	0.01	±0.00	-2.39	-2.40	2.39	2.40
12~13		13.0	0.24	5.00	429.898	0.016	4.13	270	0.003	0.91	51.99	0.04	±0.00	-1.00	-1.04	1.00	1.04
13~14		11.0	0.20	5.24	425.473	0.039	9.96	270	0.003	0.91	51.99	0.03	±0.00	-2.12	-2.15	2.12	2.15
14~15		12.9	0.24	5.44	421.814	0.058	14.68	270	0.003	0.91	51.99	0.04	±0.00	-2.15	-2.19	2.15	2.19
15~16		20.5	0.38	5.68	417.618	0.081	20.30	270	0.003	0.91	51.99	0.06	±0.00	-2.19	-2.25	2.19	2.25
16~11		11.17	0.21	6.05	411.152	0.117	28.86	270	0.003	0.91	51.99	0.04	±0.00	-2.25	-2.29	2.25	2.29

（5）在求得设计流量后，即可进行水力计算，求管径、管道坡度和流速，计算中 Q、v、i、D 共 4 个水力因素可以相互适当调整，使计算结果既符合水力计算设计数据的规定，又经济合理。所取坡度应能使管内水流速度不小于最小设计流速。计算采用塑料管（满流，$n=0.010$）水力计算。将确定的管径、坡度、流速各值列入表 10-10 中第 9、10、11 项。第 12 项管道的输水能力 Q'，是指在水力计算中管段在确定的管径、坡度、流速的条件下，可能通过的流量。该值应等于或略大于设计流量 Q。

（6）根据设计管段的设计流速求本管段的管内雨水流行时间 t_2，例如管段 1～2 的管内雨水流行时 $t_2=\dfrac{L_{1-2}}{V_{1-2}}=\dfrac{15}{0.91\times60}=0.28$（min）。将该值列入表 10-10 中第 5 项。此值计入下一个管段 2～3 的 $\sum t_2$ 值。

（7）管段长度乘以管道坡度得到该管段起点与终点之间的高差，即坡降。如管段 1～2 的坡降 $=0.003\times15=0.05$m，列入表 10-10 中第 13 项。

（8）据冰冻情况、雨水管道衔接要求及承受荷载的要求，确定管道起点的埋深或管底标高。本例起点埋深定为 1.0m，将该值列入表 10-10 中第 17 项。用起点地面标高减去该点管道埋深得到该点管底标高，即 $0.00-1.00=-1.00$m，列入表 10-10 中第 15 项。用该值减去 1、2 两点的坡降得到终点 2 的管底标高，即 $-1.00-0.05=-1.05$m，列入表 10-10 中第 16 项。用 2 点的地面标高减去该点的管底标高得该点的埋设深度，即 $0.00-(-1.05)=1.05$m，入表 10-10 中第 18 项。

（9）雨水管道各设计管段在高程上采用管顶平接。

（10）在设计中，干管与支管是同时进行计算的。在支管与干管相接的检查井处，必然会有两个 $\sum t$ 值和两个管底标高值。在继续计算相交后的下一个管段时，应采用较大的 $\sum t$ 值和较小的管底标高值。

（11）根据计算结果完成施工图绘制如图 10-8 和图 10-9 所示。

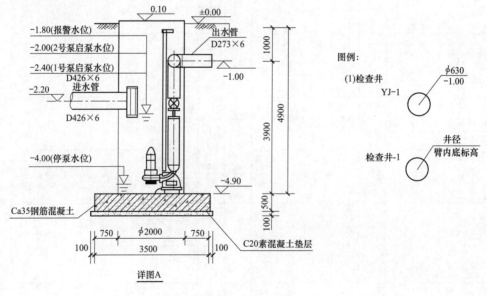

图 10-8　雨水泵站

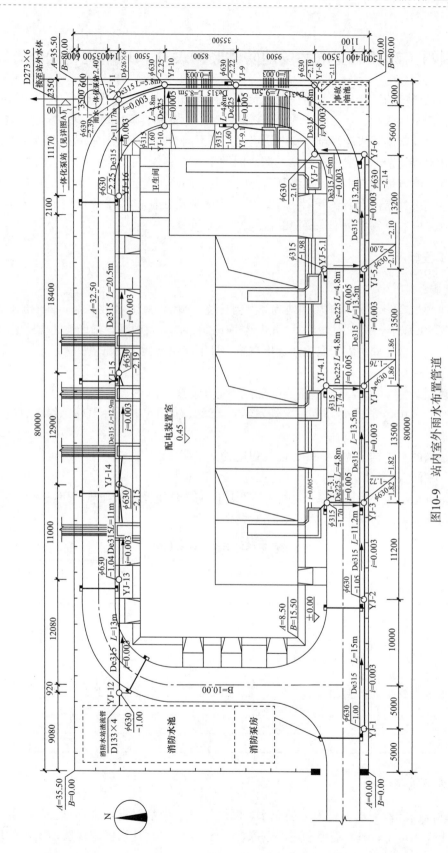

图10-9　站内室外雨水布置管道

案例四　220kV 变电站场地防洪竖向设计和地基优化处理方案

随着国民经济的发展，工业与民用电负荷逐年增加，电力建设呈现点多、面广的局面。同时随着国家土地政策、环保政策的出台，国家对土地资源、环境保护等要求越来越高，变电站建设征地及防洪越来越困难；变电站建设不得不向边远和山地丘陵地带延伸。在南方高洪水淹没和地势复杂地区建设变电站的防洪问题至今没有较好的解决方案，防洪投资巨大；鉴于此，现以南方地区高水位、地势复杂地区的变电站场地竖向防洪设计为例，提出允许洪水进站、电气设备高位布置的设计方案，以达到既能满足防洪要求确保变电站长期安全运行，又节约投资、节省宝贵土地资源的目的。

一、工程概况

（一）平面布置

南方地区某 220kV 变电站场地地貌类型为丘陵，站址区域高程中央高，四周低，局部地区高差达到 8m 以上，北向南高差 3～5m，东西向满布冲沟及池塘。站址地区土地资源匮乏，无取土资源，如破坏周边农田取土，造价高昂，且不能保证大规模供应。

（二）建设规模

（1）建设 2 台 180MVA 主变压器以及各级配电装置。

（2）220、110kV 配电楼本期一次规划建成，220、110kV 均采用气体绝缘金属封闭开关设备。

（3）站内的水工构筑物本期一次性规划建成。

（三）工程地质条件

站址位置地层主要为第四系全新统冲洪积成因的粉质黏土、淤泥质粉质黏土、黏土、泥质砂岩等，土体物理力学参数，如表 10-11 所示。

表 10-11　　　　　　　各土层主要物理力学指标推荐值

参数 土层	重力密度 $r(kN/m^3)$	含水量 $w(\%)$	孔隙比 e	液性指数 I_L	压缩模量 $E_{s1-2}(MPa)$	黏聚力 $C(kPa)$	内摩擦角 $(°)$	承载力特征值 $f_{ak}(kPa)$
①层粉质黏土	18.5～18.8	25～28	0.80～0.84	0.58～0.68	5～6	15～20	7～10	110～140
①₂层淤泥质粉质黏土	17.5～18.0	32～38	1.10～1.25	1.05～1.15	3～4	8～10	6～8	60～70
②层黏土	19.3～19.7	22～24	0.70～0.74	0.12～0.20	8～12	50～60	14～16	220～250
②₁层黏土	18.8～19.0	24～26	0.76～0.80	0.48～0.58	6～8	25～30	7～10	150～180
③₁层泥质砂岩	21.5～22.5	/	/	/	15～18	/	/	250～300
③₂层泥质砂岩	22.0～23.0	/	/	/	18～22	/	/	350～400

二、地下水条件

站址地段浅层地下水主要为上层滞水，深层地下水为基岩裂隙水，浅层含水层主要为①粉质黏土，水量小；基岩裂隙水埋藏较深，一般大于 5m；冲沟区域浅层地下水位埋深变化较大，勘测期间地下水埋深在 0.4～0.6m。

站址处地面高程约为 6.5m。站区附近大型水库具有 20 年一遇防洪能力的防洪堤，20 年一遇以下的洪水对变电站不构成威胁；当洪水高于 20 年一遇时，洪水漫堤进入站址区域，站址区域受洪水影响，但洪水滞留期较短。水库 50 年一遇最高洪水水位为 9.64m，100 年一遇最高洪水水位为 10.48m，站址处的相应 50、100 年一遇洪水淹没水深为 3.14m、3.98m。站址区域地势开阔，一般年份无沥涝。

三、防洪设计标准

为了确保变电站的长期安全运行，根据标准 DL/T 5056—2007《变电站总平面布置设计技术规程》中要求，220kV 枢纽变电站及 220kV 以上电压等级的变电站，站区场地设计标高应高于频率 1%（重现期）的洪水位或历史最高内涝水位，其他电压等级的变电站站区场地设计标高应高于频率 2% 的洪水水位或历史最高内涝水位。当站址标高不满足上述要求时，可采取以下 3 种方式：

(1) 对场地标高采取措施，场地设计标高不低于洪水水位或历史最高内涝水位。

(2) 对站区采取防洪或防涝措施，防洪或防涝设施标高应高于洪水水位或历史最高内涝水位标高 0.5m。

(3) 采取可靠措施，使主要设备底座和生产建筑物室内地坪标高不低于洪水水位标高。

四、防洪设计

(一) 变电站供电可靠性分析

变电站主要供电范围为县城及附近区域内工农业用户负荷，属末端变电站，供电区域大部分为附近 110kV 变电站及工业用户，变电站的重要性较低。当地工业规划均布置在较低的场地上，当洪水来临时，县城内地势较低的工业企业厂房、附近 110kV 变电站等建（构）筑物将全部被水淹没，被淹区域工农业生产全部停产，保证持续供电的必要性大大降低。目前，该地区 220、110kV 等级电压网络非常发达，对于此区域重要工农业负荷，一般多采用双回路或多回路电源供电。为保证供电的可靠性，重要负荷多采用 500kV 网架及 220kV 枢纽网架供电，非枢纽 220kV 变电站已不再是重要负荷的唯一电源点。变电站重要性大大降低，因此，变电站可以在行洪时全站停电。

(二) 变电站土源分析

当采用全填土方案时，变电站按照 50 年一遇洪水标准设防，整个变电站需要取土约 49370m³。由于当地土体资源匮乏，很难找到大规模取土点，处于无土可取的状况。如必须取土，不仅土方费用非常昂贵，且只能采用破坏环境方式，在附近农田取土。因变电站土方需求量巨大，如在附近取土，周围农田均要受到不同程度的影响，变电站的建设将给周围环境、植被造成极大破坏。

(三) 洪水淹没深度确定

目前该城市的防洪能力为 50 年一遇，其他附近用电地区防洪能力更低。当洪水高于 50 年一遇，整个城市及周围地区将全部被洪水淹没，当高于 50 年一遇的洪水来临时，变电站已经没有继续运行的必要性。因此根据变电站的实际情况，最终确定了变电站采用 50 年一遇防洪标准，洪水淹没深度为 3.14m。

217

（四）防洪方案确定

变电站洪水淹没深度较深，根据水文资料及当地区域材料供应情况，本工程设计了2个防洪方案，即全填土方案及主变户外布置、电气设备高位布置方案。

1. 全填土方案

全填土方案中变电站站址建在洪水淹没深度以上，变电站可常年运行不受洪水影响；采用全填土方案，变电站内围墙处场地标高设计为3.14m，经站内土方挖填平衡计算，变电站需外购土方工程量较大。由于当地大规模购土困难，按照当地土方调查价格初步估算，则场地土方工程费用为262.34万元；场地填土高度较大，整个变电站建造在3m多高人工填造的土台上，与当地环境极不协调。

2. 主变外露、电气设备高位布置方案主变外露、电气设备高位布置方案

将主变压器户外布置，主变压器下部、配电楼一层、电缆沟等低位建（构）筑物允许水淹，各级配电装置及控制设备布置在100年一遇洪水淹没高程（配电楼二层）以上，不受洪水影响；变电站允许洪水进站，在50年一遇洪水位以下，变电站运行不受影响，可安全运行，高于50年一遇洪水将对变电站造成影响，变电站全站停电。本方案变电站建设无需外购土方，既解决了当地购土困难的问题，又可大幅减少土方工程量，降低工程建设费用；考虑洪水淹没对建（构）筑物的影响，需适当增加基础、主体结构的刚度，增加建筑物下部基础及结构投资。

通过以上比较可以看出，采用主变压器外露、电气设备高位布置方案较全填土方案节省投资约300余万元，建筑工程静态投资比全填土方案节省15%。另外，主变压器外露、电气设备高位布置方案解决了变电站建设的土方问题，达到环境友好、资源节约的目的，社会及经济效益显著。

该城市洪水淹没深度较深，当地土体资源匮乏，不能满足变电站建设要求，采用全填土方案不可行；若采用防洪墙方案，可阻止洪水进站，但工程费用将急剧增长。通过技术经济综合分析，安新站最终采用了允许洪水进站，主变压器外露、电气设备高层布置方案，其主要设计原则如下：

（1）尽可能减少外购或不购土方量，按照站内土方挖填平衡（考虑建（构）筑物基础及设备基础挖方量），确定场平标高，减少水土流失。

（2）允许100年一遇洪水进站，将变压器直接布置在户外的整平地面上；将GIS设备、电容器、35kV开关柜及保护屏等电气设备布置在配电楼二层及以上，不受百年一遇洪水影响；洪水退后，主变压器部分构件可能损坏，检修后可以继续运行，其他设备不受影响。

（3）保证变压器满足50年一遇洪水时能够正常运行供电。

（4）通过向变压器厂家咨询，采用自冷变压器（无冷却风扇）消除主变压器下部水淹影响，将主变压器本体端子箱和有载调压控制箱安装在主变压器本体2m以上，主变压器本体不安装任何监视仪表，均通过计算机监控系统监视。50年一遇洪水来临时，水位达到变压器本体1.9m（相当于测量标高9.7m，高于50年一遇洪水位9.64m）以下时，变压器可以运行，变电站可以正常供电。

（5）110、220kV GIS电气设备、电容器、所变、保护屏等其他配电设备均布置在110、220kV配电楼内，且所有电气设备均布置在配电楼内3.7m标高（相当于测量标高11.45m）以上，高于百年一遇洪水高程，有效防止100年一遇洪水的侵袭；配电楼4m标高以下布置

电缆夹层、常规的生活用房及辅助生产用房，允许水淹。

（6）经过对站内土方挖填平衡计算，确定围墙处设计标高±0.00m相当于测量标高 6.95m，变压器底座标高相当于测量标高7.8m，允许洪水进站。

3. 竖向设计方案

根据 DL/T 5056—2007《变电站总布置设计技术规程》第 6.2.2 条的相关规定，场地设计综合坡度应根据自然地形、工艺布置、土质条件、排水方式和道路纵坡等因素综合确定，局部最大坡度不宜大于 6%。由于本站地貌类型为丘陵，站址区域高差相对较大。

由于站区配电装置沿南北向布置，为了保证同一配电装置区设备整体放置在同一标高内，故南北向放坡不可行；东西向由于有冲沟和池塘，且站址区域整体高差差别不大，也不适宜放坡；此外站址 220kV 配电装置区和 110kV 配电装置区的长边与自然等高线成 45°斜交角交叉，无法整体场地阶梯、放坡布置。且放坡、阶梯布置对于站区道路，电气设备吊装，运行巡视，电缆铺设，管道布置等的均有影响，所以站址采用平坡式场地布置方式。

五、地基处理方案

根据变电站总平面布置方案，220kV 配电装置区、主变压器配电装置区、110kV 配电装置区北半段均位于挖方区和浅填方区。110kV 配电装置区南段和主变压器区部分支架位于深填方区。

（一）深填方区建、构筑物地基处理方案

深填方区建、构筑物地基处理采用 600 灌注桩，本期、远景构筑物桩基一次建成。深填方区的建、构筑物主要为 220kV 构架、220kV 支架、道路、电缆沟等附属设施。根据地质报告，本站持力层为②层黏土、③₁ 层或③₂ 层泥质砂岩。泥质砂岩层中夹杂粒径较大的砾石颗粒，且多为强风化局部中风化的岩石碎屑，坚硬、致密。如果采用管桩，容易造成桩头打偏或击碎，且无法深入持力层。综合本站情况，最经济适用的方案为采用钻孔灌注桩。为保证基础沉降及不均匀沉降满足工艺要求，考虑 220kV 设备及构架基础采用可靠的桩基础型式。根据站址的泥质砂岩情况，采用的钻孔灌注桩，桩径 600mm，桩基持力层采用③₁ 或③₂ 全强风化泥质砂岩，桩长取 12～16m。

（二）浅填方区建、构筑物地基处理方案

浅填方区的建、构筑物的地基处理采用换填法。浅填方区的建、构筑物主要包括：大部分的 220kV 构架及设备支架、部分主变压器配电装置场地支架及设备基础。这里定义浅填方区为基底距离可靠天然地基持力层小于 4m 的区域。该区域内重要且对沉降敏感的建、构筑物，在场地强夯后，需进一步采用换填法进行地基处理。

（三）挖方区建、构筑物地基处理方案

挖方区的建、构筑物主要包括：220kV 构架、220kV HGIS 设备支架、主变压器构架、主变压器基础及大部分主变压器设备支架、建筑物以及这些区域的道路、电缆沟等附属设施。挖方区场地平整后将直接出露坡、黏土及全风化～强风化的泥质砂岩（岩土层的 $f_{ak} \geqslant$ 220kPa，属中硬场地土）或中等风化岩体（属坚硬岩石）。经综合分析，开挖区建筑场地类别可划分为 I 1 类，属抗震有利地段。挖方区直接出露的岩土层力学性质较好，强度较高，是良好的天然地基持力层。因此布置在挖方区地段的建、构筑物可采用天然地基，全风化～强风化基岩可作为地基持力层。但考虑②层黏土为膨胀性土，设备基础可能跨越黏土层和全风化～强风化砂岩，因此基础设计时应注意进行变形验算。

六、填方区场地回填土密实处理方案

根据变电站总平面布置方案，经过土方平衡计算，站址所处东南侧的冲沟水塘内存在高填方区，回填厚度最深达 8m 左右。大面积的深厚填土会引起场地的大面积不均匀沉降。根据站址的地质和地形条件，填方区场地土回填若只采用分层碾压施工，会存在以下问题：①需要严格控制回填土的级配和分层厚度，须分层碾压和分层检测，施工工期相对较长，且按本工程的地质资料中间报告，挖方区中强风化部分基岩需爆破，爆破后的石渣较难满足分层碾压的级配要求，质量难以控制；②站址地处江南多雨地区，雨季回填土含水率会相对较高，分层碾压回填土质量很难达到设计规范的要求，填土密实度较差，后期会引起填土自身较大的固结及次固结沉降；③回填区①层粉质粘土压缩模量 E_s：5~6MPa，厚度在 1.0~3.0m 左右，上部深厚回填土会引起后期原土的不均匀压缩沉降。

强夯方案对回填土的级配要求相对较低，可以有效提高地基承载力和提高填土的压缩模量，减少回填土层和原场地①层、②层粉质黏土压缩引起的沉降量，加固效果明显，施工机具简单。在经济上，强夯比分层碾压费用高，强夯的处理费用每平方米约为 23.55 元，分层强夯总面积约为 2.8 万 m^2，强夯的总费用约为 114 万元。在技术上，与分层碾压相比，强夯后的回填土的压缩模量得到提高，场地的绝对沉降和不均匀沉降均可大幅度减小（具体沉降量需等到现场试夯得到实际数据后方能计算）。采用强夯后，对于避免因为地面不均匀沉降而引起的地面、路面开裂、地下管道拉坏等均有好处。采用强夯后，场地范围内道路、电缆沟、端子箱、检修箱等轻型且对沉降要求不高的建、构筑物可直接采用经强夯后的填土地基作为基础持力层。由于本站为 220kV 变电站，重要性高，通过经济和技术比较后，本工程深填方区场地土回填密实方案推荐采用强夯处理。主要建构筑物地理处理方案如表 10-12 所示。

表 10-12　　　　　　　　主要建、构筑物地基处理方案汇总

序号	项目	地基处理方案	填挖区域
1	220kV 构架	采用 600mm 灌注桩，③₂ 层泥质砂岩层作为桩端持力层，桩均长为 16m，桩数为 80 根	填方区域
2	220kV 支架	采用 600mm 灌注桩，③₁ 全风化岩层作为桩端持力层，桩均长为 12m，桩数为 340 根	
3	部分主变压器支架及设备基础	采用 600mm 灌注桩，③₁ 全风化岩层作为桩端持力层，桩均长为 12m，桩数为 20 根	
4	220kV 配电装置区地面、道路、电缆沟、端子箱、检修箱等	采用强夯后填土地基	
5	部分主变压器支架及设备基础、围墙	基础下填土用毛石混凝土换填至可靠的天然持力层	浅填方区
6	大部分的 220kV 构架、支架及设备基础	基础下填土用毛石混凝土换填至可靠的天然持力层浅	
7	大部分主变压器构架、支架及设备基础，主变压器区保护小室	天然地基	挖方区
8	220kV 构架、支架、HGIS 设备基础	天然地基	
9	110kV 配电装置区北段构架及支架	天然地基	
10	主控通信楼	天然地基	

七、边坡设计方案

（一）挖方边坡设计

站址区的挖方边坡分布于场区四周，坡高 2～4m 不等，开挖后主要为②层黏土，根据黏土的产状及坡面走向关系，利用投影法进行了边坡稳定性的定性分析：站址区西侧边坡为反向坡，处于稳定状态，东侧边坡是顺向坡，但岩层倾角大于坡面开挖角，坡体不会沿着层理面进行滑动，处于稳定状态。挖方边坡位于站址的西侧以及进站道路局部路段两侧，采取直接放坡的方案，斜率均取 1∶1。坡面考虑用块石护坡，坡脚设浆砌块石排水沟。

（二）填方边坡设计

站址区填方边坡主要分布在站址区的北部中段、东北角、南侧东段，南面填方边坡最高达 7.35m。针对不同高度的填方边坡，采取不同的支护措施，填方边坡的具体方案如下：对于填方高度小于 5m 的边坡，采用浆砌块石挡土墙支护，坡脚根据情况设置排水沟。

案例五　变电站集水池的设计案例

变电站集水池的作用主要是收集站内雨水、生活污水、事故油池储水，并经过泵的提升将水排到站外排水沟、渠或市政管网等汇水地。变电站多建于郊外，周边市政管网多不健全，在场地比较平坦的地方，集水池的运用非常广泛。如河北秦皇岛施各庄 110kV 变电站、新疆东方红 110kV 变电站、山东烟台百电 220kV 变电站等工程均采用了集水池作为站内排水泵站。变电站集水池设计主要包括进水管管径计算、潜水排污泵选型（扬程、流量）及有效容积计算 3 方面的内容，如图 10-10 所示。

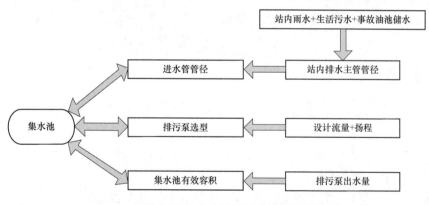

图 10-10　集水池设计流程图

我国变电站的规模较多，主要有 1000kV 变电站、750kV 变电站、500kV 变电站、220kV 变电站、110kV 变电站、35kV 变电站等；现阶段低电压等级变电站为主体，根据国家最新政策，"十三五"期间规划配网投资两万亿，分布式能源和用电可靠性都需要坚强的配网建设。可见低电压等级变电站在很长一段时间内会一直为我国变电站建设的主体，现分别探讨集水池在 110kV 和 220kV 两个电压等级变电站中的运用设计。

一、集水池进水管管径计算

（一）站内雨水设计流量计算

1. 110kV 变电站站内雨水设计流量

站址总面积 A＝66×51＝3366m²。根据勘测资料，站址区域的暴雨强度公式：

$$i = \frac{7.369 + 5.589\lg T}{(t + 7.067)^{0.615}}$$

雨水设计流量公式如下：

$$Q_s = q\psi F$$

式中　T——设计重现期（年），取 3 年；

$\quad\quad t$——设计降雨历时（min），取 5min；

$\quad\quad i$——暴雨强度（mm/min）；

$\quad\quad \psi$——径流系数，取 0.9；

$\quad\quad F$——汇水面积（hm²），取 0.3366hm²。

根据上述公式，该 110kV 变电站暴雨强度：

$$i = \frac{7.369 + 5.589\lg 3}{(5 + 7.067)^{0.615}} = 2.17\text{mm/min}$$

$$= 362\text{L/(s} \cdot \text{hm}^2\text{)}$$

站内雨水设计流量为：

$$Q_s = q\psi F = 362 \times 0.9 \times 0.3366 = 109.66\text{L/s}$$

按 110L/s 取值。

2. 220kV 变电站所在区域雨水设计流量

站址总面积 A＝116×91.5＝10614m²。

根据勘测资料，站址区域的暴雨强度公式：

$$i = \frac{24.5571(1 + 0.6959\lg P)}{(t + 15.6676)^{0.8309}}\text{mm/min}$$

同理站区暴雨强度：

$$i = \frac{24.5571(1 + 0.6959\lg 3)}{(5 + 15.6676)^{0.8309}} = 2.641\text{mm/min} = 441\text{L/(s} \cdot \text{hm}^2\text{)}$$

那么，站内雨水设计流量为：

$Q_s = q\psi F = 441 \times 0.9 \times 1.0614 = 421.361\text{L/s}$，按 422L/s 取值。

（二）集水池进水管管径计算

变电站内排水主要包括站内雨水、生活污水和事故油池排水三部分。由于现阶段 110kV 变电站和 220kV 变电站均按照无人值守站设计，站内设置卫生间，但水量极小；为满足环保要求，生活污水先排入化粪池，经过沉淀、熟化处理后就地储存不外排，化粪池定期清理。事故油池仅在主变发生火灾排油的时候才会有水溢出，考虑到雨天主变着火的概率不大，故此流量不重复统计。

变电站通过进水管流入集水池总流量即为站内雨水的设计流量，变电站排水管网多采用钢筋混凝土管，也按照钢筋混凝土管考虑。

钢筋混凝土管的流速计算公式如下：

$$v = \frac{1}{n}R^{\frac{2}{3}}I^{\frac{1}{2}}$$

排水管道的流量，应按下列公式计算：

$$Q = Av$$

式中　Q——设计流量，m^3/s，110kV 站取 110L/s＝0.11m^3/s，220kV 站取 422L/s＝0.422m^3/s；

　　　A——水流有效断面面积，m^2；

　　　v——流速，m/s；

　　　R——水力半径，m；

　　　I——水力坡降，取 0.003；

　　　n——粗糙系数，取 0.013。

1. 110kV 变电站集水池进水管实际半径

$$R = \left(\frac{nQ}{\pi I^{\frac{1}{2}}}\right)^{\frac{3}{8}} = \left(\frac{0.013 \times 0.11}{3.14 \times 0.003^{\frac{1}{2}}}\right)^{\frac{3}{8}} = 0.166m$$

选 DN350 钢筋混凝土管，满足设计要求。

2. 220kV 站集水池进水管实际半径

$$R = \left(\frac{nQ}{\pi I^{\frac{1}{2}}}\right)^{\frac{3}{8}} = \left(\frac{0.013 \times 0.422}{3.14 \times 0.003^{\frac{1}{2}}}\right)^{\frac{3}{8}} = 0.275m$$

选 DN600 钢筋混凝土管，满足设计要求。

二、潜水排污泵选型

（一）110kV 变电站排污泵选型

由上述计算得知，水泵总流量 $Q \geqslant 110L/s = 396m^3/s$，扬程 H 取不小于 10m 为宜。为了经济性，选用 2 台排污泵并联联动自动排污。按照通用 QW 潜水排污泵选型，选用 2 台 150QW200-10-11 排污泵即可满足集水池排水需求，主要参数如表 10-13 所示。

表 10-13　　　　　　　　150QW200-10-11 排污泵的主要参数

产品型号	额定功率（kW）	转速（r/min）	流量（m^3/h）	扬程（m）	重量（kg）
150QW200-10	11	1485	140～240	11.5～7	255

当流量 $Q = 200m^3/h$ 扬程高为 10m 时，为水泵的设计点运行参数，是水泵的最佳运行点。

（二）220kV 变电站排污泵选型

由上述计算得知，水泵总流量 $Q \geqslant 422L/s = 1519.2m^3/s$，扬程 H 取不小于 10m 为宜。为了经济性，选用 2 台排污泵并联联动自动排污。按照通用 QW 潜水排污泵选型，选用 2 台 300QW800-12-45 排污泵即可满足集水池排水需求，主要参数如表 10-14 所示。

表 10-14　　　　　　　　300QW800-12-45 排污泵主要参数

产品类型	额定功率（kW）	转速（r/min）	流量（m^3/h）	扬程（m）	重量（kg）
300QW800-12	45	1485	590～960	17.5～12	1450

当流量 $Q = 800m^3/h$，扬程高 12m 时，为水泵的设计点运行参数，为水泵的最佳运行点。

三、集水池有效容积

综上所述，集水池的容积应根据设计流量、水泵能力和水泵工作情况等因素确定，主要有三点：①污水泵站集水池的容积，不应小于最大一台水泵 5min 的出水量（如水泵机组为自动控制时，每小时开动水泵不得超过 6 次）；②雨水泵站集水池的容积，不应小于最大一台水泵 30s 的出水量；③合流污水泵站集水池的容积，不应小于最大一台水泵 30s 的出水量。

（一）110kV 所在站集水池有效容积

（1）集水池有效容积按照不小于最大一台水泵 5min 出水量考虑。

（2）集水池有效容积按照不小于最大一台水泵 30s 出水量考虑。

（二）220kV 所造站集水池有效容积

（1）集水池有效容积按照不小于最大一台水泵 5min 出水量考虑。

（2）集水池有效容积按照不小于最大一台水泵 30s 出水量考虑。

本工程集水池为雨水泵站集水池，那么两种区域的变电站集水池的有效容积分别为 $1.67m^3$、$6.67m^3$。

现行泵站设计规范要求 150QW200-10-11 潜水排污泵的最小安装尺寸为 $0.6 \times 0.61m$，300QW800-12-45 潜水排污泵的最小安装尺寸为 $0.83 \times 0.73m$，均不满足安装要求。

四、结论

经过对两区域变电站集水池设计的探讨，总结常规 110kV 和 220kV 变电站的设计结论如下：①110kV 变电站进水管选用 DN350 钢筋混凝土管，220kV 变电站进水管选用 DN600 钢筋混凝土管（管道材质可根据各工程要求替换）；②110kV 变电站选用 2 台 150QW200-10-11 潜水排污泵，220kV 变电站选用 2 台 300QW800-12-45 潜水排污泵；③根据现有规范，变电站集水池属于雨水泵站和合流污水泵站。110kV 变电站集水池有效容积为 $1.67m^3$，220kV 变电站集水池有效容积为 $6.67m^3$，不满足排污泵的安装要求。建议集水池的有效容积参考污水泵站集水池容积值：110kV 变电站集水池有效容积为 $16.67m^3$，220kV 变电站集水池有效容积为 $66.67m^3$。

综上探讨，可见现有规范对于集水池的设计指导性不强。在工程审查中，专家对于集水池容积的审查要求也不尽相同，设计人员应根据具体工程特点进行综合确定。

案例六　悬臂式钢筋混凝土防洪墙

一、工程概况

悬臂式钢筋混凝土防洪墙截面尺寸如图 10-11 所示。地基土为黏性土，承载力特征值 f_a = 120kPa。该变电站防洪墙 50 年一遇设计洪水位为 3.0m，背水侧无水。挡土墙底面处在地下水位以上，墙底处为粗糙的硬质基岩，摩擦系数 $\mu = 0.6$。防洪墙材料采用 C30 混凝土 HRB335 级钢筋。

（一）确定临水侧水压力

$$E_w = \frac{1}{2}\gamma H^2 = \frac{1}{2} \times 10 \times 3^2 = 45(\text{kN/m})$$

（二）配筋计算

1. 墙身内力及配筋计算

每延米设计嵌固弯矩：

$$M = \gamma_0 \gamma_G E_w \cdot \frac{H}{3}$$
$$= 1.0 \times 1.2 \times 45 \times 3/3$$
$$= 54(\text{kN} \cdot \text{m/m})$$
$$f_c = 14.3(\text{N/mm}^2), \quad f_y = 300(\text{N/mm}^2)$$

墙身保护层取 35mm，估算钢筋直径 $d=12$mm，则 $h_0=159$mm。

$$\alpha_s = \frac{M}{\alpha_1 f_c b h_0^2} = \frac{54 \times 10^6}{1 \times 14.3 \times 1000 \times 159^2} = 0.149$$

$$\gamma_s = \frac{1 + \sqrt{1-2\alpha_s}}{2} = 0.919$$

$$A_s = \frac{M}{\gamma_s f_y \cdot h_0} = \frac{54 \times 10^6}{0.919 \times 300 \times 159} = 1232\text{mm}^2/\text{m}$$

沿墙身配 $\Phi14@120(A_s=1283\text{mm}^2)$ 的竖向受力钢筋，钢筋的 1/2 伸至顶部，其余的在墙高中部（1/2 墙高处）截断。在水平方向配置构造分布筋 $\Phi10@300$。满足分布筋的构造要求。

2. 基础底板的内力及配筋计算

每延米墙身自重计算如下：

墙体自重　　　　$G_1 = \frac{1}{2}(0.2+0.4) \times 3.5 \times 25 = 26.25(\text{kN/m})$

底板自重　　　　　$G_2 = 0.3 \times 2.4 \times 25 = 18(\text{kN/m})$

墙踵水荷载　　$G_3 = 3 \times 1 \times 10 + 0.5 \times \frac{6}{35} \times 3 \times 10 = 32.57(\text{kN/m})$

墙趾土荷载　　　　$G_4 = 0.5 \times 1 \times 18 = 9(\text{kN/m})$

根据规范要求，恒载的荷载分项系数为 1.2，则偏心距 e 值为：

$$e = \frac{b}{2} - \frac{(G_1 a_1 + G_2 a_2 + G_3 a_3 + G_4 a_4) - E_w \frac{H}{3}}{G_1 + G_2 + G_3 + G_4}$$

$$= \frac{2.4}{2} - \frac{(26.25 \times 1.2 + 18 \times 1.2 + 32.57 \times 1.9 + 9 \times 0.5) \times 1.2 - 45}{(26.25 + 18 + 32.57 + 9) \times 1.2}$$

$$= 1.2 - \frac{98.38}{102.98}$$

$$= 0.245(\text{m}) < \frac{b}{6} = 0.4(\text{m})$$

$$p_{\min}^{\max} = \frac{\sum G}{b}\left(1 \pm \frac{6e}{b}\right) = \frac{102.98}{2.4 \times 1}\left(1 \pm \frac{6 \times 0.245}{2.4}\right) = {}^{69.19}_{16.63}(\text{kPa})$$

（1）墙趾部分。

$$p_1 = 16.63 + (69.19 - 16.63) \times \frac{1+0.4}{2.4} = 47.29(\text{kPa})$$

$$M_1 = \frac{1}{6}(2p_{\max} + p_1)b_1^2 = \frac{1}{6} \times (2 \times 69.19 + 47.29) \times 1^2 = 30.95(\text{kN} \cdot \text{m/m})$$

基础底板厚 $h_1=300$mm，令保护层厚 40mm，钢筋直径 $d=10$mm，则

$$h_{01}=300-45=255\text{mm}$$

$$\alpha_s=\frac{M}{\alpha_1 f_c b h_{01}^2}=\frac{30.95\times10^6}{1\times14.3\times1000\times255^2}=0.033$$

$$\gamma_s=\frac{1+\sqrt{1-2\alpha_s}}{2}=0.983$$

$$A_s=\frac{M}{\gamma_s f_y\cdot h_{01}}=\frac{30.95\times10^6}{0.984\times255\times300}=412\text{mm}^2$$

选用 $\Phi10@190A_s=413\text{mm}^2$。

（2）墙踵部分。

$$q_1=\frac{\gamma_G G_3+\gamma_G G_2'}{b^2}$$

$$\gamma_G G_2'=1.2\times1\times0.3\times25=9(\text{kN/m})$$

$$q_1=\frac{1.2\times32.57+9}{1.0}=48.08(\text{kN/m})$$

$$p_2=p_{min}+(p_{max}-p_{min})\frac{b_2}{b}$$

$$=16.63+(69.19-16.63)\times\frac{1}{2.4}=38.53(\text{kPa})$$

$$M_2=\frac{1}{6}[2(q_1-p_{min})+(q_1-p_2)]b_2^2$$

$$M_2=\frac{1}{6}[2\times(48.08-16.63)+(48.08-38.53)]\times1^2$$

$$=12.08(\text{kN}\cdot\text{m/m})$$

墙趾与墙踵根部高度相同，$h_1=h_2$，则 $h_{01}=h_{02}=255$mm，可得

$$\alpha_s=\frac{M_2}{\alpha_1 f_c b h_{02}^2}=\frac{12.08\times10^6}{1\times14.3\times1000\times255^2}=0.013$$

$$\gamma_s=\frac{1+\sqrt{1-2\alpha_s}}{2}=0.993$$

$$A_s=\frac{M_2}{\gamma_s f_y h_{02}}=\frac{12.08\times10^6}{0.993\times255\times300}=159\text{mm}^2$$

选用 $\Phi10@300A_s=262\text{mm}^2$。

二、稳定性验算

（一）抗倾覆稳定计算

抗倾覆力矩

$$M_r=G_1a_1+G_2a_2+G_3a_3+G_4a_4$$

$$=26.25\times1.2+18\times1.2+9\times0.5+32.57\times1.9$$

$$=119.48(\text{kN}\cdot\text{m/m})$$

倾覆力矩 M_s 计算

$$M_s=E_w\times\frac{H}{3}=45(\text{kN}\cdot\text{m/m})$$

$$K_t = \frac{M_r}{M_s} = \frac{119.48}{45} = 2.66 > 1 \quad (满足要求)$$

（二）抗滑移验算

基底摩擦系数：$\mu = 0.6$ 则

$$K_s = \frac{\mu(G_1 + G_2 + G_3 + G_4)}{E_w} = \frac{0.7 \times (26.25 + 18 + 9 + 32.57)}{45}$$
$$= 1.33 > 1.3 \quad (满足要求)$$

（三）地基承载力验算

$$\frac{p_{max} + p_{min}}{2} = 42.91 \text{kPa} \leqslant f_a$$

满足地基承载力要求，则该悬臂式钢筋混凝土防洪墙配筋图如图 10-12 所示。

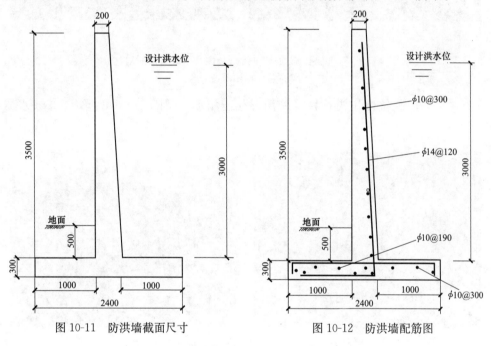

图 10-11　防洪墙截面尺寸　　　　　图 10-12　防洪墙配筋图

案例七　220kV 变电站防汛综合治理

江苏地区某 220kV 变电站占地面积约 21000m²，主变压器及 220kV 设备户外布置，110kV 及 10kV 设备户内布置。变电站整体标高约高于周边地势 0.8m，但是低于周边主要河流，属易积水变电站。历年以来，变电站周边局部区域多次遭遇洪水淹没，2015 年 6 月因周边河流漫堤塌方导致变电站方圆 7km² 遭受洪水淹没，周边平均水位约为 1.5m，最高水位达 2m，变电站内水深 0.7m，根据变电站防洪防涝评估标准，此变电站属于防汛状态评价为危急，故对此变电站采取了以下防汛整改措施。

一、变电站挡水设施治理

（一）围墙加固治理

防汛重点变电站应对围墙防汛能力进行检测及评估，对墙体或基础为砖砌结构的围墙，采用穿筋支护进行加固，有效承受外部水压，防止内外水压差导致围墙坍塌，如图 10-13 所示。

(a)　　　　　　　　　　　　　　(b)

图 10-13　抗侧压支护柱外形现场图片（改造前后对比）

(a) 改造前；(b) 改造后

改造方式为加装抗侧压支护柱，采用混凝土植筋，间隔 4m，可抵抗 1.2m 水压，如图 10-14 所示。

图 10-14　内部植筋现场图片

（二）大门防水挡板治理

变电站内加装防水挡板，平时放置在变电站内，出现汛情时可快速安装，切断外部水源，如图 10-15 所示。

防水挡板采用铝合金材料，挡板与挡板连接处设置卡槽与 EPDM 防水密封胶条，最底层设有厚度为 25mm 的防水胶条与地面密封。单片通过插槽组合，单片重量约 24kg，将 3～4 块挡板正确安装后，可承受 60～80cm 水位的水压，透水量≤10L/h·m²。

（三）电缆沟防水封堵治理

为防止雨水通过电缆沟倒灌进入变电站或室内设备区，在电缆层进出口及电缆通往站外的围墙进出口，增设挡水墙；为方便电缆进出，预留管道，采用柔性封堵实现管孔密封，如图 10-16 所示。

挡水墙设置穿管，方便电缆穿越，并用防水、防火材料密封，穿孔管径：电缆管径＋3cm。

柔性封堵由阻水橡胶、紧固法兰、紧固螺栓螺母、挂钩等构成，通过紧固螺栓螺母使阻水橡胶受压力膨胀，实现电缆管孔封堵的目的，如图 10-17 所示。

(a)　　　　　　　　　　　　　　　　　(b)

图 10-15　防水挡板安装图

(a) 变电站大门；(b) 室内大门

图 10-16　挡水墙图

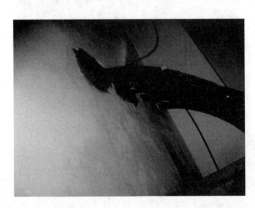
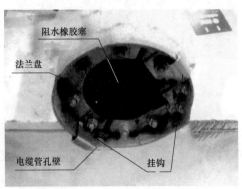

图 10-17　孔洞封堵图

（四）吸水膨胀袋防汛治理措施

吸水膨胀袋配合防水挡板使用，解决传统沙袋重量大、存放时间短、占用空间大、不易搬运使用的缺点，如图 10-18 所示。

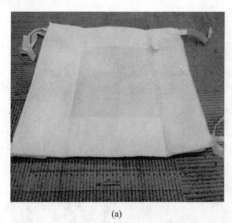 

图 10-18　吸水膨胀袋吸水前、后对比图

（a）吸水前；（b）吸水后

整体堆放使用时，采用细带相互连接固定，堆放稳当，袋体间隙小，挡水性能好。

二、变电站排水设施治理

依据场地面积、降雨标准，统一更换大功率排水装置并增加排水管径，采用专用电源，增加供电可靠性，将场地排水装置控制箱基础提升至 1m 以上，最大化发挥水泵排水性能，如图 10-19 所示。

图 10-19　水泵和排水口图

（a）水泵；（b）排水口

（一）加装大功率水泵

增加排水通道，加大排水泵功率，提高排水口至 1.5m，确保重大汛情时排水通畅。

（二）集水井改造扩容

扩大集水井容量，增加集水井蓄容能力，为站内排水提供缓冲时间，如图 10-20 所示。

（三）安装智能液位监测装置和探头

在电缆水泵井、院内消防水池等安装智能液位监测装置和探头，实现变电站水位实时监测和短信预警，如图 10-21 所示。

图 10-20 集水井改造图片

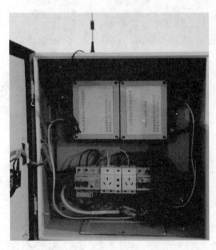

图 10-21 智能控制箱及井内探头图片

（四）排水泵电源箱治理

排水泵现场控制电源箱升高至离地面 1m，如图 10-22 所示。

图 10-22 排水泵电源箱升高图

为满足大功率水泵供电要求，实施箱内电源线改造，采用 $3\times35+1\times16mm^2$ 电源线，确保水泵供电安全，并设直供电源和水泵专用开关，如图 10-23 所示。电源箱需标识标准化，材质为铝合金；贴纸颜色为白底红框红字；字体为黑体；安装位置为电源箱正中；尺寸根据安装处按比例制作。

图 10-23　专用电屏柜空气开关图

三、场地照明设施治理

对原场地照明进行改造，提高灯具高度及防水等级，如图 10-24 所示。

图 10-24　照明治理图

（一）照明支架升高

通过提升照明支架高度至 1.5m，确保照明供电不受汛情影响，如图 10-25 所示。

（二）光源灯具改造

采用 LED 光源，功率较小，能够有效降低电源线及空开等元器件的使用压力，灯具防水级别为 IP65 以上的防水等级，如图 10-26 所示，确保在暴雨期间能够正常使用。现场标识需明确，材料为铝合金；贴纸颜色为白底红字；字体为黑体；安装位置为照明灯后，如图 10-27 所示。

图 10-25　照明支架图

图 10-26　LED 灯具图　　　　　　　　　　图 10-27　现场标识图

（三）远程控制

与视频系统联动，实现远程开启功能，有利于晚间观察站内险情，如图 10-28 所示。

图 10-28　视频远程控制图

参 考 文 献

[1] 熊治平. 江河防洪概论 [M]. 第2版. 武汉：武汉大学出版社，2009.

[2] 张呼生. 给水排水工程设计原理与方法 [M]. 北京：中国电力出版社，2012.

[3] 李玉华，苏德俭. 建筑给水排水工程设计计算 [M]. 北京：中国建筑工业出版社，2006.

[4] 张健. 建筑给水排水工程 [M]. 重庆：重庆大学出版社，2002.

[5] 戴慎志，陈践. 城市给水排水工程规划 [M]. 合肥：安徽科学技术出版社，1999.

[6] 丁一汇，张建云. 暴雨洪涝 [M]. 北京：气象出版社 2009.

[7] 张玉珩，王永滋，谭魁悌. 变电所所址选择与总布置 [M]. 北京：水利电力出版社，1986.

[8] 高洪利. 现代防洪抢险技术 [M]. 郑州：黄河水利出版社，2010.

[9] 王运辉. 防汛抢险技术 [M]. 武汉武汉水利电力导线出版社，1999.

[10] 王全金. 给水排水管道工程 [M]. 北京：中国铁道出版社，2001.

[11] 邵林广. 给水排水管道工程施工 [M]. 北京：中国建筑工业出版社，1999.

[12] 刘延恺. 城市防洪与排水 [M]. 水利水电出版社，2008.

[13] 高宗峰. 给水排水工程 [M]. 北京：中国电力出版社，2014.

[14] 罗全胜，梅孝威. 治河防洪 [M]. 郑州：黄河水利出版社，2004.

[15] 黄振喜，龚俊，周秋鹏，等. 变电站预制混凝土电缆沟排水及防渗的技术处理方案 [J]. 湖北电力，2016，40（2）：68-70.

[16] 冯舜凯，聂小莉，张尚华，等. 220kV 变电站防洪竖向布置优化设计 [J]. 河北电力技术，2013（2）：46-48，51.

[17] 韩旭. 变电站总平面与竖向布置设计研究 [J]. 科技资讯，2011（1）：112-114.

[18] 刘伟. 浅谈变电站的总平面及竖向布置设计 [J]. 城市建筑，2013（10）：139-139.

[19] 邹宇，李宾皑，胡鹏飞. 城市变电站防洪涝设计及改造施工研究-建筑施工，2016，38（10）：1419-1422.

[20] 熊云千. 变电站集水池的典型设计研究 [J]. 工程技术研究，2018（2）：130-131.

[21] 朱勋，童斐斐. 老旧变电站的防洪改造措施探讨 [J]. 浙江电力，2016，35（1）：35-49.

[22] 黄振喜，龚俊，周秋鹏，等. 变电站预制混凝土电缆沟排水及防渗的技术处理方案 [J]. 湖北电力，2016，40（2）：68-70.

[23] 严鹏飞. 500kV 变电站工程总平面布置，地基处理及边坡设计方案优化 [J]. 江西建材，2013（1）：31-33.

[24] 冯舜凯，魏利民，李占岭，等. 220kV 安新变电站防洪设计 [J]. 电力建设，2012，33（7）：38-42.

[25] 聂建春，刘杰. 浅谈变电站总平面布置及竖向布置设计 [J]. 内蒙古石油化工，2008（17）：61-62.

[26] 李红勃. 35kV 变电站自排水系统的改造 [J]. 电工文摘，2016（5）：37-38.

[27] 袁晓明，朱亚平. 地下变电站给排水设计优化措施 [J]. 华东电力，2014（3）：577-580.

[28] 赖洪亮. 基于海绵城市理念的变电站设计 [J]. 建设设计，2018（7）：38-39.

[29] 林辉新. 沿海低洼地区变电站防洪改造措施 [J]. 农林电气化，2017（3）：24-25.

[30] 康存锁. 水利施工中混凝土裂缝的防治技术 [J]. 黑龙江水利科技，2017（12）：183-185.

[31] 朱勋，童斐斐. 老旧变电站的防洪改造措施探讨 [J]. 浙江电力，2016（35）：35-37.

[32] 王力，乔小琴，沈捷，等. 防渗灌浆在水利水电工程中的应用 [J]. 珠江水运，2018（9）：89-90.